U0569219

文联版
http://www.clapnet.cn

北京大学艺术学文丛
PEKING UNIVERSITY SERIES OF ARTS

总主编 王一川

远近幽深

艺术体验、修辞和公赏力

王一川 著

中国文联出版社
http://www.clapnet.cn

图书在版编目（CIP）数据

远近幽深：艺术体验、修辞和公赏力 / 王一川著. -- 北京：中国文联出版社，2016.10

（北京大学艺术学文丛）

ISBN 978-7-5190-2147-4

Ⅰ.①远… Ⅱ.①王… Ⅲ.①美学－文集 Ⅳ.

①B83-53

中国版本图书馆 CIP 数据核字(2016)第 235950 号

远近幽深：艺术体验、修辞和公赏力

作　　者：王一川	
出版人：朱　庆	
终审人：奚耀华	复审人：曹艺凡
责任编辑：邓友女	责任校对：朱为中
封面设计：马庆晓	责任印制：陈　晨

出版发行：中国文联出版社

地　　址：北京市朝阳区农展馆南里 10 号，100125

电　　话：010-85923078（咨询）85923000（编务）85923020（邮购）

传　　真：010-85923000（总编室），010-85923020（发行部）

网　　址：http://www.clapnet.cn　　http://www.claplus.cn

E - mail：clap@clapnet.cn　　dengyn@clapnet.cn

印　　刷：中煤（北京）印务有限公司

装　　订：中煤（北京）印务有限公司

法律顾问：北京天驰君泰律师事务所徐波律师

本书如有破损、缺页、装订错误，请与本社联系调换

开　　本：710×1000	1/16
字　　数：321 千字	印　张：20.25
版　　次：2016 年 10 月第 1 版	印　次：2017 年 10 月第 2 次印刷
书　　号：ISBN 978-7-5190-2147-4	
定　　价：60.75 元	

版权所有　翻印必究

《北京大学艺术学文丛》编委会

顾问

叶 朗

总主编

王一川

主编

陈旭光　彭　锋　唐金楠

编委会

（按姓氏笔画）

丁　宁　　王一川　　向　勇　　刘　晨　　陈旭光　　李　松
李　洋　　李道新　　林　一　　周映辰　　侯锡瑾　　唐金楠
顾春芳　　翁剑青　　彭　锋

总 序

王一川

现在启动北京大学艺术学研究书系，正当其时。从蔡元培先生于1917年1月初就任北京大学校长并锐意推进现代艺术专业教育和美育时算起至今，北大艺术学科传统已有近百载的历史了。同时，从1997年建立艺术学系至今，全面恢复的北大艺术学科也已发展近20年。而艺术学系于2006年扩展为如今的艺术学院，恰好也已10周年。如此，置身于北大深厚的人文传统之中，依托自身的丰硕的学术积累，我们北大艺术学院师生得以将自己的学术研究、教学研究及个人成长等诸多收获，以专著、教材、论文自选集、习作、感言等多种方式凝聚和集中起来，与学界同仁交流。这正是本书系的由来。而值此书系出版启动之际，有必要就我们现有的艺术学学科及研究状况作简要介绍。

今天的北大艺术学科，已获准建设由三个一级学科组成的学科群，即艺术学理论、戏剧与影视学和美术学。而音乐与舞蹈学也在筹建之中。在这个学科群布局中，艺术学理论学科处于核心位置，体现了如今北大艺术学科的基本任务和有别于专业艺术院校艺术学科的独特特色——以艺术史论研究为重心，力求以"理"服人。这里的艺术史论研究为重心，是指跨越各个艺术门类界限的一般艺术史和一般艺术理论研究成为学科的基石和导引；"理"，既可指这种艺术史及艺术理论史之学理，也可指这种艺术理论与批评之理论性品格，当然还可理解为当前越来越引人注目的跨学科艺术学研究之综合性理论交融特点。从蔡元培的"美育"论、朱光潜的"美感"及"人生艺术化"论、宗白华的"意境"论、冯友兰的"心赏"论，到学院名誉院长叶朗先生的"美在意象"论等，北大艺术学人都力求在艺术理论和艺术史研究及相关领域形成独特建树、凝聚为自身的理论特色。

这种以"理"服人的学术特色已成为北大艺术学科的一个长期坚持不懈的学术追求。今天，我们已经与艺术学理论学科一道同时建立起戏剧与影视学和美术学两个一级学科硕士点，以及筹建音乐与舞蹈学学科点，拓宽学科建设路径，保持学科发展的必要的宽厚度，以及在社会发展和文化传承中有所创意和建树的现实关怀愿望，但这种以艺术史和艺术理论成果之理论性品格去自立于全国艺术学科之林的鲜明学术特色，依旧是本院学科建设的重心和各方努力的焦点之所在。

从学科耕耘方式来看，北大所注重的艺术理论可以同时在多个层面展开：一是对各艺术门类之间的共通性或普遍性艺术问题的综合性研究，例如艺术的定义、艺术价值、艺术形式、艺术风格、艺术思潮、艺术流派等研究；二是对各艺术门类自身的理论问题及两个以上艺术门类的理论问题的比较研究或综合研究，如音乐理论、舞蹈理论、戏剧理论、电影理论、电视艺术理论、美术理论、设计理论等研究，以及有待开拓的音乐与舞蹈理论比较、戏剧与电影理论比较、美术与设计理论比较等研究；三是对艺术学与其他人文社会学科的跨学科交叉研究，如艺术哲学、艺术美学、艺术教育学、艺术心理学、艺术语言学、艺术符号学、艺术社会学、艺术人类学、艺术传播学、艺术管理学、艺术经济学（或审美经济学）等。这些层面的研究虽各有不同，但都可包容在艺术理论问题域之中。

艺术史在艺术学理论学科中堪称有开阔的拓展空间的学科领域。它同样也可以分两个层面去开拓：一个层面是跨越各艺术门类之间的界限的带有共通性、普遍性、交融性或综合性特点的艺术史，如音乐史与舞蹈史比较、戏剧史与电影史比较等。晚清刘熙载的《艺概》把诗歌、书法等多门艺术包容其中，今人李泽厚的《美的历程》则涉及彩陶、青铜器、书法、绘画、园林、文学、戏曲、建筑等多个艺术门类现象。另一个层面则是一个具体的艺术门类之中的艺术史研究，如音乐史、舞蹈史、戏剧史、电影史、电视艺术史、美术史、设计史等研究，张彦远的《历代名画记》主要论及绘画艺术这一种艺术门类的现象。就这两个层面的情形来看，尽管《艺概》和《美的历程》已具有艺术史上的某种经典地位，但与第二层面的艺术史成就可以如数家珍般列举相比，第一层面的艺术史成果囿于多重原因，却难免乏善可陈，还有待于大力开拓和精心耕耘才是。

艺术批评同艺术理论和艺术史的情形差不多，也可以从两个层面去入手：一是跨越各艺术门类之间的界限的带有共通性、普遍性、交融性或综合性的艺术批评，如通常说的艺术批评的原则、标准、鉴赏、方法、流派、观众、素养及艺术批评家等；二是专门针对一个具体艺术门类现象而从事的艺术批评，如音乐批评、戏剧批评、电影批评、电视艺术批评、美术批评、设计批评等。

艺术管理与文化产业也是我们的艺术学理论学科中富有特色的学科分支之一。这是一个顺应艺术产业或文化产业的兴盛而新近发展的学科领域，它把艺术管理、艺术经营、艺术生产、艺术消费、艺术市场、文化产业或文化创意产业、艺术政策、艺术经济（或审美经济）等作为自己的主要研究领域，既涉及个体的艺术创造与企业的艺术生产、精神劳动与产品制造、审美价值与实用价值、想象力的自由游戏与产品的批量开发和营销等问题，也关注艺术品创作和鉴赏与实际生活美化之间的关系。

除以上领域外，艺术创作、艺术教育或美育、艺术实践等也是学院艺术学科研究的当然领域。

本书系拟由学术专著、研究文集、教材、教学心得、课程习作、成长感言等若干系列组成，根据学科发展需要，分系列并陆续编撰、出版。

北大艺术学科尚在持续开拓中，诚望各界朋友予以继续扶持。

是为序。

2016 年 4 月 21 日于北大

目 录

第一辑 审美体验与体验美学

3 / 体验与生成
　　——西方体验美学论体验的意义

32 / 论审美体验的发生结构

53 / 美学——诗意冥思方式

66 / 从人类活动的时间结构看美的本质

74 / 从信息观点看艺术

87 / 论艺术的内在结构

第二辑 语言与修辞论美学

109 / 走向修辞论美学
　　——90年代中国美学的修辞论转向

125 / 20世纪西方美学中的语言本质观

144 / 高度符号化时代的美学理论
　　——20世纪西方语言论美学的特征和实质

160 / 异国情调与民族性幻觉
　　——张艺谋神话战略研究

179 / 历史真实的共时化变形
　　——"狂人"典型的修辞论阐释

195 / 从启蒙到沟通
　　——90年代审美文化与人文精神转化论纲

第三辑　艺术理论与艺术史

225 / 论艺术公赏力
　　——艺术学与美学的一个新关键词

237 / 建国60年艺术学重心位移及国民艺术素养研究

248 / "从游"传统与重建本科艺术专业教育

259 / 艺术史的可能性及其路径

272 / 破解当前中国艺术学的学科性争论

289 / 艺术"心赏"与艺术公赏力

311 / 后　记

CONTENTS

Part One: Aesthetic Experience and Aesthetics of Experience

3 / Experience and Becoming: on the meaning of Experience in Western Aesthetics of Experience

32 / The Structure of Occurrence in Aesthetic Experience

53 / Aesthetics as a Poetic Meditation Way

66 / On the Nature of Beauty from the Time Structure of Human Activities

74 / On Art from the Point of View of Information

87 / On the Inner Structure of Art

Part Two: Language and Rhetorical Aesthetics

109 / Toward to a Rhetorical Aesthetics

125 / The View of Language Essence in Western Aesthetics in Twentieth Century

144 / Aesthetic Theory in the Highly Symbolic Era

160 / Exotic and National Illusion: a Study of Zhang Yimou's Myth Strategy

179 / Synchronic Deformationof the True History: A Rhetorical Interpretation of "Madman" Type

195 / From Enlightenment to Communication: 90's Aesthetic Culture and Transformation of Humanistic Spirit

Part Three: Art Theory and Public Aesthetics of Art

225 / On Public Aesthetics of Art: A New Key Word in Arts Theory and Aesthetics

237 / A study on the Displacement of Focus in Arts Theory in the 60 years and Citizen's Artistic Literacy

248 / Chinese Classical Traditionof "Travel" and Reconstruction of Undergraduate Art Education

259 / The Possibility of Arts History and Its Paths

272 / To break the Current Debate of the Disciplinary Natureon Chinese Arts Theory

289 / On Art as an Aesthetics of the Soul and Public Aesthetics of Art

311 / **Postscript**

第一辑

审美体验与体验美学

体验与生成

——西方体验美学论体验的意义

体验常常只是一瞬间，只相当于钟表摆出来的一瞬间，然而，西方体验美学告诉我们，这却是极不平常的一瞬间。外在时间（物理时间）虽然可能只有短短一秒，但我们的内在时间（心理时间）却仿佛相当于无限、永恒。正如中国晋人陆机所说："观古今于须臾，抚四海于一瞬"（《文赋》）。西方人常讲"刹那含永劫"，意思是一样的。这是因为，在这一瞬间，我们正在经历此在的超越历程：我们超越此在的烦的境遇，超越技术理性、形而上学的樊篱，升腾或沉浸于直觉之境，并且与遥远的原始体验豁然贯通……那么，此时此刻，正在生成一种什么东西呢？追问这个问题也就是追问（1）人生意义的瞬间生成问题；和（2）体验对人的意义问题。意义，也就是价值、作用、功能的意思。第一个问题最为基本，而第二个则由它派生而出。体验意味着人生意义的生成，正由于这一点，体验才对人显出意义。但上述意义并非可以抽象地把握的概念，而仅仅是瞬间的直接生成或正在生成。这一瞬间一旦打破，"回过神来"时，便已烟消云散，此即古人所谓"欲辨已忘言"，"稍纵即逝"。

本来，意义应当到生活中即人生此在中去寻找。意义在于此在，"美是生活"。生存着，就有意义，就是意义。既然如此，为什么还要到体验中去追求意义呢？追问这个问题就进入西方体验美学的中心地带。因为从某种程度上说，西方体验美学的根本宗旨也就在于试图说清这个问题。

西方体验美学的一个共同假设是：人生此在在过去曾经是有意义的，它也必将在未来重新秉有这种意义。但是，另一方面，就现在而言，他们却几乎都认为：生活是无意义的，此在就是不在。此在是什么？此在是痛苦、断片、颓废、虚无、烦、焦虑、动荡不安……如此等等。这里实际上已经现出一对二律背反命题：正题：生活是有意义的；反题：生活是无意义的。正题是就理想的生活而言，反题是就实际生活而言。西方体验美学家们深切地感到，这个二律背反是难解的，是不可解的。怎么办？当明白了理想生活（有意义的生活）与实际生活（无意义的生活）无法沟通以后，人们是否就可以失掉生活的信念、信心与勇气了呢？西方体验美学正是想告诉人们：别放弃自己！因为，在艺术体验的生活的意义会重新复现，飘然而至。换言之，在体验的瞬间，人们可以超越此在的束缚而升腾到心醉神迷的诗意世界。这样，我们可以初步明了：西方体验美学家们之所以"还要到体验中去追求意义"，还要非同一般地高扬体验的意义，不外乎是想通过瞬间的体验来解决现实中不可解的那个二律背反问题。这是一种虚幻的解决方法。

回头来谈"生成"。这个词英文做 become，表示一种正在发生的动态过程，而且这个过程是没有停止，没有结尾的，它正在持续不断。与此相对应的词是"已成"。这是"生成"一词的过去分词，指已经完成，已然完结。我们用"生成"一词意在强调体验的意义的瞬间发生。

现在该切入正题了：西方体验美学是如何去追问体验的意义的？

一、从绝对理性到完整人

西方体验美学对这个问题的追问已有悠久历史。限于篇幅，我们先简要概述从柏拉图到席勒的线索，然后集中讨论叔本华以来的现代意见。

柏拉图是从绝对理性（理念，神，绝对真善美）根基上思索体验的意义的，把体验视为瞬间生成。这种生成首先基于人的内在本能——人本能地趋向理性。人由两部分构成：灵魂和肉体。肉体属于感性界，此在，是虚幻的"影象"。灵魂属于理性界，是本体。对他而言，理性是主宰，因而从根本上说人是这一点决定了人有两大基本本能：飞升和生殖。飞升指脱出感性此在的羁绊而重返理性故里；生殖这里指灵魂生殖，就是凭理性所进行的精神性创造活动，它产生智慧、美德、诗、哲学，也就是创造美。飞升表明人具有追求理性的本能，生殖则显示了人爱理性、爱美的本能。基于这种本能，人生的意义不过是追求理性，做理性人。但理性"这种美是永恒的，无始无终，不生不灭，不增不减"[1]；而人的个体性、感性又妨碍人接近理性，怎么办？只有体验（迷狂），才能使人于瞬间超越感性此在的束缚而洞见理性的光辉，从而在这一瞬间生成为理性人。对柏拉图而言，体验是一种无限循环的中介，它使人不断地接近理性人这一终极境界。柏拉图这一思想表明一种传统的开端：从他开始就不断有人继起，试图把体验作为人生意义的瞬间解决方式，即看作人生超越的绝对中介。尽管后人并不一定赞同柏拉图关于理性是人的本体的说法，但在把体验视为人生意义的无限循环的中介这一点上，却无疑仍在师承柏拉图。

新柏拉图主义始祖普洛丁（Plotinus，205—270）正是继承并发挥柏拉图的上述思想，把"灵魂的观照"作为洞见"最高的本原美"的绝对中介。普洛丁这一具有浓厚宗教神秘主义色彩的体验美学，在中世纪与基督教神学合流，就完全背离希腊精神所表明的诸神、泛神原则，而被导向接近那唯一的人格神——上帝的道路。因而对中世纪神学美学而言，体验意味着我与上帝的瞬间"相遇"——我脱离尘世苦海而升入天堂灵境。这样，由柏拉图所开创的绝对理性之路就转化为绝对神性之路。

把体验的意义一味归结为理性、神性，就势必会失落人的另一重要本根：感性、生命、自然。于是，随着文艺复兴以来对人的现世生命的高扬，西方体验美学必然面临如何摆正理性与感性的位置的问题。意大利哲学家维柯（G.B.Vico，1668—1744）痛感绝对理性、绝对神性对人的生命的摧残，起而坚决主张人的本体不在理性而在感性——情欲、本能，从而把体验视为感性人的生成。他的理由是：既然人的原初本性就是感性（诗性），那么人生的意义也必然是向着感性人复归。维柯这一卓越思想由于种种原因而被长期埋没了。不过，从逻辑上说，他极端地拒斥理性而守定感性的做法在当时也未必能被接受。比较起来，席勒的设想也许更令人感兴趣。

席勒关心的是感性与理性如何完美统一。被严峻地"分裂"了的感性与理性如何融合为"完整人"？"我们怎样才能恢复被这两种原来根本对立的倾向似乎完全破坏了的人类本性的统一呢？"[2]席勒独特地把感性与理

---

[1] ［古希腊］柏拉图：《会饮篇》，《柏拉图文艺对话集》，朱光潜译，人民文学出版社1963年版，第269—273页。

[2] ［德］席勒：《美育书简》，徐恒醇译，中国文联出版公司1984年版，第78页。

性内化为人的两种基本本能——即感性冲动与理性冲动。感性冲动植根于人的感性本性，要求把内在物（精神）外化为感性地显现的世界；理性冲动又称形式冲动，植根于人的理性本性，要求把自身以外的世界内化为内在形式世界。席勒一反柏拉图以来乃至笛卡儿的独尊理性而拒斥感性的偏向，主张感性冲动与理性冲动是对立而平等的两大本能，"只要这样两种特性结合起来，人就会赋有最丰满的存在和最高度的独立和自由"[①]，而这正是人生意义的真正生成。在席勒看来，体验（游戏）正是沟通感性冲动与理性冲动而实现完整人的绝对中介，体验的意义就在于：它是完整人的瞬间生成。"只有当人在充分意义上是人的时候，他才游戏；只有当人游戏的时候，他才是完整人"[②]。席勒通过挤小理性地盘而为感性争得地盘的做法，在西方体验美学的发展历程中意义深远，因为从这以后，感性的地位一再上升，到叔本华、尼采等人时进而膨胀为生命力。席勒无疑是一种过渡。同时，席勒关于感性与理性完美统一的思想具有重要的现实意义，在现代技术社会中如何保持完整人风貌，确乎是体验美学的一个根本性问题。

二、弃生与醉生

从席勒到叔本华，其间还有一个重要环节：黑格尔。黑格尔不是像席勒那样平等地对待感性与理性，而是认定感性是理性（理念）辩证运动中的外在形式（如所谓"美是理念的感性显现"），理性本身是主宰。因而在黑格尔精美的三段论体系中，感性失落了。这必然引起叔本华出来造反。但叔本华拒斥理性而张扬感性还基于一个更根本的缘由：启蒙运动理性至上的失败，和现代工业文明引起的人的生存危机，使得生命、感性、向然问题成为人生的生死攸关的问题摆了出来。

虽然我们可以把叔本华与尼采系在"唯意志论"或"生命美学"这同一根藤蔓上，但他们的个人禀赋毕竟大不相同：叔本华偏爱日神阿波罗，

---

① ［德］席勒：《美育书简》，徐恒醇译，中国文联出版公司1984年版，第80页。
② ［德］席勒：《美育书简》，徐恒醇译，中国文联出版公司1984年版，第90页。

而尼采则追慕酒神狄奥尼索斯；前者愿做"世界的克服者"，即"生命意志的否定者"；后者恰恰相反，要做一个空前伟大的"征服者"、"肯定者"[①]。叔本华的日神式体验是要铺出弃生之途，尼采的酒神式体验则是要亮出醉生之道。这正是他们的根本区别所在。这种区别集中凝聚为他们各自的体验范畴——"静观"与"沉醉"。限于篇幅，我们打算少谈叔本华而较多地谈谈尼采。

对于叔本华来说，静观就是对永恒不息的、不可遏止的生命意志的纯粹直觉。生命意志是太亢奋、太难以满足了，以致于它给人类带来的不是"正价值"——欢乐、幸福，而是"负价值"——痛苦、灾祸。"人类彻头彻尾是欲望和需求的化身，是无数欲求的凝集，人类就这样带着这些欲求，没有借助，并且在困穷缺乏以及对于一切事物都满怀不安的情形下，生存在这个世界上。所以，人类的一生……通常是充满忧虑的。"[②] 解脱之路何在？叔本华讲，最彻底的解脱在于"禁欲"（涅槃），而暂时的解脱便是体验——"静观"了。静观作为一种瞬间直觉，它使人从意志与欲望的苦海中抽出身来，无利害地观照原本使人痛苦的意志，正像舟子从岸上旁观自己先前置身于其中的惊涛骇浪一样。这时，曾使人痛苦的意志便失去了内核而仿佛只留下空洞的"理念"在无目的地飞舞，苦痛消逝了，代之以宁静、平和。就人本身来说，人从意志之人、欲望之人、生命之人变为身上不带任何东西的绝对的纯粹主体——纯粹人。我们可以作个简单比较。柏拉图是要使人从感性人变为理性人，席勒是要使人从断片人变为感性与理性兼备的完整人，一个突出理性，一个突出完整。叔本华的纯粹人则既弃绝理性也弃绝感性，只渴求感性与理性全失、皆空的虚无人。因此，纯粹人就是无人，非人，无。

这样，就可以引申出静观的意义了。静观，就是纯粹人的瞬间生成，作为静观的艺术，也就是把令人痛苦的意志只作为纯粹形式来赏玩，从而使人解脱。叔本华把体验确定为对生命意志的静观，其意义只有一个：弃生——弃绝生命。体验作为一种生成，其实是反生成，是弃绝生成。体验成为弃生的中介。只有当弃绝得只有"无"时才是真正的体验。叔本华

---

① ［德］叔本华：《爱与生的苦恼》，陈晓南译，中国和平出版社1986年版，第35页。
② ［德］叔本华：《爱与生的苦恼》，陈晓南译，中国和平出版社1986年版，第42—43页。

说：“无是悬在一切美德和神圣性后面的最后鹄的……在彻底取消意志之后所剩下来的，对于那些通身还是意志的人们当然就是无。"[1] 这段话使叔本华美学的反生命、反人性性质以及悲观论性质显露无遗。

这种体验美学把人生的痛苦、苦难一面高倍放大出来，并且构想一种纯粹虚无的静观世界去与之对照，这对竭力放纵生命本能，一味追逐物质对象的西方世界无疑是一记猛掌。像罗素所评论的那样，"他的悲观论当作一种解毒剂是有用的"[2]，但是，叔本华进而极端地走向弃生之途，却就是毫无道理的了。

尼采不是像叔本华那样退而走弃生之路，相反，是要以醉生去克服弃生，以强劲的、卓迈的、永恒的生命力去对抗虚无厄运。他自以为这是一种亘古未有过的全新的体验美学、人生哲学。这就是沉醉美学，或酒神美学（狄奥尼索斯美学）。

沉醉，是尼采在《悲剧的诞生》中首次提出来的，它表示与酣梦相对立的艺术世界。酣梦源于人类原始的"日神冲动"（或阿波罗状态），而沉醉源于原始的"酒神冲动"（或狄奥尼索斯状态）。尼采认为，沉醉比酣梦更为根本、原始，因为它来源于极原始的酒神冲动。如果说，尼采前期主要把沉醉看作表示艺术本体的特殊范畴的话，那么，在后期则进而把它扩张为不仅表示艺术本体而且首先是表示生命本体、人本体的范畴。因为他认为，沉醉根本上是一种新的生命本体、人本体，其次才推及艺术本体。沉醉，这不是日常生活的酗酒的醉（这种醉恰恰属于为尼采所反对的颓废之列），也不是一般心理学可以解释的快乐情感。在尼采心目中，沉醉意味着一种发源于人类原始本性的强力意志的充满、丰盈状态，是对永恒大生命的狂喜和享受。

鉴于尼采表述上的浪漫式、随意性，不理会明晰的表达句式，我们不妨从几个方面来把握沉醉的意义：原型、存在状态、生理状态、心理快乐以及最高境界——舞人。尽管他的观点有演变，但基本精神是大体一致的。

我们知道，沉醉的原型是古希腊酒神仪式。尼采凭自己的洞察力拈

---

[1] [德]叔本华：《爱与生的苦恼》，陈晓南译，中国和平出版社1986年版，第100页。
[2] [英]罗素：《西方哲学史》下卷，马元德译，商务印书馆1976年版，第310页。

出远古酒神精神,用强力意志去重新解释它,从而赋予沉醉概念以特殊意义。尼采说:"只有在酒神仪式中,在酒神精神的心理中,希腊人本能的根本事实'生命意志'才获得了表现。希腊人用这种仪式祈求什么?永恒的生命,生命的永恒轮回;被允诺和奉献于过去之中的未来;超越于死亡和变化之上的胜利的生命的肯定;真正的生命即凭借生殖、性的神秘而延续的总体生命。"① 酒神精神已成为一种高度的"象征",即永恒的生命、永恒轮回、至深的生命本能的象征。由此,沉醉就必然被视为对永恒的生命本能的沉醉。这样,尼采通过对原始酒神精神的重新规定,为沉醉体验找到了历史发生论根基(尽管这一根基实质上是形而上学的)。

尼采把沉醉根本上看作一种新的存在状态、本体状态——强力意志的充满、丰盈,内在生命力的流溢勃发。如果说此在意味着虚无、孤独、颓废的话,那么沉醉则使人飞升到超迈、卓绝之境。这里的关键是把握"强力意志"的含义。尼采后期用这一概念是要取代叔本华过于悲观的"生命意志"。强力意志应当从前面所述的酒神精神来理解。强力,指人类所具有的永恒的、无限的、旺盛的生命力,它力求扩张,超越自身。"强力意志——永不耗竭的、创造的生命意志。""凡是有生命的地方,便有着强力意志。"② 对尼采而言,生命、意志、强力是一码事,都是人类、宇宙的终极本体。换句话说,它们是真正的存在,生命的真正意义的标志。但尼采又强调,这种本体不是随便可以现形的,它只在沉醉的瞬间偶尔露面,它只通过这一瞬间才露面。沉醉可以有不同层次,性欲沉醉、情绪沉醉、运动沉醉、破坏的沉醉等,但最高的即真正的沉醉是强力意志的沉醉。沉醉是强力意志、生命力的充满、丰盈(自客体言),是人对这种强力意志、生命力的占有、享受、领悟(自主体言)。"生命意志在其最高类型的牺牲中,为自身的不可穷尽而欢欣鼓舞。"③ 尼采由此引申说,只有当人是真正具有充满、丰盈的生命力的存在时,他才沉醉;只有当人沉醉时,他才是完满的人。这样的人才是"美"的。在尼采看来,艺术家正是这样的人。

---

① Friedrich Nietzsche, *Twilight of the Idols; and the Anti-Christ,* Trans. R. J. Hollingdale, Harmondsworth: Penguin, 1977, p.561—562.
② Friedrich Nietzsche, *Thus Spoke Zarathustra*, translated by Walter Kaufmann, New York: Random House, 1976, p.125.
③ Friedrich Nietzsche, *Twilight of the Idols; and the Anti-Christ,* Trans. R. J. Hollingdale, Harmondsworth: Penguin, 1977, p.518.

"艺术家属于一个更强壮的种族。"从艺术家这里可以"窥视强力、自然等基本本能"[①]。这样，作为人的存在状态的沉醉，又推衍为艺术本体。真正的艺术不是别的，是沉醉。

尼采强调，沉醉作为一种存在状态，必然也包含肉体的、性欲的沉醉，即生理沉醉。他把沉醉看作肉体活力的充满，性欲的亢奋的结果。这一思想显然部分地源于叔本华。虽然叔本华从否定意义上把性欲看作"生命意志的焦点"，"欲望中的欲望"，并认为性欲的满足可造成"仿佛置身于幸福的巅峰或已取得了幸福王冠的感觉"，但却被尼采相反地从强力意志角度把它肯定性地吹胀了。从生理角度看体验、审美，这对黑格尔轻视肉体生命的理性美学是一种反叛，甚至与生命（感性）和精神（理性）并重的席勒相比，在生命至上方面也远远走向了极端，就是把体验生物学化了。尽管尼采的思想不能简单地归结为自然科学意义上的生物学，尽管其主观意图是想以人的原始本能去超越形而上学，超越此在的颓废与虚无境遇，但他如此无限地膨胀生物本能的作用，必然会倒退到自然科学的生物学上去，这是令人难以接受的。

沉醉，不仅是一种特殊的生理状态，而且也是一种特殊的情绪、心理状态——快乐。但在尼采看来，这种快乐自有其特异之处：它是痛苦的快乐，死的快乐。"痛苦也是快乐，诅咒也是祝福，黑夜也是太阳。"[②] 由于强力意志的充满、丰盈，因而任何快乐的反面都被引入快乐之境：快乐是痛苦，痛苦是快乐；快乐是死，死是快乐。在沉醉中"连痛苦也起着兴奋剂的作用"[③]。这种奇异的快乐恰如生命的一首"沉醉之歌"，它超越了生的有限、短暂、死，然而又渴望着有限、短暂、死。因为，强力意志从无限、永恒的高处来赏玩、游戏它们。"我要问死，那便是——生命么？好罢！再来一次！"尼采把这种死看作并非一般的死，而是快乐的、沉醉的死，"向往着死，死于幸福"，是伴随"秘密气韵升起来"的死，它洋溢着"一种永恒的气韵和芳香，一种古代幸福的玫瑰色的、棕色的、黄金酒的芳

[①] ［德］尼采：《强力意志》，据《悲剧的诞生——尼采美学文选》，周国平编译，三联书店1986年版，第360页。

[②] Friedrich Nietzsche, *Thus Spoke Zarathustra*, translated by Walter Kaufmann, New York: Random House, 1976, p.126.

[③] Friedrich Nietzsche, *Thus Spoke Zarathustra*, translated by Walter Kaufmann, New York: Random House, 1976, p.320.

香。"① 这确乎是一种视死如生、视生如死、生死同一的浪漫情趣了。

快乐到极致是什么？尼采说，是死的沉醉。那么，死的沉醉到极致又是什么？换言之，沉醉本身所能达到的极致是什么？尼采说，是"裸舞"，是裸着的"舞人"。裸舞，这是沉醉的存在状态、生理状态、心理状态的总体凝聚，是生命力、强力意志的充满、丰盈的顶峰境界。尼采早期倾向于从主观角度即从人的自我觉察上把握舞的沉醉，而在后期则注重从超个体的、客观的、宇宙的，同一角度理解舞的沉醉：在《查拉图士特拉如是说》中，尼采想象出"南方"（指希腊世界）的诸神裸舞境界：

超人在烈日下裸浴。②

我飞到了梦想不到的未来，到雕刻家所想象不到的更炎热的南方，那里诸神正裸舞，耻于任何衣饰。③

那里在我看来，一切的生成好象是诸神之舞与嬉戏，世界自由而无限制，一切都归真返朴。④

真正的、最高的沉醉是裸舞，这是超越了一切主观、个性、有限等限定的自由的与绝对的境界，人返朴归真，与原初的自我同一，或者不如说，原初的自我自己亮出身来，于澄明的瞬间亮相。尼采何以如此看待"舞"？可以说是出于对人的原始的、原初的、自然的生命本能的追寻。人类最早的艺术可以说是舞，最原始的体验也可以说是舞。原始人凭借自己的肉体剧烈飞舞创造出生命力的姿态、形象，这就是舞，裸舞。舞蹈史家萨克斯指出："在舞蹈的沉迷之中，人们跨过了现实世界与另一个世界的鸿沟，走向了魔鬼、精灵和上帝的世界。"⑤ 正是舞蹈的这种无形的、完整

---

① Friedrich Nietzsche, *Thus Spoke Zarathustra*, translated by Walter Kaufmann, New York: Random House, 1976, p.315.

② Friedrich Nietzsche, *Thus Spoke Zarathustra*, translated by Walter Kaufmann, New York: Random House, 1976, p.318.

③ Friedrich Nietzsche, *Thus Spoke Zarathustra*, translated by Walter Kaufmann, New York: Random House, 1976, p.154.

④ Friedrich Nietzsche, *Thus Spoke Zarathustra*, translated by Walter Kaufmann, New York: Random House, 1976, p.203.

⑤ 转引自[美]苏珊·朗格：《情感与形式》，刘大基、傅志强、周发祥译，中国社会科学出版社1986年版，第218页。

的、神秘的力的世界可以使人于瞬间摆脱形而上学、传统价值观、上帝偶像的限制,即超越此在的颓废与虚无境遇,而回归到永恒大生命本身。

总之,尼采从原型、存在、生理、心理和舞等方面来阐述沉醉,归根到底就是把沉醉看作生命力、强力意志的瞬间生成,生成在这里是从充满、丰盈的意义上去把握的。沉醉同时意味着,它是真正的活力充满的人的生成——从宽泛的意义上说,是感性人的生成。感性在尼采这里是生命力的意思。因而感性人即是生命充满之人。沉醉,是生命充满之人的正在生成。这样来理解的沉醉必定是与叔本华弃生的静观截然对立的。叔本华深深忧虑于生命力的充满,煞费苦心以静观去弃绝它;尼采则相反,全力渴望生命力的充满,以沉醉去拥抱它。

我们前面提到过沉醉由人本体要推衍及艺术本体。这是尼采的一个很重要的观点。他认为,人的沉醉是艺术沉醉的"心理前提"——实际上说"存在前提"更准确些。尼采强调用人生的眼光考察艺术。这是什么意思?简单讲,就是把艺术看作人生的意义的生成的中介。艺术是人生意义的完满、实现。"人出于他自身的完满而使万物充实。……这种变得完满的需要就是——艺术。……在艺术中,人把自己当作完满来享受。"艺术也是生命的"伟大兴奋剂"①,它的作用就是"激发沉醉",即"使存在完成,它产生完美和充实"②。当艺术成为生命的沉醉、强力意志的沉醉时,那么,它就意味着人的存在、人生的意义正在完成、完美和充实。

尼采把体验等同于肉体沉醉、性欲沉醉,无论他如何从希腊原型(酒神仪式)去找来证明,都是没有多少道理的。所谓死的快乐、裸舞等,更多地出于诗意想象,而不是出于反思着的理性大脑。应当说,艺术的效能,体验的效能,被尼采过于夸大了、抬高了。但这并非意味着尼采说的全是疯话,不值得考虑。我们要说:尼采是值得重视的。当着叔本华挥舞弃生之镰要把生命的麦苗斩尽除绝之时,尼采来高唱一曲生命的"沉醉之歌",等于是使人们于绝境中望见远方闪现的希望。尼采使人们明白了这种可能性:生活的意义之所以在此在中一再冥暗模糊,根本原因不在叔本

---

① Friedrich Nietzsche, *Twilight of the Idols; and the Anti-Christ*, Trans. R. J. Hollingdale, Harmondsworth: Penguin, 1977, p.529.

② [德]尼采:《强力意志》,《悲剧的诞生——尼采美学文选》,周国平编译,三联书店1986年版,第365页。

华所说的生命力过于亢奋，而恰恰就在过于匮乏、病态、软弱；只要人们起而承担人生，唤回原始酒神精神，生命力又可以重新充满、丰盈，于是生活的意义便会在沉醉的瞬间亮出真身来。就这点而言，尼采的主张对于现代人抵抗颓废与虚无厄运，对于现代艺术从追逐感官刺激、肉欲享乐、自欺欺人的泥淖中拔出身来，代之以健康、生机勃发的风貌，还是颇具启发意味的。

三、意义的生成与自我的开放

像叔本华那样把体验的意义视为对生命的彻底弃绝，像尼采那样把体验的意义归结为生命的最高占有，这两种极端观点是很难让人信服的。因为人们既不可能下地狱以摆脱生之诱惑，也不可能上天堂以享受生之完满，而是可能对在日常的、平凡的生命活动中追求意义更感兴趣些——这种生活有悲有喜，有苦有甜，有幸福有灾祸，正是这种看似寻常的生活内部包藏着生命本身的意义。因而狄尔泰和柏格森的观点一度受到欢迎，是并不奇怪的。他们有意避开弃生与醉生这对峙的两极，而宁肯选择钻进生命内部的办法。

狄尔泰认为，生命是神秘莫测的"谜"，解破"生命之谜"的绝对中介就是深入生命流中去体验。体验常常可能仅仅持续一刹那，一瞬间，但这一瞬间却意味着作为时间上的"连续体"的生命流正在生成。"连续体"意味着，体验中的生命是无间歇地、不停顿地奔流向前的。"我们的生命之船仿佛航行在一条川流不息的河流上。"每一个这样的瞬间都包含着时间的三维特性——过去、现在和未来在此相互生成："具体时间在于那不间断的现在的进程。现在永远在生成过去，未来永远在生成现在，现在是与实在关联的时间上的瞬间的充满；这就是体验。"[1]生命的每一瞬间都由这三维特性构成，只是在理论上才将它们分开。生命的这种时间，事实上已不等于可以由钟表测定的外在物理时间，而是我们体验中的内在心理时间（狄尔泰说是"具体时间"）。体验中的生命并非外在时间上的一步一步地

---

[1] Wilhelm Dilthey, *Meaning in History*, London: George Allen and Unwin LTD, 1961, p.98.

滴答响进，而是流水般滔滔涌来：它挟带着未来进入现在，又立刻沉入过去。每一瞬间，或者说每一次体验，都是生命的充满、丰盈。这种论述使人想起尼采关于生命力的充满、丰盈的说法。但尼采说的是神秘的超人沉醉，而狄尔泰说的是平凡生活中的特殊顷刻。

狄尔泰直接把体验看作生命的"意义"的瞬间生成。他不是像尼采那样突出生命的原始冲动、性欲本能等，而是主张生命是历史的生命，是我们在其全部复杂性与残酷性中体验的人类生命。"每一种生命表现……都有一种意义。生命就是它本身，不是别的。生命中绝无可以超越它本身而指出的意义。"这样他就同这个问题上的生物学主义和形而上学偏向分别区别了开来。那么，意义是什么？狄尔泰说："意义是生命内部各个部分同整体形成的必然的特殊关系。……意义关系的本质在于在时间上被构成的生命模式，这种生命模式产生于一种活的结构与其环境的相互作用。"[1]狄尔泰把意义看作（1）个体生命内部整体与部分的活的关联；和（2）生命与环境的相互作用。而这种意义只有通过个体的体验才显现出来。也就是说，意义即体验，体验即意义；意义只在体验中显现，体验只是意义的显现。二者是同一的。难怪狄尔泰说："体验就其具体现实性而言，是被意义范畴凝结起来的。这是凭回忆联结起来的被直接体验或通过同情体验到的东西的统一体。体验的意义不在于体验之外的那些使其统一的东西，而在于体验本身，并且构成了那些东西之间的联系。"[2]"……这些意义关系构成了我现在的体验并且使这种体验充满。"[3]生命是有意义的，这使人的生命有别于动物生命；但意义只存在于个体的亲身的体验中，离开体验便没有意义——生活变得无意义。因而说体验是生命意义的生成，便是说体验是生命意义的发生、创造、凝聚。狄尔泰由此主张每个人都应当深入生活，亲历、参与、奉献，从而使自己的生活变得有意义。"人应当在生命的积极价值中追寻生命的意义"[4]。

我们已经知道，狄尔泰把体验看作诗的起点、本体。诗作为体验，是生命意义从神秘莫测的生活关联域中显露出来的中介。诗的问题也就是生

---

[1] Wilhelm Dilthey, *Meaning in History*, London: George Allen and Unwin LTD, 1961, p.99.
[2] Wilhelm Dilthey, *Meaning in History*, London: George Allen and Unwin LTD, 1961, p.107.
[3] Wilhelm Dilthey, *Meaning in History*, London: George Allen and Unwin LTD, 1961, p.160.
[4] Wilhelm Dilthey, *Meaning in History*, London: George Allen and Unwin LTD, 1961, p.74.

命问题。"对人类存在、诗和文学作品的理解将成为一条到达生命伟大神秘处的途径","诗的爱……构成一种积极价值并从而赋予生命以意义"①。作为诗的根基的体验,在狄尔泰看来有三种:个人直接体验,对他人体验的领悟(间接体验),和由观念推导和深化的体验。可见他既突出个人的亲历,又不排斥利用他人的体验以及凭精神科学的解释去深化体验。但无论如何,体验都不能还原为一般经验、意识,而仅仅指充满意义的特殊瞬间——"那些足以使诗人发现生命特质的生命瞬间或者那些瞬间之间的相互作用的各种外观"②。正是从这种昙花一现的震撼心神的瞬间,诗人捕捉住兔起鹘落、稍纵即逝的意义,从而勃发为诗。

出于上述意图,狄尔泰高度张扬诗的体验(或者说体验的诗)对于人生的意义:"诗把心灵从现实的重负下解放出来,激发起心灵对自身价值的领会。……诗扩大了对人的解放效果,以及人的生命体验水准,因为它满足了人的隐秘渴望。……它把生命作为其出发点;个人对人类存在、对象世界、自然的关系,当其被体验到时,就成为诗的创造的内在核心。"③狄尔泰在这里强调诗对生命的"解放"效果。解放,就是开放、扩展、揭示、发现,也就是从"既定生活秩序"之域超越到想象的、理想的、可能性的生活之域。这是由于诗能运用特殊的形式、语言媒介,凭借想象,把诗人对生命的丰富体验展现在作品中,从而唤起读者以相同的体验。由于这种体验,人们得以从令人痛苦的、谜一般神秘的此在中"解放"出来,在瞬间突然领悟自身存在的价值,自身生命的意义。

体验在这里同沉醉在尼采那里几乎一样,都成为诗的根本之根本,究竟之究竟。所不同的是:尼采似要跃上强力意志的"高潮巅浪"间去狂舞,而狄尔泰则愿意深潜入生命流内部隐秘层次去亲历。就尼采而言,诗的沉醉与生命的沉醉完全是一回事,真正的生命是诗,真正的诗是生命;而对狄尔泰来说,诗不仅是生命体验,而且还包括想象、理解、解释等因素,诗是对生命之谜的解答。尼采极富非理性色彩,狄尔泰则已带有理

---

① Wilhelm Dilthey, *Meaning in History*, London: George Allen and Unwin LTD, 1961, p.100.
② Wilhelm Dilthey, Poetry and experience, L.Lewisohn, *A Modern Book of Criticism*, New York: The Modern Library, 1919, p.53.
③ WilhelmDilthey, *Dilthey's Philosophy of existence: introduction to Weltanschauungslehre*, translated by William Kluckback and Martin Weinbaum.New York: Bookman Associates, 1957, p.37—38.

性成分（只反形而上学而不反精神科学）。当然，与席勒平等地对待生命（感性）与精神（理性）相比，狄尔泰就显得高拔生命而贬低理性了。而对于柏拉图的理性论来说，狄尔泰简直就是一种反叛。同上述诸人标举理性人（柏拉图）、完整人（席勒）、纯粹人（叔本华）、沉醉人（尼采）等不同，狄尔泰推崇的是有意义的人，能体验生命的人——归根到底，是感性人。

在若干重要方面，柏格森都与狄尔泰相近，但又有很大不同。与狄尔泰把生命看作神秘之谜不同，柏格森强调现实的机械性遮蔽了生命冲动，扼杀了自由的自我。由于人们的实用考虑，由于传统形而上学和自然科学目的论与机械论的精确性追求，活的"生命冲动"、"绵延"似乎停滞了，人生变得"机械"，社会变得"封闭"。也就是说，人与自由的自我，与生命本根之间似乎横亘着一层厚重的不可超越的"帷幕"："在大自然和我们之间，不，在我们和我们的意识之间，垂着一层帷幕，一层对常人说来是厚的而对艺术家和诗人说来是薄得几乎透明的帷幕。"①正是这层帷幕遮蔽了生命的活性，使人们感觉昏聩，行动呆滞，活人沦为机械人、机器。

但是，这层帷幕为什么对于艺术家和诗人偏偏却有等于无，"薄得几乎透明"呢？柏格森说，实在是因为他们秉有惯常的体验——"直觉"。这就引申出他关于直觉的意义的观点。直觉的意义是什么？不就是那层"帷幕"的豁然"穿透"，自由的自我从"封闭"中骤然"开放"么？狄尔泰的"体验"偏重"意义"的瞬间"生成"，柏格森的"直觉"注重"自我"的瞬间"开放"。直觉不是别的，正是自由的自我的开放。通过直觉，在直觉中，自我由机械的、封闭性的存在转化为自由的存在。这种"自由的自我"究竟是什么意思？虽然柏格森采用了神秘的描述，强调"自由确实有，但不可下定义"②，但我们还是不难发现他的用力之处。可以从这样两个方面入手把握他的"自由的自我"——

第一，它是纯粹内在的、情绪性的存在。柏格森说：自我是"纯情绪性的心理状态"③。在直觉中，自我已越出个人的、肉体的、外在的层次，即穿透那层"帷幕"，而直接钻入事物的深层、内部，"置身于可动性中，

---

① ［法］柏格森：《笑》，徐继曾译，中国戏剧出版社1980年版，第92页。
② ［法］柏格森：《时间与自由意志》，吴士栋译，商务印书馆1959年版，第149页。
③ ［法］柏格森：《时间与自由意志》，吴士栋译，商务印书馆1959年版，第149页。

或者说置身于绵延中，二者意思相同"①。自我已不是狄尔泰意义上的主观的个体，而是摆脱了个人主观性的纯粹客观的、宇宙性的心理存在。它化身为对象的内在生命冲动，置身于绵延之中，体验着生命的连续性、丰富性，把握着、享受着存在的时间性。这就是自由的自我。难怪柏格森会说，"生命是心理的东西"，"意识，或不如说超意识，是生命之源"②。但这里的"心理"又不能从一般心理学上理解，而只能从超心理、超意识角度即从本体角度去理解。也就是说，指的是——

第二，它是一种瞬间生成的绝对的、无限的、永恒的存在、实在。处于机械性此在的人是相对的、有限的、短暂的存在，它只知空间不知时间，只知静止不知运动，只知现象不知本体，只知多样不知整体。直觉似乎于刹那间划开一片宇宙般浩渺深邃的真空，自我在这里觉得自己置身于生命冲动的源泉内部，变得生命充满，感觉强健，与宇宙绝对同一，与生命无限交融。

这样可以明白，柏格森所谓自由的自我是那种心理的、绝对的存在。我们可以问：真的有这种超凡脱俗的内在自我么？直觉体验中真的能生成这种自由的自我么？无论如何，柏格森是在言过其实，夸大其辞。他否弃外在感性生命、个体生命，而试图觅得内在的宇宙性绝对生命，无疑是失掉生命的现实根基而仅仅捕捉了虚浮于空中的自我的幻影。

柏格森认为，直觉即艺术，艺术即直觉。艺术的意义在于绵延的生成，自我的生成。艺术以其直觉可以揭开或穿透那低垂着的"帷幕"，而使自我显示给我们。柏格森说，"艺术的最高目的，就是把自然显示给我们"，"艺术的唯一目的就是除去那些实际也是功利性的象征符号，除去那些为社会约定俗成的一般概念，总之，是除去掩盖现实的一切东西，使我们面对现实本身"③。那构成帷幕的东西是实际的、功利的、约定俗成的、物质的，艺术以其直觉的穿透力可以把那"背后"隐藏的或蕴涵的"自然"、"纯粹"、"理想主义"——即自由的自我显示出来。

钻入生命之流内部去体验或直觉，狄尔泰和柏格森的这种办法似乎比叔本华和尼采的办法更有说服力些，更切实可行些。因为它可以启发人们

---

① ［法］柏格森：《时间与自由意志》，吴士栋译，商务印书馆1959年版，第21页。
② Henri Bergson, *Creative Evolution*, New York: the Modern Library, 1928, p.257.
③ ［法］柏格森：《笑》，徐继曾译，中国戏剧出版社1980年版，第96页。

在日常生活中保持一种体验或直觉的心境或态度，从生命的亲历中抓取生命的意义。

四、逃离深渊与乐在高峰

美国心理学家詹姆斯（W.James，1842—1910）曾注意到"宗教体验"有两种基本类型：一类是"病态精神"的宗教体验，它意味着幻灭、失望、悲痛、渴望救渡；另一类是"健康精神"的宗教体验，它把世界显现为乐园、天堂、家，笃信"天上有上帝在，世上一切就美好"[1]。其实我们在艺术体验中也常常遭遇到这样两种情形：有时我们觉得痛苦、受难、虚无、荒诞等感觉攫住了自己，这仿佛是一种"深渊体验"；有时我们又会为欢乐、狂喜、陶醉、幸福等情感所包围，这类似某种"高峰体验"。相应地，在体验美学中可以找到这样两极：深渊体验美学和高峰体验美学。如果说大多数论者由于观点复杂而很难确切归类的话，那么，弗洛依德和马斯洛则可分别视为上述两类体验美学的真正代表。

弗洛依德认为人生此在由于"原欲"不得满足而永在"焦虑"之中，自我注定了生存于焦虑的"深渊"。那么，人类该如何寻求解放呢？在弗洛依德看来，出路只有一条——逃避深渊。这不是现实的真正有效的逃避，因为现实早已染上焦虑的病容和文明的痼疾。这只能是体验的逃避——通过"升华"来麻痹自己，遗忘自己。升华意即原欲"舍却性的目标，而转向他种较高尚的社会的目标"[2]。升华就是体验，在这种体验中，人舍弃了原欲的性目标而转移到文明的创造上；或者说把性能量"移位"为文明的创造。艺术创造即如此。升华与叔本华的静观一样都带有无利害成分，但静观是要彻底弃绝生命，升华则是深知无法弃绝后的一种无可奈何的逃避、转移，一种补偿性满足。升华也不同于尼采的沉醉：沉醉是对生命力充满的享受，升华却是对原欲不可遏止的恐惧。升华，对于弗洛依德来说，是人类逃避原欲深渊的绝对中介。从这个意义上讲，原欲的升华

---

[1] William James, *The varieties of religious experience. A Study in human Nature*, New York: 1902, p.257.

[2] ［奥］弗洛依德：《精神分析引论》，高觉敷译，商务印书馆1984年版，第9页。

是人类文明的本体，艺术的本体。人类的一切文明（道德、宗教、语言、哲学、政治、艺术等）都是原欲的升华的结果，因而都不可能离开原欲的升华而得到解释。

升华意味着什么？其意义是什么？把升华看作伟大的创造，这在弗洛依德看来只能是肤浅之见。弗洛依德通过探测这种创造背后那隐伏的深渊认识到，升华是迫不得已的，是消极的，是虚假的，因为它以牺牲原欲而迁就文明性道德（超我）为代价。它不是在释放、解放人的本能，而是相反，在压抑、扼杀它。因此，在弗洛依德看来，升华意味着人对原欲的逃避或虚假的满足，意味着一种非人性正在生成。升华的意义也就等于无意义。这样，他就否定了体验（升华）对人类的意义了。原来如此！弗洛依德大讲升华不过是为了证明他关于人类命运的悲观、绝望的看法而已。

在弗洛依德看来，升华的逃避意义集中体现在艺术中。艺术作为幻想，正是被压抑的原欲的升华的产物。弗洛依德写了一系列美学论文来论证这一观点，如《创作家与白日梦》《达·芬奇对童年时代的一次回忆》《歌德在其著作〈诗与真〉里对童年的回忆》等。原欲不得满足，受压抑，于是形成自我的焦虑。为了逃避焦虑的熬煎，就得寻求替代性或补偿性满足，这就是升华为梦、幻想、艺术。艺术是不得满足的原欲的补偿性升华。

那么，艺术体验对人类有无意义呢？弗洛依德指出：如果单从人的主观理想出发，那么艺术体验是有意义的。艺术使人过现实中不能过的幻想生活，这无疑是一种得救，这倒符合尼采的格言："从形象中得到解救。"受苦受难者渴求美，于是便产生了美。但是，弗洛依德忧心忡忡地告诫人们，这种得救实质上是虚假的，无济于事的："艺术在我们身上引起的温和的麻醉，可以暂时抵消加在生活需求上的压抑，但是它的力量决不能强到可以使我们忘记现实的痛苦。"[1]艺术无论如何给人以安慰、补偿、陶醉、解脱，但由于其消极、虚假、逃避的性质，归根到底是无法使人从现实的焦虑、痛苦境遇中获得彻底解放的。也就是说，艺术对人类就同整个文明对人类一样，是无意义的。

---

[1] ［奥］弗洛依德：《文明及其缺憾》，《弗洛依德论美文选》，张唤民、陈伟奇译，知识出版社1987年版，第171页。

弗洛依德远见卓识地从人类文明和艺术这种升华物中探测到它们背后隐伏着的原欲之渊，这为人类理解文明、艺术、创造力、自我等无疑开辟了新路，同时对于传统的技术上的、文明的、美学的乐观论是泼了一瓢适时的冷水。但他离开劳动、社会实践去解释原欲及其升华却是个错误，把人类前景、人类文明描绘得如此令人绝望，这不仅不符合实际，而且本身就带有非人性因素。难怪马斯洛会批评说："弗洛依德对于人的描述显然是不合适的，他没有考虑人的志气，人的可以实现的希望，人的神圣的品质。"①人类不能老在黑暗的深渊中挣扎，它需要不时地超越此在而飞升到生命的"高峰"上去享受，而这不只是幻想，也有现实的可能。正是在这点上，马斯洛的高峰体验美学堪称令人昂奋的"兴奋剂"。

马斯洛（A.H.Maslow，1908—1970）的理论根基是继心理分析学和行为主义后的"第三种力量"——人本心理学。这种心理学的基本任务，便是研究人的发展，人的整体，人的自我实现。在他看来，真正的人不是弗洛依德那种沉沦于原欲深渊的病态人，而是正在走向自我实现高峰的健康人。而真正的人的体验，也不是那种作为非人性逃避方式的"升华"，而是作为人的终极价值的觉察和享受的"高峰体验"。自我实现的人，他们处于自己潜能、力量、价值实现的高峰，能比常人更多地经历高峰体验。这一描述似乎近似于尼采关于超人真正能进入沉醉之境的观点。但与尼采把沉醉体验"贵族化"不同，马斯洛指出：任何普通人，只要他不放弃自我实现的努力，均能在生活中获得高峰体验。"几乎在任何情况下，只要人们臻于完善，实现希望，达到满足，诸事顺心，便可随时产生高峰体验。"②马斯洛这样做是想把人本心理学变为大众的希望心理学，以便使他们懂得：每一个人都有可能达到自我实现的高峰；个人只要永不泯灭向上之心，他就能找到真正的自我，获得幸福。对迷失于弗洛依德主义、存在主义绝望之境的西方人，这无疑是一剂解毒的良药。

那么，高峰体验是什么呢？其意义如何呢？马斯洛认为，高峰体验，是人对自身终极存在价值的瞬间领悟和享受，或者说，是"剧烈的同一性体验"。马斯洛描述说："这种体验可能是瞬间产生的压倒一切的敬畏情绪，

---

① ［美］马斯洛：《存在心理学探索》，李文湉译，云南人民出版社1987年版，第11页。
② Abraham H.Maslow, Lessens from Peak-Experience, *Psychology and personal growth*, edited by A Arkoff, Boston: Allyn and Bacon, 1976, p.279.

也可能是稍纵即逝的极强烈的幸福感，或甚至是欣喜若狂、如醉如痴、销魂落魄的感觉。"① 就是在这一瞬间，人仿佛跃上自我实现的高峰，享受到突如其来的永恒、绝对、无限、同一，为之而心醉神迷。高峰体验不仅仅指艺术体验、审美体验，它包括广泛的种类："存在爱的体验，也就是父母的体验，神秘的或海洋般的或自然的体验，审美的知觉，创造性的时刻，矫治的和智力的顿悟，情欲高潮的体验，运动完成的某种状态，等等，这些以及其他最高快乐实现的时刻，我将称之为高峰体验。"② 这种划分倒有些近似于我们前面讨论过的尼采关于沉醉的划分了。但根本不同点在于：尼采的划分是基于酒神精神、超人、强力意志，马斯洛则是基于普通人的自我实现。

马斯洛曾经描述过高峰体验的十六种特征③，我们不可能在此一一检讨。这里只是从终极"存在价值"和"同一性"两方面作简要剖析。

作为人对自身终极"存在价值"的瞬间领悟，高峰体验的意义在于存在的终极、完满正在生成。人仿佛处于自身潜能、力量的高峰，能"充分发挥作用"。他觉得此时比其他任何时候更聪明、更敏感、更有才智、更强有力、更优美。他觉得自己是独一无二的实体，是不可重复的"我"，他摆脱掉过去、现在、未来这时间三维分割，仿佛升入永恒、绝对之境。他觉得自己就是"上帝"，是万能的主宰。"虽然我们永远不会成为纯粹意义上的'上帝'，但是，我们能够或多或少地像上帝那样，多多少少经常地像'上帝'那样。"④ 这是一种巅峰上才可以领略的狂喜、沉醉、痴迷。这是证明、占有、享受、解放、自由，他感到自己"窥见了终极真理、事物的本质和生活的奥秘，仿佛遮掩知识的帷幕一下子给拉开了"⑤。一切都仿佛是"终极行为、终极发展、终极思维、终极价值、终极体验。"高峰体验正是一种终极体验——它远远超越常规体验、普通体验而进入体验

---

① Abraham H.Maslow, Lessens from Peak-Experience, *Psychology and personal growth*, edited by A Arkoff, Boston: Allyn and Bacon, 1976, p.279.
② [美] 马斯洛:《存在心理学探索》，李文湉译，云南人民出版社1987年版，第65页。
③ [美] 马斯洛:《存在心理学探索》，李文湉译，云南人民出版社1987年版，第94—105页。
④ [美] 马斯洛:《存在心理学探索》，李文湉译，云南人民出版社1987年版，第74页。
⑤ Abraham H.Maslow, Lessens from Peak-Experience, *Psychology and personal growth*, edited by A Arkoff, Boston: Allyn and Bacon, 1976, p.277.

的终极之境。这是最后的完成，最后的实现，这是世间所能达到的最高的高峰。

而从人与世界（对象、环境、自我）的关系看，高峰体验的意义在于同一性的瞬间生成。同一是与现实的疏离相对而言。在日常生活中，在常规体验中，人感到自己与对象、社会、自我本身是不协调的，有缺陷的。然而在高峰体验中，人觉得自己刹那间飞入融合、整合、化一、和谐之境，这便是同一。他感到自己比其他任何时候都更加整合（一元化、协调、和谐等），"当他达到更纯粹、更个别化的他自己时，他也就更能够同世界熔合在一起，同从前的非自我熔合在一起"①。马斯洛举了这样一些例子：恋人合二为一，母子相互觉得是一个人，作家与作品变成同一物，读者变成音乐、电影、诗、舞蹈，总之，我—你一元论变得更有可能。他消除了紧张、烦恼、痛苦而全身心被舒适、满足、欢乐的心情所充满。他显得更纯真，更富于童心，更幽默，洋溢着诗情，仿佛是诗人、预言家、哲人毋宁说不是常人，而是审美人，高峰人。他的知觉、思维、行动都是偶然的、自动的、即兴式的，如行云流水，似兔起鹘落。马斯洛认为，同一性的中心点，或者说最高的同一性，是"不力求的、无需要的、非希望的"。也就是说，在人与世界形成最高度的同一关系时，一切都归于"无"，但"无"便是"有"，便意味着"有"。如中国人所谓："当其无便是有"。

终极存在价值是就人的发展来说的，同一性则是就人与世界的关系来说的。总之，在马斯洛看来，高峰体验意味着人的终极存在价值的瞬间生成，意味着人与世界的同一性关系的瞬间生成。合起来说就是，高峰体验意味着"真正人"——自我实现的人正在生成。

马斯洛的上述说法究竟是什么意思？我们该如何把握它？席勒关注的是"完整体"，是感性与理性的完满融合，这是注重人的"全"；尼采关注的是"充满"，是生命力、强力意志的充满，这是突出人的"满"；马斯洛关注的则是"高峰"、"终极"、"同一"，这是追求人的"最"（终极）和"同"（同一）。也就是说，席勒偏于二元融合，尼采偏于本身的充满，马斯洛偏于发展的终极、顶端。马斯洛显得注重人的发展、实现、生长，因

---

① ［美］马斯洛：《存在心理学探索》，李文湉译，云南人民出版社1987年版，第96页。

而更有现实意义、更具有可行性，同时也就更少神秘性（区别于宗教体验）。

由此推论，艺术体验是一种高峰体验。艺术是人的高峰体验的结晶。马斯洛曾多次讲过，高峰体验中的人更富有诗意、幽默感，审美感觉敏锐，想象丰富，情感激烈，宛若神助。因而他们人本身就是完美的艺术品。马斯洛说："在高峰体验的时刻，表达和交流通常倾向于成为诗一般的、神秘的和狂喜的，似乎这是表现存在状态的一种自然而然的语言。……同一性的言外之意是，真正的人正因为他是真正的人而可以变得更像诗人、艺术家音乐家和先知。"[①]诗的创造、艺术的创造仅仅来源于诗人、艺术家的高峰体验，而艺术的本体也正是高峰体验。只有真正的人才能体验，只有在体验中人才是真正的人。真正的人如诗人，诗人如真正的人。

马斯洛美学的主要意义在于使人从本能深处重新审视最高的艺术体验，最高的人的实现——自我实现，这确实可以冲击弗洛依德美学留下的悲观阴雾，并且为弄清体验的奥秘亮出新的途径。同时，他从人的发展的"高峰"来揭示艺术体验，比起前人如席勒（从完整体）尼采（从充满）来，无疑提供了新的东西，这标志着从人类学解释体验迈出了新的一步。但他的主要缺陷在于：更多地描绘人类的美好前景却更少地追问人类的实际境遇，即遗忘了此在命运。这自然影响了他对艺术体验的理解。

五、从深渊或高峰转向新感性

从西方体验美学的发展来看，马尔库兹（HerbertMarcuse，1898—1979）意味着对弗洛依德和马斯洛的一种转折、一种综合。转折在于：从弗洛依德的个体原欲本体论转向社会原欲本体论，从马斯洛的个人发展论转向社会解放论。这种转折实际上意味着综合：把弗洛依德的悲观的深渊体验美学，与马斯洛的乐观的高峰体验美学这对立的两极，统合到关于

---

① ［美］马斯洛：《存在心理学探索》，李文湉译，云南人民出版社1987年版，第100、101页。

"新感性"、关于"审美升华"的体验美学之中。他力图证明：原欲的绝望深渊可以通过审美升华转化为新感性的美丽田园，而自我实现的高峰根本上是由原欲深渊的释放物凝聚而成的。也就是说，在人的体验之中，在艺术体验中，"深渊"与"高峰"的对峙已然消隐，社会的爱欲王国回来了。而克服弗洛依德的悲观论，修正马斯洛的乐观论，建立一个社会的爱欲王国，正是马尔库兹美学的主要抱负所在。

审美升华是马尔库兹用以表述艺术体验的基本概念。但要弄清它的意义必须从他的本体论和对工具理性的批判入手。限于篇幅，这种讨论将是简略的。

马尔库兹认为，感性是人类生命、人类历史的原动力或本体。感性，既指人的爱欲、本能、自然等内驱力，也指人的基于这些爱欲的感觉；既指作为主体的内在自然，也指作为环境的外在自然；既指个人的感性，更指客体化的、社会的实践的感性。换言之，感性就是需要在对象世界中确证的人的爱欲本能和相应的感觉。马尔库兹是在试图综合弗洛依德和马克思：用马克思的社会实践概念去"改造"弗洛依德的个体原欲本体论，从而推出社会原欲（爱欲）本体论。弗洛依德那令人绝望的个体原欲就被马尔库兹变形为可以通过"本能革命"去释放的社会性爱欲了。

马尔库兹从这种社会原欲本体论出发看到了人作为感性存在物的"二重性"。一方面，人是受动的，他受制于感性，也受制于自身所创造的感性世界。另一方面，人也是主动的，他通过社会实践使感性对象化，从而肯定自身的感性。这样，在本体论意义上人原初地就是二重性的：既是受动的又是主动的。人既要沉沦于感性世界，又要占有感性世界。历史，既是人性的历史，也是异化的历史。马尔库兹看起来是在发挥马克思的人类学思想，但实际上是歪曲了马克思。因为当他用爱欲、本能去重新解释实践、革命的原动力时，早已失落了构成马克思人类学的关键因素的社会关系、生产方式、阶级斗争等，离马克思的原意愈来愈远了。

马尔库兹对工具理性的分析还是值得重视的。所谓工具理性，简单说来，就是指现代工业社会的一体化技术统治使人仅仅变成工具。这个概念来源于海德格尔的"技术理性"，但马尔库兹着重于用它解释当代高度技术条件下人的"焦虑"、"压抑"境遇。工具理性一方面给人以较高物质享受，一方面却无情地压抑了人的爱欲、自然，使得人只是"作为一种文化上和体力上的工具而存在",作为"物"、作为"材料"而存在,"本能遭受压抑和歪曲",处于"麻木状态"①。外在自然本来可以是人的"性本能的天然空间",它意味着"安宁、幸福和美的感官世界",然而工具理性的一体化统治却把它污染了、毁坏了。"商业扩张和商业人员的暴行污毁了大自然,压抑了富有生命力的性本能的浪漫梦想"②。不仅如此,人的感觉也变得"迟钝"了:"人们只是从形式和功能上感知事物,而具有这样的形式和功能的事物就是由现存的社会预先给定的、制造的和使用的;人们只是感知社会规定的和限制存在的变化的可能性"③。那么,人如何求得解放呢?也就是说,这种此在是起点,超越历程如何由此而展开呢?

在马尔库兹看来,人类的彻底解放只有在一个感性按属人的方式本真地摆开来的伦理社会里才能成为现实。他在这里复兴了德国浪漫美学尤其是席勒美学的传统:要想重建伦理王国,必先重建感性王国(即审美王国)。马尔库兹认为:"个人感觉的解放应该构成解放的序幕,甚至是基础;自由社会应该建立在新的本能需要上"④。也就是说,要想建成一个自由社会,首先必须使感性获得解放:自由成为每个个人的本能需要,自由扎根在感性的深层。"感觉的解放将使自由成为它还不是的那种东西,即成为一种感性的需要,成为本能(爱欲)的一个目标"⑤。为此,马尔库兹呼唤"新感性"。新感性,有时又称新道德、新意识、新感觉。它可以被看作三方面的综合:新的爱欲(自然)、新的审美、新的伦理。这分别代表三种新型关系:人与自然、人与物、人与人。新的爱欲已不同于弗洛依德那种令人焦虑的原欲深渊,而是人性的自然,人的本真的自然,是"人对他的环境世界的爱欲式的占有(和改变)"。人的爱欲不再是客体,而是主体——人本身。新的审美也就是新的感觉,指人与物的关系不再是异化

---

① Herbert Marcuse, *Eros and Civilization: A Philosophical Inquiry into Freud*, Chicago: The University of Chicago Press, 1956, p.94—100.

② [美]马尔库兹:《当代工业社会的攻击性》,《工业社会和新左派》,任立编译,商务印书馆1982年版,第16页。

③ [美]马尔库兹:《反革命和造反》,《工业社会和新左派》,任立编译,商务印书馆1982年版,第138页。

④ [美]马尔库兹:《反革命和造反》,《工业社会和新左派》,任立编译,商务印书馆1982年版,第137页。

⑤ [美]马尔库兹:《反革命和造反》,《工业社会和新左派》,任立编译,商务印书馆1982年版,第163页。

的、陌生的、敌对的，而仿佛是人与人自身的关系，人以人性的方式占有物的世界。新的伦理指新型的社会关系，这种关系表明原来束缚人的强制性道德律令、理性准则在此变为本能的、爱欲的、自然的需要，人们的相互交往变得本真、自然、亲切。总之，新感性意味着"新型的人"——即感性人的生成。

新感性是达到伦理王国的"中介"，但这个中介本身也是有待于"中介"的。也就是说，新感性本身也需要找到一条实现自身的中介。中介还需要中介化。马尔库兹认为，这个中介的中介就是艺术体验——"审美升华"。审美升华源于对弗洛依德"升华"概念的改造，指使人的被压抑的爱欲释放在审美形式中。审美升华是人超越感性被压抑境遇而走向新感性的中介。

审美升华的意义在于：它是新感性的瞬间生成，或者说，是感性人的瞬间生成。可以从这样三方面把握这种意义：审美形式、疏离和回忆。

审美升华特别表现在艺术之中。艺术以其特有的"审美形式"构成了审美升华。马尔库兹强调形式的力量。他反对黑格尔意义上的内容与形式二分法，也反对流行的形式主义，而主张艺术的特质在于内容（生活）正在变为形式（美）。强调"正在变为"即是强调审美升华过程本身，体验过程本身。在这一升华过程中，"一个既定内容（现存的或历史的、个人的或社会的事实）转为一个自足的整体"。审美形式意味着"改造语言、感觉和理解力，使人能在现实的现象中显示现实的本质——人与自然的被压抑的潜能"。可见，审美形式指艺术特有的可以激发新感性的语言、符号等。"艺术的自主性是在审美形式中产生的"。基于这种审美形式，艺术的审美升华产生了两方面意义：一是批判、否定"既成现实"。"超越直接现实，就打破了既成社会关系的物化的客观性，开放了经验的新维度：反抗的主观性的再生"。二是祈求"美的解放意象"。"艺术品讲着使人解脱的语言，产生使死与毁灭从属于求生意志的意象。这就是审美肯定中的解放因素"[①]。艺术既可以以新感性去控诉现实，也可以以它去肯定现势，展望未来。

[①] Herbert Marcuse, *The Aesthetic Dimension*: *Toward a Critique of Marxist Aesthetics*, Boston: Beacon Press, 1978, p.8.

马尔库兹认为，审美升华也是一种"疏离"。艺术的形式打乱了人与现实原则的"正常"联系，构成了"另一种现实原则"的世界——"疏离的世界"[①]。艺术显得与现实不一样，陌生、反常、新奇，正由于此，新感性生成起来："正是审美形式赋予熟悉的内容和经验以疏离的能力，并促成一种新意识和新知觉（即新感性——引者按）的出现"[②]。可以认为，马尔库兹这是在发挥俄国形式主义的"陌生化"概念。不过，马尔库兹的用意不是在于仅仅保持艺术的独立性（像俄国形式主义者那样），而主要在于突出艺术反抗现实的功能。这一思想骨子里是浸透着尼采的破坏精神的。"艺术作品按照它整个的结构来看，就是造反，想和它所描述的世界调和是不可能的"。"艺术本身就有一种破坏性的潜力"，"永恒的美学颠覆——这就是艺术的任务"[③]。艺术以审美形式造成疏离效果，正意味着反抗现实，颠覆现实。

马尔库兹非同一般地高扬审美升华的"回忆"成分，把回忆看作一种"综合"能力：回忆"并不是对从未有过的黄金般的过去、对天真纯洁、对原始人等等的回忆。回忆作为一种认识能力，主要是综合；它把被歪曲了的人类和自然的碎片组合在一起。这一被回忆的材料被组合为幻想的王国"[④]。而在五年后的《审美之维》中，马尔库兹索性在尼采、海德格尔回到古希腊这一意义上重新规定回忆：回忆成为对过去的爱欲的、自然的美的生活的召唤，对乌托邦的重新创造："真正的乌托邦以回忆往事为根据。……对往事的回忆是改变世界的斗争中的一种动力"[⑤]。回忆在复现过去的美的同时也复现了丑，正由于这种二重性，艺术秉有否定和肯定的双重力量（动力）。

当艺术以其审美形式创造了疏离效果，并唤起我们对美好过去的甜蜜

[①] Herbert Marcuse, *The Aesthetic Dimension: Toward a Critique of Marxist Aesthetics*, Boston: Beacon Press, 1978, p.17.

[②] Herbert Marcuse, *The Aesthetic Dimension: Toward a Critique of Marxist Aesthetics*, Boston: Beacon Press, 1978, p.63.

[③] ［美］马尔库兹：《反革命和造反》，《工业社会和新左派》，任立编译，商务印书馆1982年版，第164、167页。

[④] ［美］马尔库兹：《反革命和造反》，据《工业社会和新左派》，任立编译，商务印书馆1982年版，第136页。

[⑤] Herbert Marcuse, *The Aesthetic Dimension, Toward a Critique of Marxist Aesthetics*, Boston: BeaconPress, 1978, p.10.

而温馨的回忆之时，我们正处于审美升华的心醉神迷的瞬间。这是新感性向我们开放的瞬间，是感性人内在地生成的瞬间：

> 完美的艺术品使我们对那心满意足的瞬间的回忆永恒凝定下来。艺术品愈是以其特有的秩序与现实秩序相对抗，它便愈显得美——在其非抑制性的秩序中，连诅咒也是以爱的美名道出来的。这种秩序出现在遂心如意、泰然自若的短暂的瞬间，出现在"美的瞬间"——这一瞬间打断了连绵不绝的动乱状态，打断了为了继续生存去做必须做的一切的日常需要。①
>
> 美是一种解放的意象。②
>
> 美的感性实质保存在审美升华之中。③

这"美的瞬间"正是一个"审美王国"，人骤然超越出现实的动乱状态而与美同一——也就是与自然、与物、与人同一，与本真地敞开来的感性同一。可以作一个简要比较。席勒强调游戏的瞬间生成完整人；尼采说沉醉中生成生命力充满之人；马斯洛突出高峰体验中人的发展的终极（高峰）；马尔库兹则认为，在审美升华的瞬间生成的是感性人——自然人。马尔库兹的独特之处在于他留恋爱欲、自然、本能——这是他煞费苦心地呼唤新感性的谜底所在。他的感性实等于爱欲。他用希腊神话中的爱神（即"爱洛斯"，Eros，又译爱欲）的诗意的名字来改造弗洛依德的令人焦虑的"性欲"，表明他所向往的美好社会是神话中的爱欲的世界，自然的世界，而这个世界正是对现代工业文明下的压抑社会的控诉、否定、超越。

马尔库兹的上述理论确实可以克服弗洛依德和马斯洛的偏颇：既分析了原欲（爱欲）的深渊，又显示了它的审美升华的可能性；既高扬了人对自身的占有、复归，也寻到了它的此在起点——工具理性对爱欲的压抑。

---

① Herbert Marcuse, *The Aesthetic Dimension: Toward a Critique of Marxist Aesthetics*, Boston: Beacon Press, 1978, p.41.

② Herbert Marcuse, *The Aesthetic Dimension: Toward a Critique of Marxist Aesthetics*, Boston: Beacon Press, 1978, p.67—68.

③ Herbert Marcuse, *The Aesthetic Dimension: Toward a Critique of Marxist Aesthetics*, Boston: Beacon Press, 1978, p.73.

同时，马尔库兹突出审美形式的疏离效果，这比起席勒、尼采、马斯洛等人来无疑更能揭示艺术的独特魅力之所在。如果说此前的体验美学家，如席勒、尼采、弗洛依德、马斯洛等，其共同之处在于从个体角度追问体验的话，那么马尔库兹的独特处在于从社会角度来重新审视体验，从而更为强调艺术的社会功能，如他所说："艺术不能改变世界，但却有助于改变能够改变世界的男男女女的意识和内驱力"[①]。显然他把艺术视为改变人们心理结构、感觉模式的一个中介。这些主张的提出是值得重视的。现代人如何通过艺术体验去发现并创造生活的意义，去抵御物质技术对人的自然的可能的侵犯，这在我们今天是不能不引起深思的。但马尔库兹在本体论上用爱欲去偷换马克思的社会关系、阶级斗争学说，这必然使他的上述主张的根基成为虚幻。

结　语

通过对柏拉图、普洛丁、维柯、席勒、叔本华、尼采、狄尔泰、柏格森、弗洛依德、马斯洛和马尔库兹的依次考察，我们已经获得了关于体验的意义的几种观点。可以发现，除柏拉图、普洛丁要以体验去寻求理性的复归之外，其他美学家不同程度地都是从感性、生命、生活、本能这方面去追问体验的意义的。他们如此冥思体验，正是要用它去试图解决生活中难以解决的意义与无意义的二律背反问题。他们（弗洛依德是例外）几乎不约而同地认识到：体验是生活的意义的瞬间生成，它消融了理想生活与实际生活、意义与无意义的界限，它使人于瞬间超越此在的不在境遇而与在、与自身达到混然同一。但是，他们对意义本身的理解却又是彼此不同的：或为理性人的生成（柏拉图）；或为完整人的生成（席勒）；或为纯粹人（非人）的生成（叔本华）；或为生命充满之人的生成（尼采）；或为内在主观个体的生成（狄尔泰）；或为开放的自我的生成（柏格森）；或为虚幻的自我的生成（弗洛依德）；或为自我实现之人的生成（马斯洛）

---

① Herbert Marcuse, *The Aesthetic Dimension: Toward a Critique of Marxist Aesthetics*, Boston: Beacon Press, 1978, p.64 – 66.

以及新型感性人的生成（马尔库兹）。这些意见各据其利，难以求同，我们也很难在这里断言孰是孰非。有一点则是可以肯定的：他们多方面、多角度地探寻体验的意义，或上天国，或返故乡，时而沉入深渊，时而跃上高峰，时而痛不欲生，时而醉不欲死……这无形中帮助我们窥见了体验的多样风貌，引导我们向体验的迷宫靠近了一步。同时，我们可以看到，从柏拉图进展到马尔库兹，愈是步入现代，人们愈趋于这样的意见：体验的意义在于感性人的瞬间生成。这一趋势值得深思。感性（生命、生活、本能、欲望等）之所以愈益重要，实在是由于感性愈益成为问题；感性之所以一再被高扬，只是由于它一再被丧失。这个问题是同现代文明的进程紧密联系在一起的。鉴于感性的成为问题，鉴于它的一再失落，美学家们希望从体验中重新唤回它，这是一种历史的必然。就人的本体而言，如马克思所说，感性是人的根本。由此看来，把体验的意义归结为感性的生成，这本身是无可非议的。但问题在于，当美学家们把感性曲解为神秘的生命力（叔本华、尼采）、原欲（弗洛依德）、爱欲（马尔库兹）等时，他们离感性的实践真义已愈来愈远了。结果，他们推出了感性，却最终无法真正解破它。

到这里，我们一直在试图回避但已无法回避的尖锐而重要的问题该端出来了：体验作为生活意义的艺术解决（或：作为生活意义的瞬间生成），是可能的吗？这个问题的回答直接关系到我们对西方体验美学的总的估价，因而需要认真对待。我们认为，既是可能的，又是不可能的。"可能"在于，体验的瞬间确实可以使人超越实际生活（此在）的无意义之域，而升腾到意义充满的诗意世界。就这一点而言，西方体验美学的努力是值得肯定的，其功不可没。比起那些就文论而论文，就科学而谈艺术的"美学"或艺术理论来，西方体验美学可以说更具有价值。但是，我们还面临着严峻的另一面——"不可能"。这种不可能在于，体验的瞬间解决毕竟只是虚幻的解决，不能代替生活本身的彻底解决。如马克思所说，人的感性的彻底解放在于感性的实践本身，而其他任何超越方式如哲学、宗教、艺术等都是虚幻的。这样，我们就不得不面对着一个严峻的"悖论"了："体验是生活意义的艺术解决方式"。这一命题是讲，生活的意义可以在艺术体验中解决（生成），但生活的意义是应该在生活本身中解决的，而这个命题却转而求助于艺术，舍此而求彼，这就构成悖论。倘若在生活中追求意义，就会遇上生活本身常常无意义（此在即痛苦、颓废、烦等等）；倘若转而在艺术体验中追求意义，这个意义却并不就是生活本身的意义，因而，意义仍然没有真正生成，艺术从这点上说还是无意义的。由此看来，这个悖论是难以消除的，至少在西方体验美学内部是如此。

其实，从更大的范围看，这个悖论又何尝不是一个永恒的悖论。因为自古以来，人类总是不满足于生活本身，而希望在艺术中超越，这个超越是短暂而虚幻的，又得返回生活，但超越之心永在。生活——艺术——生活，循环往复以至无穷，人类就是这样地把握这个悖论。也正由于这一悖论，艺术的意义才得以生成，艺术才得以存在。艺术是有意义的——他使人超越生活；艺术是有限的——他使人又返回生活。可见，艺术不是使人走向弃生的神秘世界，而是要使人更人样地走回生活。苏东坡所谓"我欲乘风归去，又恐琼楼玉宇，高处不胜寒。起舞弄清影，何似在人间"，正表达了这一意思。但这是否意味着我们该否定或轻视艺术呢？非也。我们不应该过分相信美学家们关于艺术如何可以影响、改变生活的渲染，更不能以为艺术真的可以彻底解决人生问题，所以我们对上述美学家的主张几乎都可以"打折扣"；但我们又必须看到，艺术确实可以产生瞬间的生成、瞬间的超越、瞬间的永恒等作用，它们固然是短暂的、虚幻的，但对于人却实在是一种安慰、寄托、享受、满足，是人重新走回生活的一种动力源——人们带着体验中生成的活的感性又心满意足地走回到注定要他们生存下去的严峻的人生。对于艺术的这一意义，我们是不能否定的。也正由于如此，我们来考察艺术体验，考察西方体验美学，无疑是有必要的。西方体验美学值得重视，也就自不待言了。

（原载《文艺研究》1988 年第 3 期）

论审美体验的发生结构

完美的艺术品总能给人以剧烈的心神震撼，使人仿佛一瞬间超越现实的束缚而升腾于自由、永恒的诗意世界，这是中国古人所说的"感兴"、"兴会"或"悠悠心会，妙处难以言说"的瞬间，是歌德所谓"登峰造极的美"、"达到顶点的激情"等的"最强烈的瞬间"。艺术活动的这种瞬间领悟，我们把它称作审美体验。这种审美体验与我们通常从一般艺术品中获得的感觉、印象等——我们称为审美经验——相比，必定更为特殊。一般地说，审美经验泛指我们从艺术活动中获得的一切审美感觉、审美情感、审美认识等，而审美体验则是审美经验中的特殊种类：它更活跃、更剧烈、更深层而更难以言说。尽管我们今日仍然很难弄清两者的关系，但可以指出审美体验对于艺术来说必定更为根本。诚然，艺术既可以来自审美体验，也可以来自审美经验，但完美的艺术、伟大的艺术却不能来自审美经验，因而可以说，审美体验的奥秘与艺术的奥秘具有内在关联。由于这一点，探讨审美体验问题对于弄清艺术奥秘必定是很有意义的。文本正打算就审美体验的发生结构作初步探讨。

通常所说"结构"是从空间形式着眼的，"共时态"地列出其要素并考察其关系。我们这里则主要从时间形式着眼，即考察审美体验在时间历程中（历时态）的发生情形——发生结构。时间，是审美体验的起点、过程和终点，时间包含着审美体验的奥秘。我们将透过一次审美体验的发生结构而试图把握它与整个人类历史、个体生活等的深层关系。按照马克思的观点，每一次审美体验都是"全部世界史的产物"，[①] 恩格斯指出："什么是人的思维？它是个人的思维吗？不是，但是，它仅仅作为无数亿过去、

[①] 马克思：《1844年经济学—哲学手稿》，刘丕坤译，人民出版社1979年版，第79页。

现在和未来的人的个人思维而存在。"[①] 审美体验同样如此。

一

两千四百多年前的一天，孔子首次登上泰山绝顶，眼前突然呈现一幅惊人的图式：昔日眼中巍峨耸立的群山小下去了，低矮而微不足道；广袤无垠的鲁国疆域也变小了，狭窄而闭塞；自我是这么渺小，这么可怜……正是在这种"突然呈现"之中，一幅新的图式，一幅美的图式，蓦然间从云海泡沫里凝聚起来、升腾起来：天下原来是这样辽阔、宏大，人生原来是这样壮美、绚丽，人类原来是这样意韵无穷、深邃蕴藉！旧的自我涨大了，拓展了，渐渐地融合在天下、人生、人类之中，融合在新的"世界"图式之中，融合在对未来的无限憧憬之中。

"登泰山而小天下"，这就是孔子的一次审美体验。"一次"审美体验，是否意味着这种体验是一次就完成的呢，即在经验论者洛克所说的未来"白板"一张的心灵上突然间投影下的呢？唯理论者笛卡儿站在相反立场，用天赋观念解释体验的形成，主张体验来自于对清楚明白的天赋观念的直觉发现。莱布尼兹更明确反对"白板"说，认为人心像一块有花纹的大理石，观念与真理是作为倾向、禀赋、习性或自然的潜在能力而天赋地、预先地存在于主体心灵之中的，外部刺激的作用仅限于"唤醒"它们，促使我们对有花纹的大理石作一番加工、琢磨从而形成完美的形象即体验。康德从先验论立场调和经验论与唯理论，认为体验的内容来自于外部刺激，形式来自理性，内容只有纳入先天的范畴形式之中才能成为真正的体验。皮亚杰批评了经验论和唯理论，并且重新审查了康德的命题，认为体验发生的基础既不是对客体的感知，也不是主体固有的或内生的概念、理智。体验的唯一基础始终是主体与客体的相互作用，是主体的动作，一切体验都起源于动作。正是在这种动作中，主体把外部客体信息加以分解、选择、改变，然后纳入主体动作的图式之中合成为一个新的建构形态。建构，不是旧的图式的因袭，而是新的图式的创造。

[①]《马克思恩格斯选集》第 3 卷，人民出版社 1972 年版，第 125 页。

事实上，孔子这一审美体验并非一次就完成的。在"登泰山"这一活动之前，即在"过去"，他必定已先有了许多关于鲁国以及其他邻国的政治、经济、军事、社会行动、民情风俗、社会心理、地域地貌的经验（其中包括体验，审美体验），关于个人的生活、性格、意向、志趣等的经验。这些经验一次次"内化"在他头脑中，在记忆的信息储仓中不断累积起来，形成了记忆映象的坚强壁垒。而在"现在"，当泰山绝顶所见涌入他的心中时，这些经验就被唤醒，并且积极地输入、分解、选择，纳入这些新的信息，使它们融汇起来，形成"登泰山而小天下"这一完整的审美体验。这里，既包括过去的经验的累积，也包括现在的感受的建立，同时，还包括未来的感受的预先构成。主体的活动并不只是同过去的活动、现在的活动有关，或者说包含二者的因素，而是也同时同未来的活动有关，包含着未来活动的因素。过去的活动、现在的活动，正是未来活动的预示，未来的活动，正是过去的活动、现在的活动的绵延。在孔子的体验中，必然包含着这样的图式：在"情满于山"的瞬间，未来的天下，未来的人生，未来的自我，正在展现着瑰丽多姿、辽阔深邃的前景。

在其他的审美体验中也有同样情形。贾岛《寻隐者不遇》诗说："松下问童子，言师采药去。只在此山中，云深不知处。"师父去采药，这是童子头脑中复现的过去发生的事，何时归来则是他对未来之事的预想，这里把过去与未来压缩到现在的问答之中了，形成过去、现在、未来三者的瞬间统一。杜甫《奉济驿重送严公》诗说："远送从此别，青山空复情。几时杯重把，昨夜月同行。"现在对着"青山"，想到"把杯"的未来，忆及"同行"的往事。过去与未来之事纷至沓来，浮现到现在的一片空白之中。再看韩愈的《左迁至蓝关示侄孙湘》诗。"一封朝奏九重天，夕贬潮州路八千。欲为圣明除弊事，肯将衰朽惜残年。"这是言过去之事。"云横秦岭家何在，雪涌蓝关马不前。"这是状当前之境遇。"知汝远来应有意，好收吾骨瘴江边。"这是对未来命运的哀叹。这里同样是过去、现在、未来三者的瞬间统一。

可见，在审美体验的结构中，有机地包含有三个基本层次：一是过去的历次经验的层次，我们称为历构层；二是现在的临景感受的层次，我们称为临构层；三是预构的未来感实的层次，我们称为预构层。审美体验是历构层、临构层、预构层三者的有机统一。有机统一，意味着这是不可分割的整体。这里分解开来，只是分析方便。

二

历构层是什么？经验论者无视历构层的存在，必然陷入机械的唯物论。唯理论者承认历构层的存在，但把它归结为"天赋观念"、"潜在能力"。康德主张经验的形式是先天具有的。精神分析学派的荣格力图用"集体无意识"、"神话原型"来解释历构层。他们的根本缺陷在于忽视了这一事实：任何人类经验都只能是人类活动（以外部实践活动为基础）的"内化"形式，内心投影。

人类活动是人们的实际生活过程，是人们的生存、存在方式。人存在着，就要活动。而活动，则表明人存在着。人类活动具有两重性：个人性与社会性。它既是个人的活动，同时也是社会的活动，是个人与社会的统一。任何活动都与过去的活动有关，都是过去的活动的绵延，都必须在过去活动所提供的基础上来进行。因此，活动既与个人的过去活动相联系，也与社会的过去活动相联系，这样，作为活动的内化形式的经验，同样也是个人与社会的统一，个人的过去经验与社会的过去经验的统一。历构层，就是个人与社会早先进行的活动在个体头脑中不断内化而积淀成的层次，是过去的历次人类活动的内心投影，我们用"经验"一词指称它。

经验总是个人的经验，是个体活动的心理形成物，或者说个人的实践活动的"内化"物。历构层，就是个人的历次实践活动的内化物的总汇、积淀。孔子的个人经验必然不同于孟子的个人经验。托尔斯泰的个人经验必然不同于果戈理的个人经验。每个个人都有自己的独特的活动以及相应的经验。正是由于这样我们才有了关于"个性"的概念。

但是，经验同时也是社会的经验。正如活动总是社会活动，受社会制约的活动一样，经验也是社会经验，受社会制约的个人经验。历构层，同时也是社会的历次实践活动的内化物在个人经验中的折射、积淀，历构层并不是单个人的固有物，它是一切社会经验的总和。

历构层的社会性，首先意味着它是在个人活动与他人活动的交互渗透、相互作用中产生的。人活动着，就必须与他人活动发生关系，并且受到他人活动所提出的条件的限制，因而受到他人活动的制约。历构层必然包含着他人经验，包含着与他人交往、共同活动的经验，包含着"群体意识"。

其次，历构层渗透着"现在"社会（当前社会）的流行心理、风尚、习俗、意向、情感氛围等因素。这些因素往往持续几年就改变，它们可能积淀下来，也可能消逝掉。例如五四时期流行一时的感伤思潮，最近几年一度出现过的所谓"信仰危机"。这些流行心理不能不对个体经验发生深刻影响。

同时，它意味着可能带有某一更大的时空范围内，即某一特定历史阶段上社会心理的某些特征。例如西欧文艺复兴时期、启蒙运动时期、中国辛亥革命时期、十年动乱时期、新的历史时期里占主导地位的社会心理。

更广泛地说，历构层还透出一定社会经济形态中占统治地位的心理特征，例如奴隶社会、封建社会、资本主义社会、社会主义社会时期的那种心理特征。这些特征又往往融入前三个层次之中，或者说通过前三个层次而表现出来。

让我们再上溯到人类的原始时期。一个民族的原始——古代神话的、集体的心理特征（它们是民族的特殊实践活动图式的内心投影），也往往经过民族的无数代人的传递而在个体的历构层中深深地隐伏下来，镶嵌进民族的各个时期人们的骨髓之中，成为他们"内化"新的活动图式的内在依据，成为他们的现在"成择"和未来理想的内在依据。无论是有意识还是无意识地，他们都会根据这种"原始意象"，去制定活动的战略，去规划未来活动的宏图。龙、凤、麒麟、龟、松、梅、竹、兰、柳、马等等，就是中华民族的原始意象。它们是自然形象，但又不是，它们是灌注了中华民族的深厚的民族心理的自然形象，是复现了中华民族的独特的活动的自然形象，因而是一种"有意之形"，有"意"之"象"，是一种意象。这些原始意象是这样深地渗透进古代人们心中，同时也是这样深地渗透进今天的人们心中，以至于说到"龙"，我们就会想到中华的腾飞；说到"龟"，我们就会想到生命的长久；说到"松"，我们就会想到耿然气节（"岁寒然后知松柏之后凋"），等等。这些原始意象往往是通过前面几个层次透露出来的。

兹以王蒙中篇小说《杂色》中的"杂色"马这一意象为例。瘦弱、年老、寒碜、可怜的杂色马,是王蒙对主人公曹千里的悲剧命运的象征或描绘,代表了王蒙在现在对过去戈壁放逐生活的深刻反思与再度体验。这自然是王蒙的个人体验的产物。但是,它也是王蒙的体验同他人体验的"交叉"的产物。对马的境况的描绘体现了当代人们对过去命运的思考,人们被抛掷到这个世界上来,一切都是荒诞的。我们在做什么?不知道。"走着,走着,这就是了",只要走在本身之上就行了。活动失去了价值,存在丧失了意义,人生意味着放逐。同时,马的形象几次升降起伏的交替、回环,也实际上记录了新的历史时期人们对过去、现在、未来活动图式的探索的轨迹,这里有幻灭、哀痛、感伤、悲痛,也有醒悟、振奋、昂扬、欢乐。对马的命运的这样描绘而不是那样描绘,代表了社会主义时代人们对自己命运的把握的特点:在艰难顿挫之中仍然对未来抱有坚定的社会主义信念。这种描绘是不同于资本主义社会时期、封建社会时期、奴隶社会时期的描绘的。特别具有意义的是,马是一种原始意象。在《诗经》《离骚》《九歌》、汉赋、杜甫诗歌、李贺诗歌等历代许多作品中,都有马的描绘,它们是原始意象在后代的绵延。马或者是抱负远大、英武刚强的英雄人格的象征,或者是报效无门、困顿失意的落魄人格的象征。杂色马则兼融英雄人格与落魄人格于一体,更多地具有了"自嘲"、"含泪的幽默"、"悲喜剧混杂"等特征,仍然是原始意象在现在的绵延。可见,杂色马这一意象,既是个人的,又是社会的;既是现在的,又是原始——古代的。它是一种历史积淀的产物。

　　历构层,作为历史的积淀,既是个人经验的历史的积淀,又是社会经验的历史积淀。积淀,不是静态的相加,而是动态的"建构"。确切点说,历构层是一个连续不断地构成、变化、发展、重新组织的过程。它不是建立在台基上的静态的层层堆放的金字塔,而是高度在不断增加的越来越大的螺旋体。它不是直线似地上升,而是时而上升、时而下降,不断翻滚、回旋,曲折地上升。每一次新的经验,都要经过过去经验的"过滤",同时又对过去经验产生影响,调整过去经验的位置,增加、充实或者改变它们。因此,历构层,是永无止境的历史发展过程和心理发生过程。

　　历构层的积淀,并不是单纯的心理的积淀,或是遗传的积淀,归根到底,它是整个人类活动(以外部实践活动为基础)的连续发展的心理痕迹,是不断演变着的人类实际生活过程的内在投影。作为人类活动的心理痕迹，历构层记录着人类从原始到当代的历史性过程；而作为人类实际生活过程的内在投影，历构层透露出人类生活的往昔风貌。过去的人类活动状况，一方面是以内化形式（心理积淀、遗传积淀等），另一方面以外化形式（社会—文化结构积淀），经过历代人的代代接力，传递给当代人的。历构层就是这种内化积淀与外化积淀、心理—遗传积淀与社会—文化积淀的凝聚、交叉、渗透、综合。历构层为新的人类经验的发生提供内在图式，或者说"内因"。这种内在图式制约着当代人类只能在它的基础上，以它为"过滤器"，去处理（接受和改造）新的活动图式的信息，调节活动过程中主体的动作，主体与工具结构以及客体的关系，从而建造起新的主体，新的经验。任何新的人类经验的发生都离不开历构层这一基础。因而可以说，历构层随时随地以强大的力量规定着主体的一切活动：无论是外部实践活动的"内化"，还是内部精神活动的"外化"。当陆机说"观古今于须臾，抚四海于一瞬"时，他实际是在说每一瞬间的人类活动都与人类活动的整个历史螺旋地相关联着，是它的一个小节。作为审美体验的重新组织与物质凝定的艺术，因此也不可能仅仅停留于个人的"自我表现"的狭小领域，而总是或多或少、或浓或淡地体现出作为一个统一的历史过程的人类生活的整体经验，透露出对整个"类"活动的思考。

"前不见古人，后不见来者。念天地之悠悠，独怆然而涕下"，不正可以使人体验到一颗焦虑不安地透视整个人类活动的灵魂的抖颤么？艺术不是个人的艺术，它仅仅作为"无数亿过去、现在和未来的人"的个人艺术而存在，它是历史的、社会的艺术。只是在这一点上，荣格的"集体无意识"、"神话原型"之说，苏珊·朗格的情感符号说，才是正确的。

以上对历构层作了纵向分析，明确了它是历史的积淀。而从横向角度看，历构层既包含有审美经验，也包含有非审美经验，是审美经验与非审美经验的复杂的综合体。

审美经验，包括审美感知、审美情感、审美想象、审美理想、审美趣味等等，是主体从无数次审美活动中获得的各种审美印象的总汇。审美经验有直接的与间接的之分。直接的审美经验，是主体亲历过的，是实际生活中的悲欢离合、愁苦哀痛的记录，亦即所谓"真情实感"。间接的审美经验，是主体通过实践、交往、学习等途径从他人、从客观文化知识中接受来的、并且经过自己的想象与理想加工了的审美印象。主体的活动范围是有限的，因此往往借助于上述途径以获得审美经验。例如，艺术家可以身临其境似地描写人物临死前的复杂心境，但他不必亲历过。审美经验就是这种直接审美经验与间接审美经验的结合。在审美体验过程中，能够被新的审美信息所唤醒、参与审美过程的毕竟只是有关的那部分审美经验，而远非全部审美经验。但全部审美经验却在远方、作为它的深层基础，若隐若现、忽明忽暗地起着潜在而最终的影响。

构成历构层的另一个基本要素的，是非审美经验。它包括各种实践的、道德的、理智的感知、情感、想象、理想、趣味等等，是主体从无数次非审美活动（如实践活动、道德活动、理智活动等）中获得的各种非审美印象的总汇。非审美经验同样也有直接与间接之分。以实践活动为基础的各种非审美活动，是决定人类存在方式的最基本活动。由此而产生的非审美经验必然是历构层中最基本的要素，它决定、支配、制约着审美经验，是主体接纳任何新的外部信息时的一把最基本尺度。

不过，审美经验与非审美经验的区分是相对的。它们之间不存在不可逾越的天然鸿沟，相反；它们常常可以相互转化。审美经验可以转化为非审美经验，非审美经验可以转化为审美经验。马克思阅读《人间喜剧》所获得的审美经验，可以向非审美经验（如理智认识）转化：把它作为《资本论》中逻辑论证的论据来使用。至于非审美经验向审美经验的转化，情形较为复杂，但有一点是可以肯定的：非审美经验可以变成审美的经验。例如，人生中过去了的忧郁，可以转化为幸福、甜蜜的回忆，事实上，审美与非审美是相互依存、对立统一的。非审美决定着、支配着审美，而审美则在更高的高处映现着、综合着非审美。

在这种横向分析中，我们将插入一段纵向分析。在原始时期，人类活动是低级的，混沌不分的。人类经验相应地也是低级的，混沌不分的。随着以社会实践活动为基础的人类活动的发展，生产活动、道德活动、理智活动等非审美活动逐渐分化出来，独立发展，这使得生产经验、道德经验、理智经验等各种非审美经验得以独立发展。审美活动只是在各种非审美活动发展到一定阶段才出现的，相应地，审美经验也是在各种非审美经验发展到一定阶段才发生的。因此，人类经验经历了由混沌经验，到非审美经验，再到审美经验这样一个正反合过程。混沌经验包容了人类经验的各种萌芽，非审美经验使得混沌经验分化开来，而审美经验则又以整体上、从更高的高度上回归到混沌经验，把各种非审美经验统摄入一个新建构的复合体之中。

审美经验和非审美经验，从其产生的历史性过程来看，非审美经验先于审美经验，审美经验只是在非审美经验发展到一定阶段才逐渐产生的。非审美经验是低级的然而最基本的经验，任何个体不可须臾或缺。审美经验则是高级的经验，它是人类对自身的活动的真正建构。只是在审美中，人才建构了人的对象（活动客体），或对象的人（活动主体）。也就是说，在活动的建构中，对象建构与自我建构同时进行。对象建构也就是我的对象的建构，因而最终是自我建构——真正的人的生成。所以，在历构层中，非审美经验是下层，基础层，审美经验则是矗立其上的上层。非审美经验制约着审美经验，而审美经验则在更高的程度上包容了非审美经验。

以上我们分别从纵向角度和横向角度对历构层作了分析。按照马克思主义观点，人类活动是永恒地、无限地发展、变化着的运动过程。螺旋式上升，波浪式前进，有断裂，有脱节，然而最终是向前的，这就是它的运动规律。因此，不平衡是永恒的、无限的，平衡是暂时的、有限的。终极目的、可能性永远在我们前头召唤着我们，诱导我们向着它接近，然而我们永远也不能说到达了。但是，人类却可以通过自己的积极、能动的奋斗，去夺取暂时的、有限的安宁、稳定、满足即平衡，在无限的否定自身中不断有限地肯定自身。人类活动既具有不平衡性，也具有平衡性，它是不平衡性与平衡性的统一。正由于如此，历构层也具有两个相互联系的方面：它是变化的、不安宁的、不满足的、不完善的，即不平衡的，同时又是稳定的、安宁的、满足的、完善的，即平衡的。它是不平衡性与平衡性的统一。

人类活动的现在境况时刻都在向人类提出新的不满足、不完善的课题，现在时刻规定着过去。同时，过去时刻都在向人类预示着现在，规定着现在，虽然是不完全地预示、规定着现在。过去不断地昭示人们：人类的需要是无限的，永远没有满足的时候，永远向我们摆开了困难境况：忧愁、怀疑、失望、痛苦、伤心、绝望，等等。它告诉我们，"人有悲欢离合，月有阴晴圆缺，此事古难全"，"有心栽花花不发"。人的命只有一次，失去了的永远失去了，往者不可谏。

诚然，我们的过去与现在时常给我们带来不希望有的担忧、焦虑、畏惧、失望，但是，未来总是美的。在我们到达死亡这一终极归宿之前，我们还可以奋斗，以我们的活动去创造美好活动图式——未来。过去了就让它过去吧，因为我们有未来。正是对未来的坚定信念，使得人类顽强地生存、绵延下来。如果一个民族有着耻辱的过去，那不要紧，因为它还可以去创造崭新的未来，用新的创造的潮流去洗涤过去的耻辱。但是，如果一个民族失去了未来的信念，陷于绝望的泥潭之中，那就预示着它的衰落、腐朽乃至毁灭。因此，从这一意义上说，未来时刻影响着过去，改变着、决定着过去在我们心中的价值。也就是说，未来影响着历构层的状况、发展、趋向等。

不平衡固然是无知、错误、失望的根源，同时也是满足、安宁所带来的愉悦的根源。假使世界永远是满足的、安宁的即平衡的，那么就不会出现真正的不平衡、满足、安宁，就不会有美。平衡性总是与不平衡性相比较才存在的。我们之所以体验到满足、安宁，正是由于我们经常处于困难境况之中，处于不满足、不安宁的世界之中。当我们成功地进行了摆脱、改变这种境况的斗争之后，我们才会感到：我们正处于满足、安宁之中。我们觉得，"上苍不负苦心人"，"机遇只偏爱有准备的头脑"，"山重水复疑无路，柳暗花明又一村"，"苦尽甜来"，"喜从天降"。我们觉得，任何厄运终不会永远持续的，苦海终会有尽头，最长的胡同迟早总要拐弯，丧亲失子的悲哀会随着时间的流逝逐渐暗淡下去，往日的忧郁会在"距离"的扩展中变成愉快的回忆。于是，我们经验到了美，也就是说，获得了审美经验。

因此，作为存在于现在活动过程的主体头脑中的历构层，始终处于不平衡与平衡的矛盾之中。不平衡是绝对的、永恒的、无限的，平衡是相对的、暂时的、有限的。不平衡使人类心灵得以成为一个敞开的系统，永恒地处于怀疑、希望、追求之中，向着理想的人类活动图式——美无限地接近。而平衡则使这一敞开的系统具有稳定的环节，它使永恒地怀疑、希望、追求的人获得暂时的信念、满足、安宁。

由此而构成的历构层，为临构层的发生奠定了内在基础。

三

如果说历构层是人类的过去存在，或过去的人类活动的标志的话，那么临构层则是人类的现在存在，或现在的人类活动的标志。

临构层不同于历构层。历构层是历次经验的积淀物，是一种历时态。审美体验是这一历时态中的一瞬间—共时态。而临构层则是共时态中的一瞬间，是"瞬间之瞬间"。

临构层不是一种积淀，而是一种突现。孔子置身于泰山之巅，群山浮动，云海苍茫，"我"仿佛与眼前的"新"世界同一了，融合在它之中……在凝神静观的瞬间，孔子现在的活绅图式——他的动作，他与外部世界的相互作用状态，外部世界活动客体的状态，以及自我作为活动主体的状态，等——骤然间被"内化"在头脑之中，变成主体所意识到的活动图式，这就是"突然呈现"，即突现，或者说，"临景构结"，即临构。临构或突现，就是在凝神静观的瞬间主体对活动图式的内化建构。

临构也是一个过程，一个内化建构过程，而且是内化建构与外化建构同时进行的双向建构过程。一方面，主体不断地把活动图式内化在大脑中，形成主体对活动图式的感性反馈系统——主体的心理形成物，造成主体与客体关系的不平衡。另一方面，主体又不断地把这种内化图式外化到使之产生的活动图式中去，发生一种补偿作用，即主体通过实际动作的改变来回答外来干扰，调节主体与客体的关系，调节主体的活动图式，即由不平衡趋于平衡。这就是双向建构过程。正是在这种双向交替过程之中，一种新的活动图式，新的主客体关系被建构起来，并且被主体所意识到——临构层。

但是，临构层并不是镜子似的映现或白板似的复现，任何外部影响的效应不仅依赖于这种影响所由来的现在的活动图式，而且也依赖于受到这种影响的我，即主体自身的现在状况，他的需要，他的知识水平，他的活动技能，尤其是他的心理结构的状况等。外因只是变化的条件，内因才是变化的根据，外因通过内因而起作用。巴甫洛夫心理学表明，任何条件反射的形成，不仅取决于刺激和影响的强度和力量，而且取决于机体本身的状况和高级神经活动的个性特征。个人的全部经验影响着条件反射的形成和巩固。这就是说，主体在临构过程中不是消极的、受动的，而是积极的、能动的。主体是历史地形成的个人,是社会的个人,即是历史的和社会的主体。在临构的主体心灵中,积淀着主体个人历史(过去活动与现在活动),也积淀着社会的历史、人类的历史。这些历史正决定性地形成了主体的经验历史——历构层,它是主体进行"临构"的内在基础,内因。

在临构过程中,历构层好比一台"过滤器"。任何外部信息进入大脑,首先须通过历构层的"过滤"——接纳、编码、传递、储存、改造等。历史地形成、发展的个体的感官本身就是外部信息的过滤器,它仅仅让小部分外部信息刺激神经系统。这些刺激引发的神经冲动须经一定的介导作用才能到达大脑。同时,不同主体进行同一活动,虽然视网膜上的映象相同,但脑中的"临构"却不尽相同。这正是储存在各自头脑中的不同的历构层过滤的结果。可见,历构层作为过去活动图式的内化建构的积淀——内化图式,它积极、能动地把外部信息纳入自身之中,加以折射、过滤、同化,从而生成现在感受,即临构层。孔子如果没有关于山、云、海、日出、树木、岩石、天、地、人、登高、揽胜等等经验,他脑中就不会"突现"出前面所说的泰山感受。相反,那只是一团杂乱无章、毫无意义、不知所云的影子而已。

不仅历构层"过滤"着临构层、过去经验过滤着现时感受、而且对未来的设想也影响着临构层、现时感受。过去是对现在而言,现在是对未来而言。我们有现在,是因为我们有未来。我们意识到自己存在着,是因为我们有未来。我们不是为现在而存在,更不是为过去而存在,而只是为未来而存在。如果明天是美好的,那我们的今天会过得自信、充实。但如果明天将是阴郁的、动荡的、悲痛的、不幸的,那么我们的今天就会处于担忧、焦虑、畏惧之中。而如果明天将会死去(无论以何种方式、为何种目的),这一可能性更将严重影响我们的现在,我们的今天。我们可能因为悲观绝望去暴吃暴饮,或者因为自己的死能换得他人的幸福而满足、安详,或者因为自己的死能洗刷耻辱、解脱沉重包袱而心境平和,等等。总之,未来制约着现在。如果说过去"过滤"着现在的话,那么可以说,未来使现在"变色"(这也适用于未来与过去的关系,即未来使过去"变色")。过去是一把筛子、漏斗、让我们选择现在。未来是一架五色镜,它使我们的现在分别呈现不同的色彩:或者红色,或者绿色,或者灰色,或者黑色,或者白色等等。

从审美上考察，临构层的性质可能有两种不同情形：（1）向非审美体验发展的潜能，即非审美潜能；（2）向审美体验发展的潜能，即审美潜能。这里还没有真正意义上的审美体验发生。

1. 活动图式中的客体形式，如山、水、树木的外在形状，可能并不显著地是美的，可能是中性的，因此不能被作为审美客体内化进临构层，不能唤起审美的愉悦。但是它可能是显著地真的、善的。可能被作为非审美客体内化进临构层，唤起非审美的愉悦。这种非审美愉悦如果同历构层的相应部分接通，就可能碰撞起非审美体验的火花。我意外地在A城遇见张三，这种千载难逢的巧合，他的熟悉的身影，顿时唤起了我的愉悦。接着，我的回忆（历构层）启动了，他是我的朋友，而且是好朋友，而且是十年同窗的好朋友；这次是分别重逢，而且是二十年分别重逢，而且是万里远别重逢，而且是如此偶然地重逢……这一切使我久久地沉浸在友谊的体验之中。同时，客体形式也可能客观地是美的，例如西湖的美。但就特定主体的特定活动图式来说，这种客体就可能并不唤起美感，主体同客体并没有在审美方面形成相互作用。客体在此时唤起的只是非审美需要，主体在非审美需要驱使下去展开实际动作，就可能同客体非审美方面而不是审美方面发生相互作用。此时的主体活动图式就不具有审美性质，而具有非审美性质。主体把客体看作是非审美客体。于是，非审美的活动图式在主体头脑中内化为非审美感受。西湖对于饥肠辘辘的马二先生来说，不是美的，而是实用的。邓肯舞蹈对于博物学家海克尔来说不是美的人体动作，而是"一元论的表现形式"。在这里，美之变为非美，审美之变为非审美，关键取决于主体的活动图式。在这一整合的"场"中，主体，主体动作，客体，主客体关系等，都具有内在的、封闭的、不同于其他的特定意义。一种客体在其他"场"中即其他活动图式中可能是美的，但在这种"场"中却可能不是美的。传统美学或者只从主体，或者只从客体，或者只从主体与客体的静态的"关系"去考察美与审美，其根本缺陷就在于忽视了主体活动图式的特殊结构，而仅仅从这一结构中的某一要素着眼。

这里的非审美感受、愉悦，仅仅构成非审美体验的潜在的可能即潜能。它要成为充分的、深刻的、丰富的非审美感受、愉悦即非审美体验，还须与其他层次"接通"。

2. 客体形式可能显著地是美的，可能被作为审美客体内化进临构层，唤起审美的感受、愉悦——它具有向审美体验发展的潜能。广袤的夜空，璀璨的星汉，皎洁的月光，挺拔的青松，傲霜的腊梅……都可以立时唤起我们的审美感受。一朵夹在书页的干枯的玫瑰，它本身就可以引起审美愉悦。但这还不是审美体验。如果进一步它使我想起这是爱人赠予，是蕴蓄着无限深情的信物；看见它，我就触发了对依依惜别情景的深切回忆，潜伏在内心深处的情感、幻想就统统升腾起来这才是审美体验。但这已经超出我们讨论的临构层的范围，而伸向其他层次了。

第一种情形不能通向审美体验，而通向非审美体验；只有第二种情形才有可能通向审美体验。审美潜能向审美体验的转化，依赖于三个层次的协调。

四

历构层是过去的活动图式的历次内化建构物，临构层是现在的活动图式的临景内化建构物，而预构层则是不存在的未来的活动图式的预先内心建构物。未来，意味着既不是过去（历史性），也不是现在（现实性），而只是未来（可能性）。预构层，就是对未来的活动图式在内心的预先建构——它是一种观念，心态，心象。

预构层不是先验地构筑的，也不是凭空发生的，而是临构层与历构层相互作用的产物。它是临构层和历构层相互碰撞的碎片的结晶，是现在与过去相互冲突发生的火花，是从现实性与历史性的焚烧的灰烬中诞生出来的凤凰。人们总是根据自己的过去经验去构想未来的，总是根据自己的现在境况去筹划未来的。总之，预构层的发生依赖于临构层与历构层的"接通"。

"前不见古人，后不见来者"，"往者不可谏，来者犹可追"，我们经常俯仰古今，瞻望未来。我们始终背靠着过去，立足于现在，而面对着未来。未来，这是我们始终在焦虑的问题。我们可能会死去，可能终将在强大的环境面前失败。对未来的这样两种可能性的焦虑，时刻影响着我们的现在抉择，以及我们对过去的回忆。但是，这两种可能性还只是抽象的、虚空的可能性，是有待于展开、敞开的"文本"。人的一生的活动就是这种可能性的敞开。人是积极、能动的主体，他不会在可能性面前俯首贴耳，而是要以自己的活动，去奋斗、抗争，用马克思的话说，去"改造世界"，从而实际地去推衍、充实、填补、实现这样两种抽象、虚空的可能性，即敞开这种可能性，用自身的奋斗历史去谱写一曲乐章，一首诗篇。

因此，我们总是超越现在的范围而趋向未来。我们总是在自己的前面，我们时刻在策划、希望、盼望、企求、等待、向往、推测、展望，等等。我们盼望着"喜从天降"，"苦尽甜来"，盼望着与情人相会，盼望着亲人团聚，盼望着粮食丰收，盼望着出院的日子……我们始终在盼望着。未来不仅是现在的明天，而且也是现在的过去：我们希望逝去的青春重现，希望昔日的年华再来，希望童年梦幻变为现实，等等。我们怀旧，是为了明天更美好；我们悔恨，是为了让过去的悲剧不至于在未来重演。总之，我们是在为了未来的活动而焦虑着。可见，预构层就是主体对未来活动图式的内心建构，它是人们希望、期待、意向、幻想中的活动图式。

人们总是意识到不平衡，总是在不满足、不安宁之中盼望着满足、安宁即平衡。平衡，就是未来的完善的活动图式，这就是理想，这就是自由，这就是美。未来总是比过去、现在更美的。重要的不是我们的过去，而是我们的现在，而比现在更为重要的，则是我们的未来。有了未来，我们的过去、现在都具有了意义。情侣别离、丧亲失子、放逐流徙、方正倒置、英雄失意、人祸天灾，这一切都算不了什么，因为我们有未来，未来总是比现在、过去更美好。美就是未来。现实性高于历史性，而可能性则高于前两者。

我们现在正处在从工业社会向信息社会的转变的前奏。农业社会注重"过去"，"历史性"，人们根据过去的经验去从事农作物的耕、种、管、收、储等。工业社会注重"现在"，"现实性"，人们根据现在市场行情、消费需要去制定生产措施。信息社会注重"未来"、"可能性"，人们根据过去、现在去预测未来。今天生产力的飞跃发展，科学技术的急剧变革，促使我们考虑未来人类生活、人类活动的整体变革。"现实性"仅仅是黑格尔时代即工业社会的概念，今天我们正在迈入信息社会的门槛——"现实性"正在让位于"可能性"。可能性是笼罩、统治我们人类生活的一个决定性概念。信息的根本特征就是可能性。信息就意味着未来。谁掌握的信息越多，谁就会拥有未来。我们掌握信息的越来越强烈的渴望，使得我们希望努力超越现在，而趋向未来。我们所拥有的越来越先进的信息技术，使得我们能够这样做。而我们的祖先、我们的古人却不能够。我们正在接受"未来的冲击"。我们正在被巨大的浪潮推向信息社会。因此如果说，美好的概念在农业社会更多地是同"历史性"、"过去"相联系的话，那么它在工业社会是更多地同"现实性"、"现在"相联系的，而在信息社会，它却是更多地同"可能性"、"未来"相联系的。当然，这种区分只是相对的。因为任何体验都是过去、现在、未来三者的瞬间统一，历史性、现实性、可能性的瞬间统一。

未来总是现在的未来，是对于现在来说的未来，因而是现在的绵延。希望、理想、意向、企求总是现在对未来的希望、理想、意向、企求。我们不是为现在而焦虑，我们是为未来而焦虑。我们经常牵挂着还没有到来的事情。元姚燧《越调·凭栏人·寄征衣》："欲寄君衣君不还，不寄君衣君又寒。寄与不寄间，妾身千万难。"寄吧，担心征夫有了冬衣仍成边地，夫妻不得团圆；不寄，又心疼征夫天寒衣单。焦虑、困扰、忧愁，就在于"寄与不寄间"，即在于未来的抉择之间。宋晏殊《鹊踏枝·蝶恋花》："欲寄彩笺兼尺素，山长水阔知何处？"想寄信给"你"述说心中愁苦，可是"你"一去竟杳无音信，天广地远，谁知道"你"在什么地方？现在的愁闷，不断地、无边地向未来绵延、伸展、扩展着。未来会怎么样？你平安么？我们还会重逢么？这是"我"永远在焦虑的问题。在现在为未来而抉择，是人们生活的中心课题。

五

我们很难把一件事物分解开而不至于损害它的结构。分解是为了窥探结构内部的"黑箱"。如何分解才能真正有助于弄清其中的奥秘？这无论如何是一个难题。同时，当我们想把这些分解开来的团块再聚合拢来，以便回复到分解前的结构的整体风貌时，我们就更会束手无策的。分解不易，组合更难。尽管如此，我们还是试图这样做。

在每次审美体验发生之前，主体总是已经拥有过去关于历次活动图式的经验即历构层。临构层是主体现在的活动图式经过历构层的过滤的内化建构物。而预构层则是历构层与临构层相互作用的产物。因此，审美体验的发生过程是：主体借助于一定的手段，运用一定的实际动作，去同客体发生相互作用。从而感性地敞开一定的活动图式；这种活动图式被内化进大脑中，经过历构层的过滤，生成临构层；临构层与历构层发生相互作用，又生成预构层。审美体验就是这三个层次的有机统一。

历构层是基础层，临构层是中介层，预构层是上层。历构层如果支撑不起上面的临构层，临构层就会坍落到历构层中，由此预构层也往下散落。三个汇合在一起，冲突碰撞、渗透、交织，形成一种紧张关系，从而生成一种前所未有的新东西。上面两个层次的负荷越重，跌落的东西就越多，其冲突的程度就越激烈，生成的东西就越新颖。三个层次构成不断地升、降、聚、散的螺旋体。这就是一次审美体验的发生。如果新的信息涌现，它们又会在这次审美体验的基础上，发生临构，又产生出类似于上述情形的那种运动。审美体验就是这样地发生、发展、循环往复以至于无穷的。

历构层代表着过去，是过去的人类活动的内心投影；临构层代表着现在，是现在的人类活动的内心投影；预构层代表着未来，是未来的人类活动的内心形象或观念，即未来形象。"未来"是不存在的。未来指尚未到来的时期，因而它不存在。而且即使在未来，未来也不存在，因为未来只是在它成为现在时才存在，到此时它就自动停止成为未来。"今天是你昨天担心的明天。"因此，未来永远是人们心目中的未来形象。未来形象是人们根据过去的活动图式和现在的活动图式预测出来的。过去是我们现在活动的内在依据，现在是过去活动的绵延，未来是过去和现在的绵延。过去部分地包含着现在，现在部分地包含着未来，未来又部分地包含着过去和现在。我们不断地从我们的未来走向我们的过去，从我们的期待、企求走向我们的记忆、悔恨。我们既在自己的前面又在自己的后面，因此我们是同自己在同一个时间中——现在。现在是我们的过去同我们的未来相结合的产物，是连接过去与未来的中介。过去的经验内在地影响着现在，现在的感受又反过来证实、纠正、改变着过去，同时也预示、规划、指引着未来。过去是完成的、死去的、腐朽的，现在是发展的、新生的、鲜活的，未来是理想的、自由的、完善的。现在高于过去，而未来则高于现在，因而也同时高于过去。未来是我们活动的对象。我们所做的每一件事的目的都是为了改善我们未来的状况,"让未来更美好"。未来形象,始终影响着人们对现在、过去的看法,始终制约着人们的现在,这使人们不断调节现在的活动图式。因此,从这点上说,我们是受未来支配的。我们永远在未来奴役之下,因而永远在可能的我们自身的奴役之下。要紧的不是"解释"过去世界,也不是"证实"现在世界,而是为了未来世界而去"改变"现在世界,即创造未来世界。改变重于解释、证实。改变的最基本方式只能是社会的实践活动。马克思说:"哲学家们只是用不同的方式解释世界,而问题在于改变世界。"①

过去的人是历史性的人,现在的人是现实性的人,未来的人是可能性的人。真正的人,"真人",永远是可能性的人。黑格尔认为,对一个人的评价应该以人的客观表现为准绳,而不是以他的内心世界蕴藏着怎样的可能性为准绳,人是现实性的人,现实的人。其实,我们的看法恰恰相反。人始终是他所能成为的那样子的人,即可能的人。人之不同于动物,不仅在于理性,而且在于人是能动的活动,是始终能超越他的现实境况而趋向未来的活动。人的本质不在于他在每种现实境况下成为的那种活动,而在于他的能够在未来活动、为未来活动的可能性。动物只为目前欲望而焦虑,人则为他的未来活动而焦虑。可能的活动,未来的活动,这就是人之为人的本质所在。

因此,历史性、现实性、可能性是审美体验所具有的三种特性。审美体验就是对历史性、现实性、可能性的体验。任何审美体验都是历史性、现实性、可能性的统一。

但是,在非审美经验中也包含有这三种特性。任何经验都是过去、现在和未来的统一;历史性、现实性、可能性的统一。例如,科学经验中的人们也考察过去、现在和未来。审美体验不同于非审美经验。非审美经验更注重过去和现在,突出历史性和现实性;审美体验则更注重未来,突出可能性,前者注重客体状况,后者注重主体状况。前者求真、善,后者求美。总之,审美体验更具有未来之光。这是理想之光,希望之光,自由之光——美之光。美,就是孔子在泰山之巅瞥见的茫茫云雾中的"天下",就是梅杜萨筏上人们在无边的苦海中遥望见的远方的若隐若现的航船,就

---

① 《马克思恩格斯选集》第 1 卷,人民出版社 1972 年版,第 19 页。

是陈子昂在幽州台上为之"涕下"的"悠悠天地",就是浮士德一生不懈追求的终极目的,就是孔子在《韶》乐沉醉中体验到的尽善尽美的仁爱世界,就是李商隐朝思暮盼的永恒的美人幻想。美永远是属于未来的。它是过去的未来,现在的未来,未来的未来。无论我们回忆过去,还是焦虑现在,都必须用未来之光去照耀,让过去、现在都溶化在未来的光影之中。

可见,美就是未来的、理想的人的活动图式——未来形象。人在活动中把活动图式内化在心里,产生出未来形象(即希望、愿望、企求、意向中的人的活动图式),这是内化建构;同时又把这种未来形象返回、投射到活动图式中去,把未来形象看作是客体所具有的价值,从而获得一种静观的愉悦,这是外化建构。美是这种双向建构的产物。美包含如下基本要素或过程:活动图式、内化建构的未来形象、外化建构的未来形象、客体价值、主体的静观与愉悦。由此我们可以作出一种描述性的定义如下:美是内化在心里,同时又外化在活动中,被主体看作客体固有价值,能够产生静观的愉悦的、人的未来的、理想的活动图式即未来形象。

美是未来形象。当我们处于成功、顺境时,之所以觉得美,是由于它意味着活动可以这样向未来绵延下去。人将继续活动着,今天的我将把自己的活动绵延到明天去,这是一件多么了不起的奇迹,这就是美。维特根斯坦在《伦理学讲演录》中说:"从审美角度看,世界存在着,这就是奇迹。"[①]于是,一朵鲜花、一丝云彩、一片落叶、一只蜻蜓,在我们眼中也是美的,因为它们使我们想起了活动将要这样继续这一事实。而当我们转入失败、逆境时,它们之所以仍使我们感觉到美,则是由于它们意味着活动将会以现在活动的反拨的方式——未来的理想方式存在下去。美就是能使我们想起理想的活动图式的那些事物。人将会以活动本身的方式活动着,这更是一个奇迹,这是更激动人心的美。于是,即使在"异化"状态下,在资本主义社会中,凡是能使我们想起理想的活动图式的那些事物,都被认为是美的。

"美"这一概念,我们直到现在都是在广泛的意义上使用它。未来形象,可以是对未来的活动图式的肯定,即肯定的未来形象,例如美的形象(优美形象与壮美形象)、悲剧形象,崇高形象,平易形象等;也可以是对

[①] 转引自 H·齐尔孔:《维特根斯坦哲学的美学观点》,《国外社会科学》1983 年第 8 期。

未来的活动图式的否定，即否定的未来形象，例如丑的形象，喜剧形象，滑稽形象，怪诞形象等。因此，美的种类、审美范畴、审美对象、审美价值，就包括下列基本形态：美（优美与壮美）与丑、崇高与滑稽、悲剧与喜剧、平易与怪诞等。

审美经验就是美的内化建构系统。而审美体验则是美的高度的、充分的、深刻的、丰富的内化建构系统。审美体验不同于审美经验的一个重要特征是主体内心伴随着一种紧张活动：情感激烈、想象丰富、物我两忘等等，即所谓"登山则情满于山，观海则意溢于海。"其次，审美体验的另一个重要特征是审美"幻象"的层出不穷，即所谓"浮想联翩"。中国古代美学中的"感兴"概念大致相当于审美体验。"感兴势者，人心至感，必有应说，物色万象，爽然有如感念。"审美幻象纷至沓来，勃然而兴，新的世界图景在内心建构起来。

我们还可以从审美内化系统对于主体的功能的角度来进一步区分审美经验与审美体验。审美内化系统具有三个不同层次的功能："应目"、"会心"、"畅神"。

由美的形式引起的以视觉、听觉为主的感官愉悦，就是"应目"。这是审美的第一层次，表层，或称第一境界。它一般是由主体对事物的声、色、线、形等的审美信息的接纳而唤起的，伴随着感官的兴奋、愉悦。但这还是低级、初步的审美内化建构。因为它所唤起的未来形象是模糊的，主要涉及客体形式，还没有由对客体形式的享受而引导到对主体本身的享受。而且这种兴奋、愉悦还与审美的兴奋、愉悦如生理上的快感有某种程度的交叉，它还不是纯粹的审美快感。

审美的内化建构的进一步涵义是心灵的愉悦，是情感、思想、理想、想象等的唤起。这就是"会心"，是审美的第二层次，或第二个境界。它不仅涉及感官愉悦，而且深入到心灵，唤起心灵的激动、亢奋，是主体与客体的心灵的交融。这是由具有一定的心灵内容的审美客体所引起的愉悦。在这里，未来形象鲜明、突出，不仅涉及客体形式，而且涉及客体心灵内容，并且由此而引导到主体心灵本身，过去、现在、未来获得高度统一，主体内心关于可能的人的观念得到高度的对象性显现，伴随着热烈的心灵愉悦。

审美的第三层次，深层，或第三个境界是"畅神"是意志的愉悦。是

"神"的愉悦，是对永恒的人类活动或人的最高本质的瞬间感悟与愉悦，是高度的自我实现，是心物交应、物我同一，是中和、天人合一，是气韵生动，是含蓄蕴藉，是过去、现在、未来的"亲密无间"，是忘我，是移情，是旁观……总之，这就是心醉神迷，沉醉。

显然，审美经验主要涉及第一、二两个层次，审美体验主要涉及第一、二两个层次。第二层次既可融入审美经验，亦可融入审美体验。它体现了某种交叉。

以上我们对审美体验的发生结构作了初步分析，试图从时间角度说明审美体验的特质所在。这种研究有待于哲学、美学、心理学、人类学等的协同努力。

（原载北京师范大学中文系主编《北京师范大学学报》增刊《学术之声》1988年第2辑）

美学——诗意冥思方式

> 如果它是科学，为什么它不能像其他科学一样得到普遍、持久的承认？如果它不是科学，为什么它竟能继续不断地以科学自封，并且使人类理智寄予无限希望而始终没有能够得到满足？我们必须一劳永逸地弄清这一所谓科学的性质，因为我们再不能更久地停留在目前这种状况上了。①
>
> ——康德

"美学是一门科学"，这在今天中国美学界似乎正成为确信无疑的常识，难怪近年通行的成百种美学"新体系"会几乎众口一辞地陈述这一主张了。但是，美学真的是一门科学吗？或者，美学真的应当成为一门科学吗？一旦我们如此地追问，我们便会立即发现自己置身于茫然失措中了。"科学"一词在这里无论理解为"科学技术"意义上的科学，还是理解为"学科"或"学问"（知识体系），其作用都一样：美学被视为一门独立的、完整的、专门的学科。我们要问：美学真的如此吗？

提出这个问题并不是多余的。人们说美学是"科学"，这与当今世界各种自然科学、技术科学如实验心理学、生理学、生物学、系统论、控制论、信息论等日渐伸展进美学的地盘这一事实，是密切关涉的。许多人抱有一种普遍信念：科学（例如数学以其明晰性、精确性、客观性能够探测出审美与艺术的奥秘）[②]！不过，与此同时，一个普遍的怀疑情绪也在相应地滋长着：审美与艺术的活的风貌真的能交由科学去看护吗[③]？那么，问

---

① ［德］康德：《未来形而上学导论》，庞景仁译，商务印书馆1978年版，第3—4页。
② 参见门罗：《走向科学的美学》，滕守尧等译，中国文联出版公司1984年版，第129页。
③ 克罗齐、狄尔泰、尼采、柏格森、海德格尔、马尔库兹、马塞尔、杜夫海纳等西方美学家都从各自角度断然拒绝科学进入美学。

题在于：这两种对峙信念孰是孰非？这个问题不是随便可以回答的，因为它直接牵扯着美学是什么、美是什么、艺术是什么等根本美学问题。但这个问题又是应当认真回答的，因为它直接影响着我们关于上述根本美学问题的看法，对于澄清当前美学疑难也关系重大。

一、怀疑主义与美学源头

如果说，美学的冥思是从美是什么、我如何能认识美这类问题开始的话，那么显然，美学一开始便是同美的存在成为问题、认识美也许不可能的情形紧密相连的。如果美就于现实之中，或者说美即现实本身、生活本身，那么美学问题就不会存在，美学也不会产生。但是，当美作为现实本身、生活本身这一事实面临失落之灾、即受到怀疑时；当人们不是在实际地体验美而是试图去认识美，从而表明对美的认识的可能性受到怀疑时，美学就成为问题提出来了。说一个东西成为问题，正是在说它似是而非、似非而是，令人难以断定——即令人怀疑。

这同列维—布留尔关于原始神话产生于对原始思维的怀疑这一说法是相似的。当作为神秘与互渗现实的原始思维（即原始实在本身）开始受到萌芽中的逻辑思维的怀疑时，原始神话便产生了。原始神话正是要试图为原始思维辩护、论证[①]。现代西方哲学把人、人的存在提到空前未有的高度，恰恰是出于对人的存在的严重怀疑——人已经成为一个大问题！愈怀疑，愈试图论证；而愈论证，变会愈滋生怀疑。正像海德格尔所说："没有任何时代像今天这样，关于人有这么多的并且如此杂乱的知识。没有任何时代像今天这样，使关于人的知识以一种如此透彻和引人入胜的方式得到了表达。从来没有任何时代像今天这样有能力将这种只是如此迅速而轻易地提供出来。但也没有任何时代像今天这样对于人是什么知道得更少。没有任何时代像当代那样使人如此地成了问题。"[②]。流浪者寻找家，追问家，正由于家失落了，无家可归。寻找并不等于前面有一个家只需向那里奔去

---

① [法]列维—布留尔：《原始思维》，丁由译，商务印书馆1985年版，第435—438页。
② [德]海德格尔：《康德与形而上学问题》，孙周兴选编：《海德格尔选集》（上册），上海三联书店1996年版，第100—101页。

便成，寻找正意味着怀疑，有怀疑才意味着有寻找。美学仿佛如一位流浪者，他不断地或者说一开始就向自己提出问题：我有没有家？家在何处？我能找到家吗？我如何进入家呢？这等于是问"有美这种东西吗？美是什么？我能认识美吗？我如何体验美呢？"一旦提出这些问题，就必须回答；而如何回答，又取决于这种疑问的性质和各个美学家受此疑问影响的程度。这样，在怀疑成怀疑或怀疑主义催动下，美学便产生了。

　　由此可以得到一条推论：美学的发端，或者说美学源头，正在于对美的存在的怀疑、对认识美的可能性的怀疑。简言之，美学发源对美的怀疑。

　　这一推论既适用于美学的原始发生逻辑（已如上述），也适用于它的世纪历史。就后者言，在西方可举出柏拉图《大希庇阿斯》关于"美是难的"的对话，在中国可从老子关于美的否定中见出。说得宽泛些，柏拉图以来的历代美学家，如亚里士多德、普洛丁、康德、席勒、黑格尔乃至当代马尔库兹，其美学无一不是从怀疑开始的。这里有柏拉图的怀疑、皮浪的怀疑、笛卡儿的怀疑、休谟的怀疑、康德的怀疑、尼采的怀疑、克尔凯戈尔的怀疑等等。中国美学中的怀疑论即便基于复杂的原因并未达到西方那种近乎"分裂"的极致，但仍然是存在着的：老子的怀疑、孔子的怀疑、庄子的怀疑、东坡的怀疑、李贽的怀疑等。西方美学愈是进展到现代，怀疑色彩愈浓：黑格尔理性主义美学受到生命美学（叔本华、尼采、狄尔泰等）和存在美学（克尔凯戈尔、海德格尔、雅斯贝斯、马塞尔等）的怀疑，而生命美学、存在美学又受到分析美学（维特根斯坦、威茨等）的怀疑，分析美学又在法兰克福学派的社会批判美学（阿多诺、马尔库兹等）那里被诘难……怀疑，似已成为现代西方美学最突出特征之一。德国现代哲学家施太格缪勒正确地指出："对世界的神秘和可疑性的意识，在历史上还从来没有像今天这样强烈，这样盛行；另一方面，或许从来也没有像今天这样强烈地要求人们面对今天社会生活中经济、政治、社会、文化等方面问题采取一种明确的态度。知识和信仰已不再能满足生存的需要和生活的必需了。形而上学的欲望和怀疑的基本态度之间的对立，是今天人们精神生活中一种巨大的分裂。第二种分裂就是，一方面生活不安定和不知道生活的最终意义，另一方面又必须作出明确的实际决定之间的矛盾。"[1]人们痛感"世界上美的东西遭到了浩劫……那彼岸世界越来越遥远"[2]，但又不相信这是真的，渴望得到明确的答案，于是怀疑便产生，美学从而承担起追问"美"的任务。可以说，任何一种美学的出现无不根源于一种或隐或显的冲动：破解"美"这一难解之"谜"，而这一冲动的前提正是怀疑或怀疑主义。

因此，不仅美学发源于怀疑，而且任何一种"新"美学的产生无不根源于怀疑。

怀疑，是游荡于美学场合的永恒精灵！

二、美作为人类原始信念

问题在于，上述怀疑是如何产生的呢？具体说是两个问题：美的存在何以受到怀疑，和人对美的认识何以受到怀疑。前者可以称为美学本体论问题，后者可以称为美学认识论问题。不过我们不打算在此把它们截然分开来考察。

首先我们来看，美的存在何以受到怀疑？我们先来提出一个假定，这个假定是与人们通常关于"美"的说法相去甚远的，这就是：美是人类童年期的原始体验。原始体验在这里是说，那时美还没有经过逻辑分析、语言表达，它只是原始实在、原始生存本身。因而美还是前逻辑的、前语言的。这情形相当于法国精神分析结构主义大师雅克·拉康（Jaque Lacan，1901— ）所谓婴儿"镜象"。按拉康的分析，个体对自身的自我意识、对"美"的想象的原型是在婴儿"镜象阶段"（mirror stage）发生的。这是婴儿六至十八个月时期的情形。身体尚未发育完全、动作尚未协调的婴儿在母亲怀抱中一瞥镜子，突然"看见"了反射在镜中的自我形象。婴儿先是不能区分镜象与自身、自身镜象与母亲镜象，逐渐地可以区分了，最后认出镜象是自己，并为此而欢欣。当然这是经过若干次"照镜子"才获得

---

[1] [德]施太格缪勒：《当代哲学主流》（上卷），王炳文、燕宏远、张金言等译，商务印书馆1986年版，第25页。
[2] [奥]弗洛依德：《论非永恒性》，《美学译丛》第3辑，中国社会科学出版社1985年版，第326—327页。

的。拉康把这称为婴儿的自我同化过程,即"一次同化"。一次同化本质上是纳西索斯式"自恋"。因为婴儿所见镜象自我仅仅是被外在世界的某个客体反射从而得到的"我",而不是我本身,所以这个"我"只是一种"误认",是自恋性幻觉、想象,恰如神话中的美少年纳西索斯面对自己的水中倩影而"顾影自怜"一样。这样,一次同化本质上是自我异化。这种婴儿自我同化与自我异化的幻觉,正是"想象态"或"想象王国"。我们有理由假定,宽泛地说,人对"美"的体验和热爱是由此开始的,而"镜象"可以看作人的原初的"美"的体验。也就是说,我们所谓"美",乃是个体原初的自我幻觉、自我想象、自我体验。

如果我们把个体婴儿的自我幻觉看作整个人类"婴儿期"的美的自我幻觉的缩影的话,那么,就可以从这个基点上回到前面提出的假定,即,所谓"美",不过是原初人类的一种关于幻觉中或想象中的自我的原始体验而已。也可以说,美是从动物跋涉而来的原初人类对自我的第一眼自恋性镜像。当初的真相我们已难以知晓了,但不妨试着推想:原始人类婴儿"哇"地一声哭叫着来到世界,混沌未开,不会语言、逻辑、理性,而只有他还并不自觉的好奇、恐惧、焦虑等等,这时对于他还无所谓主观与客观之分,更无所谓美丑观念,他更主要地是被动地接受外在世界供给自己的养料。这大致相当于拉康那里的镜象前阶段。又经过漫长的岁月,原始人类婴儿渐渐地翻爬着搅动原始混沌雾霭,他开始从外在世界的天幕上"看见"自我,从水中倒影、从猎获物、从周围环境乃至从其他一切可以显现自我的地方发现了自我,并为此而欢欣鼓舞。诚然他并不知道这仅仅是一种自我幻觉,他的未来还远是一个未知数,严酷的人类未来历程还在等待着他,他天真得如同襁褓中撒欢的婴儿,如同伊甸园里无忧无虑的亚当和夏娃,但是,他毕竟自以为发现了自我,发现了"美"。这情形则类似于拉康所谓镜象阶段,当然对于原始人类婴儿来说这时期远不止六至十八个月,而是相当长时期。这时人类还没有真正掌握语言、逻辑,但却是处在进入语言、逻辑阶段的门槛了。

一旦人开始运用语言、逻辑①,情形会怎么样呢?儿童的天真举动会

---

① 这里把语言与逻辑暂且看作同一回事。如恩斯特·卡西尔(Erns Gassier)所说:"语言一开始就有一种力量——逻辑"。

远近幽深
——艺术体验、修辞和公赏力

为大人们所善意的嘲笑,长大了的人们会为自己童年的憨态、稚拙感到害羞,同理,原始人类婴儿的童真的美的幻觉会遭到日益滋长的语言、逻辑能力的分解,分解就是分析、抽象,就是把原始混沌整体肢解开来。我们的自恋幻觉在冷峻的逻辑看来必定是幼稚可笑的甚至荒唐的。"美"通过这种分解,原始混沌被打破了,有归于无。人类始祖与美的伊甸园相诀别,并非由于犯罪而遭上帝贬谪,而实在是由于人类自身滋长起来的语言、逻辑能力的分解。伊甸园的美乃是自恋性幻觉,而并非现实本身、生活本身。美本身亦然,它是人的自恋性幻觉,而不是现实本身、生活本身。

不过,分解仅仅是一方面。另一方面,这种美的幻觉也时时渴望复活。如果单纯只有分解,那么"美"必定早已消失殆尽,但为什么它至今仍长存不衰并似乎具有"永久的魅力"(马克思语)呢?如马克思关于希腊神话所说的那样,美的诸神世界虽然在人类逻辑看来只是幻想的产物,但它何以永恒地活在人类心灵呢?显然,美这种原始体验虽然是自我误认,但它对人来说必定不是日常生活中的随便什么体验,而是与人性、人道、人的本体等相关的东西。人类对它是如此珍惜、依恋、热爱,以致于明知它是幻觉、误认,却仍然不顾一切地渴望它复活,渴望它重返人间。可以说,美在外部世界消逝,又深潜入内心深层,保存、回忆、复现、积淀下来,逐渐生成为与人同在的永恒原型——我们姑且称为原始信念。美作为原始信念,无所谓主客观之分,它是属于人类的、原始的、永恒的、不经逻辑反思便确信的东西。但它并不满足于仅仅郁积于内心,而是时时渴望复现于生活中,成为生活本身,生成为生活的美景。我们经常盼望美就是生活,生活就是美,正是出于这一原始信念。美作为原始信念之于我们,正像婴儿镜象之于个体一样,必将"给予整个的个体形成史以不可磨灭的影响","影响着主体以后的全部心理发展"[①]。人类之永恒怀念美的希腊、美的伊甸园、美的童年,其道理是一样的:美是我们的原始信念。

难怪,维柯会说原始人都是人类的儿童,都是本性上爱美爱诗的"诗人";难怪,康德在感性与理性间"分裂"到最后,逻辑上已包含着把美

---

① [法]拉康:《镜象阶段》,参见[法]克莱芒等著:《马克思主义对心理分析学说的批评》,金初高译,商务印书馆1985年版,第97页。

视为信念了,可惜他没算打走到底,直让无数后人为美的归属弄昏头也茫无头绪;难怪,中国哲人明知难以寻美却仍然出于信念相信:"虽不能至,而心向往之";难怪,浮士德并未目睹真美却深信幻觉:"真美呀,请你停下……"

因此,一方面是分解,另一方面是复活,正是这两方面的相互对峙与相互融合而产生了怀疑。如果只有分解而没有复活,那就只会有毁灭,而不会有怀疑,因为毁灭是确定的,无须怀疑;反之,如果只有复活而没有分解,那就只会有生成,而不会有怀疑,因为生成也是确定的,勿庸怀疑。但是,当既分解又复活,分解中求复活,复活中遭分解,既信又不信,似是而非,似非而是,模棱两可时,怀疑便出现。怀疑正是试图去确定,论证,判断。由此我们可以推论说:美的存在之受到怀疑,根本上取决于作为原始信念的美的分解和复活。

现在来讨论第二个问题:对美的认识的可能性何以受到怀疑?这里有一个长久的误会:能否认识美的问题被当作能否认识美的普遍性或普遍性的美的问题。这从柏拉图《大希庇阿斯》的讨论以来就是如此。人们更多地关注于人有无认识美的普遍性的能力问题。事实上,关键不在于对美的普遍性能否认识,而在于美的存在的本身是否确实,即美是否有。人们不应当主要去怀疑自身的认识能力,而应当主要怀疑美在现实中、在实存中是否存在。关于美的主观性(主体性)与客观性(客体性)的论争是没有意义的。美作为由人类婴儿期原始体验演化而来的原始信念,它是先在的、先天的,是无需逻辑、理性去证明而本来就确定的。对美的认识的可能性的怀疑,实在是由于没有看到美的原始信念实质,而错误的以为它在现实中,它就是现实本身。

但这种误会又是一种历史的必然,没有这种误会也就没有美学。正像流浪者总有一个家的幻觉而时时渴望回家、亚当和夏娃的后代们热切盼望"重返伊甸园"一样,人类总抱着美这一原始信念而时时渴望它复活:它就是生活本身。即便冷酷无情的逻辑不断警告说美是误认、美是自恋性幻觉,但困倦的人类浪子仍然不顾一切地扑向美这位母亲的怀抱——基于他们的始终不渝的原始信念!这种出于误会却渴望复活的原始信念与惯于分解的逻辑相冲突,就产生怀疑——从而以追问美何以存在、人能否认识美为主要使命的美学便产生了。

远近幽深
——艺术体验、修辞和公赏力

美学起于怀疑，但并不终于怀疑。美学总是要"力图使自己摆脱这种状态而进入信念的状态"①，即"从怀疑开始，而以怀疑的平息告终。"② 任何一种真正新的美学都是以怀疑开始，而以一种确定的信念结束——信念在这里并不一定意味着正确，而只是断定、肯定、认可。柏拉图冥思苦想着力图摆脱"美是难的"这一怀疑状态，最终获得了一个信念：美是理念（Idea）。每个美学家都可能以为自己的美学意味着关于美的终极信念、绝对信念，以为自己道出了美的真谛。其实，不仅这种想法本身是根源于本性深层的作为美本身的原始信念——这种原始信念于无意识中支配着美学家而他并不知晓，而且每种关于美是什么的解答、关于美的信念，都不过是作为美本身的原始信念的各种不同显现而已。美是理念、美是整一、美是上帝、美是生活、美是完善、美是关系……一代又一代人们殚思竭虑去寻找美的终极解答，不都是仅仅根源于人类婴儿期那个自恋性幻觉么？

那么，把美看作来源于人类婴儿期自恋性幻觉的原始信念，会给我们关于美学的看法带来什么后果呢？显而易见的是，由于美是原始信念，不是用逻辑可以证明的，因而关于美是什么的证明是毫无意义的。但是，关于美如何向我们显现的讨论，关于这种显现对我们的意义的讨论，却是必要的而且重要的。因为我们的原始信念总是渴望复活，渴望就是生活本身。我们不必去讨论美有没有、在不在，却应当认真追问美在我们个体体验中的显现以及这种显现的意义。也就是说，对美学来说重要的不是追问美是什么，而是追问我们关于美的体验。美学的中心问题不是美，而是体验。这个问题我们后面将专门讨论。现在的问题在于：美学究竟是什么呢？这是我们必须先行弄清的。

---

① ［美］皮尔士：《文集》第5卷，第372节、第375节，译文采自［美］穆尼茨：《当代分析哲学》，吴牟人等译，复旦大学出版社1986年版，第38页。
② ［美］皮尔士：《文集》第5卷，第372节、第375节，译文采自［美］穆尼茨：《当代分析哲学》，吴牟人等译，复旦大学出版社1986年版，第38页。

三、无家可归与寻找家园

我们已经知道，美学总是源于怀疑而终于信念。如果每种"新"美学都是如此，这一事实本身就说明美学总是相对的，它不可能有永恒不变的形态。也就是说，美学一直没有自己的"家"，处于无家可归状态；而同时，美学又一直在寻找家园。一直无家决定了一直寻找家园，而一直寻找家园正表明一直无家可归。那么，从美学史的发展演变看，美学寻找过什么样的"家"呢？这些"家"能称得上真正的"家"么？而由此出发我们可以引申出关于美学是什么的什么样的结论呢？问题就提出来了。

美学与巫术 美学的最早雏形可以说已包含在原始巫术仪式中，不妨称为巫术美学。那时的原始人，其逻辑能力、理性能力极不发达，但在他们的与自然节律和植物枯荣密切契合的巫术仪式中，已经寄寓着关于美的原初的怀疑与信念了。但这时的美学还不能称为美学，而毋宁说是前美学。

美学与神话 原始神话是在原始巫术日渐消亡的过程中产生起来的，它力图保存、复活、回忆那面临失落之灾的巫术时期关于美的信念。这时的原始人与巫术时期比较，其逻辑能力、理性能力、语言能力已有提高，从而他们可以凭借上述能力以神话诗的形式去分解或复活过去的美的信念（如希腊神话中关于爱与美的女神阿芙洛狄忒的传说）。但这时的所谓神话美学仍然只能说是前美学，在这里美学仍然处于萌芽或雏型状态。

美学与哲学 只是由于哲学的诞生（它是人类逻辑能力、理性能力和语言能力的长期发展的历史性成果），美学才开始有了自己的相对确定形态，也可以说才有了第一个"家"——虽然它是"临时性"的。从柏拉图开始，哲学总是把美学作为自身的一个环节、一个部门；而美学也总是以哲学为依靠去怀疑、去寻找美。这种哲学美学长于思辨而短于追问具体风貌，因而它仍然无法满足人类掌握美、毋宁说掌握体验的需要。于是，诗学美学被推拥出来。

美学与诗学 亚里士多德为什么要写《诗学》？同样，孔子为什么要说"兴于《诗》"、"《诗》可以兴"？这里无疑包含有一个共同逻辑前提：诗蕴蓄着人类对于美的活生生的体验。正由于如此，从诗出发去建立美学，说得确切点，从诗学出发去建立美学，比从哲学出发去建立美学有着

远近幽深
——艺术体验、修辞和公赏力

无可比拟的具体性。诗学实际上就是美学。西方美学在现代试图从宽泛的艺术学、文艺学、美学而返回狭义的诗学这一原初根基，正是想重新拾起失落已久的诗的体验风貌。但执持于诗学，美学是否就已伸展到自己的高峰境界了呢？神学美学对此是不以为然的。

美学与神学 中世纪对于西方美学乃至西方哲学是不容忽视的极重要时期[1]。别的不谈，单就美学来说，随着诗学告退，以柏拉图主义为代表的希腊理性主义美学与上帝一神论为中心的希伯来非理性主义美学合流，从而生成以上帝为绝对美的神学美学。它宣告说，上帝是美的高峰境界，因而美学不应是巫术的、神话的、哲学的和诗学的，而只应是神学的，神学就是美学。奥古斯丁尽管说过美在"适宜"，美在"整一"，但总的说认为美在上帝——一切感性美都是从上帝超验美流溢出来的[2]。神学美学诚然比一般诗学美学更能把握神秘体验，把握最高美，但却必然地忽视对现世人生的看护。它为着天国美景而宁可抛弃人间幸福。

美学与科学 文艺复兴以来不断发展的科学技术、工业文明为人类实际地创造人间幸福展示了瑰丽远景。它似乎表明：哲学、诗学、神学都是虚幻的，唯有科学是确定的，真实的。这在美学上的一个逻辑后果必然是：不是哲学美学、诗学美学、神学美学，而是科学美学，才称得上真正的美学。科学是美学的"家"。随着1870年费希纳开创"实验美学"（又称"形而下美学"）从而被化为"科学美学之父"以来，美学相继被引进生物学、生理学、心理学、系统论、控制论、信息论等科学领域，从而有生物学美学、生理学美学、心理学美学、系统美学等种种科学美学出现。问题在于，美学真的能交由以确定性、严密性为主要特征的科学去处理吗？疑问是无法消除的，难怪许多哲学美学家、诗学美学家、神学美学家会起而反对了，理由主要是：科学无法把握体验的活的风貌。

以上我们"历时"地考察了美学寻找家园的历程。如果除开巫术美学、神话美学这两种"前美学"不论，可以说，美学已经投奔过四个"家"了：哲学、诗学、神学和科学。到今天这种投奔仍然没有终结，美

---

[1] 我的意思是，中世纪虽说是"黑暗时期"，但却促使西方文化的主要气质（如追问终极、超验、绝对本体的哲学传统）得以凝定下来，而尤其关键的是它造成了两希精神的"合流"。

[2] 参见［古罗马］奥古斯丁：《忏悔录》第13卷，周士良译，商务印书馆1982年版，第288页。

学仍旧无家可归。而从"共时"角度看，这四个可能的"家"不分先后，都同时仍旧在吸引着美学，都同时试图去抢先接纳美学。问题依然如故：美学是什么？"何处是归程，长亭更短亭"。哲学美学、诗学美学、神学美学和科学美学，当然各有优劣，但都很难说谁是美学的真正的"家"，一部美学史乃是无家可归者寻找家园的历史。恒定不变的美学是不存在的，只存在着寻找美学，或寻找家园的美学，也就是寻找美学的美学。美学似乎永恒地在寻找自身，没有止境。

如此看来，把美学看作"科学"，岂不是根本站不住脚么？这不禁令人想起康德对形而上学的诘难（见文本开头所引）。同理，如果美学是科学，为什么它不能像其他科学一样因其确定性、精确性而得到"普遍、持久的承认"？如果它不是科学，为什么它竟能不断给人以科学的幻觉，并且令人无限向往而始终无法满足？看来，我们不应当在美学是否是科学这一问题上继续徘徊。美学是什么是超乎科学问题之外的。那么，答案何在呢？

四、美学作为诗意冥思方式

我觉得答案只能是：美学不是科学，因为它无法像其他科学一样得到普遍、持久的承认；美学也不是学问或学科，因为它并无一门学问或学科所必有的被普遍认可的方法、概念、范畴、规律等东西，而且它从来也不是独立的、完整的；美学是一种冥思方式。美学这个词所标明的只是一种特殊的冥思方式——思维方式。它是人类理性的大脑用以反思、沉思、追问的一种思维方式。

但美学不是一种随便什么冥思方式，它所冥思的必定是与作为原始信念的美在个体体验中的显现攸切相关的东西，即它关注的是体验。体验是与"诗意"相关的东西。"诗意"是什么呢？中国美学讲"诗言志"，"志"与"诗"在原初意义上是一回事、一个字，即"回忆"（记忆）。"诗言志"即是"诗言回忆"。这里的"回忆"，按孔子"兴于《诗》"、"《诗》可以兴"的提示，和《诗大序》关于"手之舞之"、"足之蹈之"的层层递进说法，可以说就是对"兴"的回忆。兴不是原始历史中的随便什么活动，而

远近幽深
——艺术体验、修辞和公赏力

是基于原始巫术仪式的原始体验[1]。兴即体验。诗言回忆即诗言兴，诗言兴即诗言体验。诗意，指诗所蕴蓄的体验意味，体验的活的风貌。诗意就是体验的充满。诗意即是作为原始信念的美在个体体验中的显现（充满）。美学所悉心冥思的，不正是这种诗意的东西么？而美学所据以冥思的，不也正是这种诗意的东西么？从而我们可以得到这一描述：美学是一种诗意冥思方式。

对美学的这种理解既具有限定性也具有开放性。限定性在于，美学无法形成一套独立的、永恒的、普遍的方法、范畴、规律等，它无法达到科学那种确定性、精确性。而开放性在于，正由于它没有科学那种确定性、精确性，从而可以渗透进各个领域，永远面向世界来开放。

这样理解的美学才可以使美学本身所具有的意义敞开来：它渗透进各种科学、学问领域，以"诗意的光芒"把它们"照亮"，使它们被引入"澄明"地带。自然科学看起来是远离美学的，但美学的"光芒"一旦投射进来，一切都被照亮了。爱因斯坦用美学解释自己的科学发现、解释宇宙现象，并不是偶然的，它表明了一种可能性：美学赋予科学以"诗意的光芒"[2]。物理学家霍夫曼评论说：

> 爱因斯坦的方法，虽然以渊博的物理学知识作为基础，但是在本质上，是美学的、直觉的。我一边同他谈话，一边盯着他，我才懂得科学的性质。……他是牛顿以来最伟大的物理学家；他是科学家，更是个科学的艺术家。[3]

真正伟大的科学是离不开美学的"照亮"的，因而在这个意义上，美学就意味着科学的"航标灯"。难怪物理学家魏耳曾极端地说："我的工作总是力求把'真实'和'优美'统一起来，但是，我必须在两者之间作出抉择的时候，我通常选择'优美'"[4]。美学对哲学同样如此。现象学美学家

---

[1] 参见拙文：《中国"诗言志"论与西方"诗言回忆"论》，《文化：中国与世界》丛刊第2辑；《"兴"与"酒神"》，《北京师范大学学报》1986年第4期。

[2] 参见爱因斯坦：《爱因斯坦文集》第1卷，许良英、范岱年译，商务印书馆1976年版，第268、284—286页。

[3] 参见周昌忠编译：《创造心理学》，中国青年出版社1983年版，第93—94页、第50页。

[4] 参见周昌忠编译：《创造心理学》，中国青年出版社1983年版，第93—94页、第50页。

杜夫海纳指出：

美学在考察原始经验时，把思想——也许还有意义——带回到它们的起源上去。这一点正是美学对哲学的主要贡献①。

用我们的话来说，把概念、思想、意义等带回到它们所得以起源的原初诗境（原始体验）中，使它们被诗意的光芒照亮，这正是美学对哲学的主要贡献。美学对于心理学、生物学、语言学等同样如此。当然，影响不是单方面的，美学也总是吸取其他养料以丰富自身。

换个角度看，美学宛如一块无边界的"空地"或"领域"，它是敞开的，无蔽的，开放的，任何科学或学科一旦"进入"，便立即变得"澄明"。当维柯为物理学、数学、化学、天文学等科学寻找出"诗意"（poetic）之源时，他实际上是在说：科学一旦进入美学空地，便会重新充满诗意的光芒。

在荫翳蔽日的密林中，有这么一块空地。它充满清新的空气、明媚的阳光，它洋溢着童真的诗意。你，迷途的孩子，无家可归的流浪者，茫无头绪的失意人，或者心满意足的成功者，只要你踏进这块空地，你周身便立即溶化在诗意的光芒里……

美学，令人神往的诗意空地！

1987 年 11 月 16 日于北京师大

（原载北京师范大学中文系主编《北京师范大学学报》增刊《学术之声》1989 年第 5 辑）

---

① ［法］杜夫海纳：《美学对哲学的贡献》，《美学与哲学》，孙非译，中国社会科学出版社 1985 年版，第 1 页。

从人类活动的时间结构看美的本质

文本拟从人类活动的时间结构这一角度，对美的本质发表一点浅见，以便求正于方家。

一、总体与个体

美，总是与人类活动、人类生活有关的。"流美者，人也"（钟嵘语）。美存在于人类活动之中，是从人类活动这一永恒的奔流不息的历史长河中"流"出来的，它是人类活动创造的结晶。

人类活动，在马克思看来，就是"实践的、人类感性的活动"[1]。与一切唯心主义和旧唯物主义者把人看成是先验的、抽象的或孤立的、静止的人不同，马克思从人类活动的"总体"来考察人和人类活动，把人看成是"具有许多规定和关系的丰富的总体"[2]。

马克思的总体概念并不意味着所谓"结构内部各种要素之和"。总体是一个本体论概念，它表示马克思对人类活动的本体的思考。人类活动的总体不是草率地汇拢或叠加起来的千百条涓涓小溪，而是似滚滚而来的海潮。海潮本身就包容了无数小溪的运动。这种运动是同时地、全面地、带动一切地向前发展。因而总体就是指人类活动的具体的、形成中的全部客观存在。总体有如"一种普照的光，一切其他色彩都隐没其中，它使它们的特点变了样。这是一种特殊的以太，它决定着它里面显露出来的一切存在的比重。"[3] 总体"普照"整个结构，涵盖它，决定它的性质、发展方向、

---

[1]《马克思恩格斯选集》第1卷，人民出版社1972年版，第17页。
[2]《马克思恩格斯选集》第2卷，人民出版社1972年版，第103页。
[3]《马克思恩格斯选集》第2卷，人民出版社1972年版，第109页。

变化轨迹。

强调总体，是否意味着只重视集体、群体而无视个人、个体呢？确实，人们常常会因为总体而失落个体。以柏拉图、黑格尔为代表的西方古典哲学认为，要了解个人生活的任何活动，必须循着自我的全体→人类的全体→绝对理念的全体这条考察路线。而存在主义则鲜明地唱反调，认定个体存在第一性，一切其他存在第二性。克尔凯戈尔说"人们可以说我是个体的一刹那，但我不愿意是一个体系中的一章或一节。"[①]古典哲学对全体的那种热爱，无疑是落后的。我们不能置弃个体而换得总体。存在主义的个体则离开了总体的运动，于是其个体只能悬浮在虚幻的空无之中。

马克思越出了形而上学者的孤立的、静止的藩篱，站到时间这一历史车轮上沉思人的问题。马克思的总体观认为，总体永远是具体的、不断形成中的，它必定沉落到个体身上，并且显现为个体的不断形成，从而在这种个体的形成中同时使自己臻于完成、圆满。马克思和恩格斯指出："任何人类历史的第一个前提无疑是有生命的个人的存在。因此第一个需要确定的具体事实就是这些个人的肉体组织，以及受肉体组织制约的他们与自然界的关系。"[②]马克思把个体存在看作总体的"第一个前提"，以此作为他考察的起点。个人是什么？"个人不是他们自己或别人想象中的那种个人，而是现实中的个人，也就是说，这些个人是从事活动的，进行物质生产的，因而是在一定的物质的不受他们任意支配的界限、前提和条件下能动地表现自己的。"[③]个人是处于总体中的，同总体内其他要素发生相互作用、受到它们制约的那种"现实的个人"。因此，个体是总体的第一个前提（是总体的一部分，受到总体内其他存在的制约）；同时个体在这过程中形成自己，从而最终完成总体。另一方面，总体必须具现为个体，演化为个体，由个体的不断形成来走向自身。于是，人类活动不再被看作是灭绝个体的全体活动，或是斩断与全体相连的纽带的个人"体验"，而是一种由个体来具现、形成、完成的现实的总体运动。

---

① 转引自让·华尔：《存在主义简史》，马清槐译，商务印书馆1983年版，第3页。
② 《马克思恩格斯选集》第1卷，人民出版社1972年版，第17页。
③ 《马克思恩格斯选集》第1卷，人民出版社1972年版，第29—30页。

二、三维结构

人类活动的开端是时间，过程是时间，归宿也是时间。难怪大诗人雪莱在《悲歌》诗中咏叹："呵，世界！呵，人生！呵，时间！"时间成为诗人沉思中的世界与人生的万千疑虑的焦点。中国古代的孔子早就惊奇于时间的"逝者如斯夫，不舍昼夜！"时间与人生的关系如此密切，以至我们可以说：它包含着人生的几乎全部奥秘！马克思把时间的车轮放到实践轨道上，事情就豁然开朗了。实践是时间运行的最终动力。而正是在实践中，人才实际地展开时间，支配时间，据有时间，人类的总体活动和个体活动才有了着落。而美，就在这里孕育。

人，总是由过去的人发展而来，从而有着历史性。人同时又是正在发展中的人，他据有现在，有着现实性。人明天还要存在下去，要发展，于是又拥有未来，拥有可能性。人是过去之维、现在之维和未来之维的三维统一，是历史性、现实性和可能性的统一。过去——历史性、现在——现实性、未来——可能性，这就构成人类活动、人的存在的三维结构。

人的历史性，指每个个体所具有的人类过去活动的历史性建构的特性。人从来决不是唯心主义者们设想的那种主观的、想象中的或永远静立不动的人，而是从漫长的人类过去跋涉过来的人，它挟带着人类过去的全部历史走向现在。他们的身上——躯体、五官、思维、语言、技术——不就深深地镌刻着以往人类历程的风风雨雨么？马克思指出，人是"以往全部世界史的产物"[1]。每个个体身上都凝聚着以往的全部人类历史。

人的历史性构成人的现实性的"条件"和"现实基础"。它们作为前一代传给后一代的"一定的物质结果、一定数量的生产力总和，人和自然以及人与人之间在历史上形成的关系"，其功能在于"预先规定新的一代的生活条件，使它得到一定的发展和具有特殊的性质"[2]。

而人的现实性，如马克思所说，"人的本质并不是单个人所固有的抽象物。在其现实性上，它是一切社会关系的总和。"[3]学术界普遍认为这段话概括了马克思的人的本质观。这是不确切的。依照我们的理解，马克思

---

[1] 马克思：《1844年经济学—哲学手稿》，刘丕坤译，人民出版社1979年版，第79页。
[2] 《马克思恩格斯选集》第1卷，人民出版社1972年版，第43页。
[3] 《马克思恩格斯选集》第1卷，人民出版社1972年版，第8页。

说的不是人的全部本质，而是"在其现实性上"的本质，即人的现实性的本质。如果硬要用它去作全面规定，只会失落历史性和可能性。马克思告诉我们，人在其现实性上是处于现实的一切社会关系的总和的中心、为它们所交叉渗透、制约与影响的人，是具有无限的丰富性、复杂性并与人发生相互作用的人，即是处于总体中的个人。要了解人，首先必须清楚他在总体中的位置、角色。

现在比过去重要，而未来比过去和现在都更为重要。孔子说："往者不可谏，来者犹可追。"过去是辉煌的，或者刻骨铭心的，但它毕竟已成为过去，无法追悔。现在伴随着我们，绚丽多姿，但它也随时随地从我们手缝间流走，滑向过去，这也无法留住。而那永恒地在前头熠熠放光，令人无限向往的，是未来，是可能性，是我们人生之旅的归宿。我们的人生目的就是去"追"它。

马克思考察人的根本着眼点是未来，可能性。他认为，现实的人把自己的人的本质失落于资本主义之中，而要实现真正的人的复归，只在未来，在人的可能性。这一未来、这一可能性，就是共产主义。真正的人的形成、发展存在于未来之中、可能性之中。这是马克思对人的可能性的第一个基本规定。其次，马克思指出："哲学家们只是用不同的方式解释世界，而问题在于改变世界。"[①]人并不满足于接受过去与现在，而时刻想超越过去和现在，趋向未来，这就是"改变世界"。在改变世界的同时，也改变人自身。这就引出人的可能性的第二个基本规定：人的目的就是改变世界与人自身，创造未来。人带着过去，经过现在，奔向来来；背靠历史，面对现实，心向可能。他永恒地要"改变"世界，"改变"自身，从而创造崭新的未来世界。改变的根本手段是实践。可见，马克思对人的时间结构作了三方面的规定：其一，在其历史性上，人是以往全部世界史的产物；其二，在其现实性上，人是一切社会关系的总和；其三，在其可能性，人是不断改变着和创造着的永恒过程。这就是人类活动的时间结构的内涵。

---

① 《马克思恩格斯选集》第 1 卷，人民出版社 1972 年版，第 19 页。

三、可能性与发展

马克思考察时间结构的独特点在于：在历史性、现实性和可能性三者统一上更为强调可能性。可能性高于现实性，高于历史性。柏拉图认为，在人生中起决定作用的，是他回忆起来的过去在上界目睹的绝对的真善美的景象。显然，作为农业社会的思想家，柏拉图强调过去，注重历史性。黑格尔这位工业社会上升时期的思想家，强调的则是现在、现实性。而马克思一扫柏拉图的守旧心理和黑格尔的狭隘目光，以极大的热情注视着未来、可能性。

人始终在走向未来。人们在期待着那还没有到来但可能到来的事情。人们在实践中去创造、实现未来形象，一旦获得现实性，又把它留给了历史性，而匆匆奔向可能性。这样，人们永远没有定型，永远是形成中的那个它，是可能性。马克思对时间结构的三个基本规定有机地烘托出"发展"这一概念。人的本质就是过去的发展，现在的发展，更是将来的发展。人永远是发展中的人。

人是发展，意味着未来、可能性高于一切。发展，就是向未来发展，就是把可能性改变为现实性。未来总是美好的，未来胜于现在，更胜于过去。我们的任务就是背靠过去，屹立在历史基点之上，果断地进行现在的选择，把握现实性，随时走向未来：现实原本就是走向未来的一个步骤。

四、总体远景与美

发展得有目标，至少得有大致蓝图，而不会如存在主义者雅斯贝斯所说的，"表现为一团乌七八糟的偶然事件"[①]。这种发展蓝图只要具有现实的可能性，那么，它必定就存在于人类活动的客观结构之中，使我们真实地感到它的亲切容颜。它将不是幻想的昙花一现，而意味着人类活动的总体运动已经初露端倪。恩格斯说："只要进一步发挥我们的唯物主义论点，并

---

① ［德］雅斯贝斯：《人的历史》，田汝康、金重远选编：《现代西方史学流派文选》，上海人民出版社1980年版，第37页。

且把它应用于现时代,一个伟大的、一切现代中最伟大的革命远景就会立即展现在我们的面前。"①

发展就是朝向远景。远景是有待于实现的,是将要存在的。它就在我们的期待之中,就蕴藏在人类活动的总体运动之中。并非任何远景都是人类活动的远景。远景有两种:一是个体远景,二是总体远景。一味追逐个人私利,这是个体远景。个体远景意味着各个个体的随心所欲,一意孤行的发展,相互隔离,相互冲撞,混乱无序,最终失落个体。体现人类活动总体运动的远景,是总体远景。它具现为个体,通过个体及其在总体中的活动去发展。唯有总体远景才能真正体现人的发展本质。

总体远景,是体现人类总体活动的发展的可能性的景象和征兆,它就存在于总体的运动之中,可以为我们感觉所反馈,令我们心花怒放,心荡神驰。它是如此热烈地慰藉着我们饱经忧患的心灵,以至于我们几乎会忍不住像浮士德那样喊道:"真美呀,请你停下!"

总体远景,就是美。它不就是浮士德无限追求的自由乐土么?不就是孔子为之潦倒一生而奔走不息的礼乐世界么?不就是屈原"九死一生"地"上下求索"的"美政"理想么?不就是庄子朝思暮盼的返朴归真、任尔逍遥的自然人生么?不就是陈子昂为之"怆然而涕下"的"悠悠天地"么?不就是苏东坡欣然举杯同游的青天明月么?美,是人类活动的总体远景。

美是总体远景。它不是柏拉图回忆中的上帝的真善美,不是康德的不可知的物自体,不是黑格尔的绝对理念,不是叔本华的非理性意志,不是移情论者的主观投射,不是真善的简单统一,不是所谓典型,不是所谓关系……它只是总体远景。它是现实地为我们的感觉系统所反馈的人类的远景。它不是过去的现实,而是过去的远景;它不是现在的现实,而是现在的远景;它也不会等于未来的现实,而是未来的远景。它永远是我们生活的总体远景,在我们前头闪耀,光辉灿烂,鲜丽动人。

美却不是虚幻的仙山琼阁,它就在我们生活之中,伴随于我们左右,随时都可能向我们现形。少年天真地想:"等我长大,生活可美啦!"这是心存未来。青年热情地呼喊:"所有的一切都来吧,让我编织你们!"这更

---

① 《马克思恩格斯选集》第2卷,人民出版社1972年版,第117页。

是明朗地投入未来。老年回忆韶华，不禁怅然，但由于寄厚望于来者而欣喜若狂："无边落木萧萧下，不尽长江滚滚来！""沉舟侧畔千帆过，病树前头万木春。""翻新自有后来人"。我们的一切都因为未来而变得辉煌灿烂，欢乐，幸福。

远景使现在增添生意，也使过去韶华重现，而且更加生气勃勃。在它的光环之中，回忆成为对心灵深处的潜在活力的召唤。雨果激情满怀地讴歌回忆：

啊，回忆！扩展的阴影里的宝藏！往昔思想里黯淡的地平线！
被遮盖之物珍贵的光亮！
消逝的岁月放射的辉光！①

回忆中的过去由于远景的普照，清除了表层的混乱、黯淡，变得真力弥满，万象更新；冲决了岁月的沉重大堤，带来活水奔腾，青春常在！

五、美的显现

总体远景必须演化为各种形态，才能成为现实的美。它在走向形态的路途中，要满足自己的几个基本规定：（1）它要直接显现；（2）它是一种普照的光辉；（3）它要由个体亲自活动来迎接；（4）它本身是发展的。限于篇幅，这里只能略加阐明。

1. 美不能是抽象概念，否则它就不是一种活生生的远景；美也不能是无法捉摸的假象，否则它就不是人类总体活动的真实运动。因此，美必须获得直接的感性显现，让人们能以感性反馈系统接收它。它可以显现为自然的小花、云朵、大河、海浪、明月等，我们有自然美；可以显现为社会的劳动者、人工产品、社会活动等，我们有社会美；还可以显现为艺术的诗、小说、音乐、电影、书法等，我们有艺术美。凡是直接显现了总体远景的事

---

① 转引自莫洛阿：《雨果传》第1部卷首，沈宝基、筱明、廖星桥译，湖南人民出版社1983年版。

物，就是美的；凡是可以直接使我们想起总体远景的事物，也是美的。

2. 美却不是直接显现着的随便什么东西，它只是人类生活中的特殊顷刻——一种普照之光。孟子说："充实而有光辉之谓大。"（《孟子·尽心上》）他认为大（崇高）就是一种"光辉"。扬雄后来说过几乎同样的话："彁中而彪外。"（《法言·君子》）内在充满，自然就会炳现为外在光辉。柏拉图把美看作事物放射出来的上帝的光辉。"美本身看起来是光辉灿烂的。"它流溢出某种光波，使人发热、发汗，"灵魂遍体沸腾跳动。"[1] 撇开上帝论，他主张美是一种光辉是正确的。

光辉实在是人类的美好的事物中最令人向往的。我们喜爱太阳，喜爱它那黎明的朝霞，清晨的旭日，傍晚的夕阳。我们赞美月亮，赞美它那皎皎明月，弯弯新月，圆圆满月。这，不就因为它们是我们生活中的光辉么？光与色相连，色彩与光同样令我们喜爱。"一片水光飞入户"，"山光悦鸟性"，"山色浅深随夕照"，"日出江花红胜火"，"火树银花合"，"水光潋滟晴方好，山色空蒙雨亦奇"，"春色满园关不住"，"浓绿万枝红一点，动人春色不须多"。这不就是美的光辉么？

3. 美作为总体远景，若离开个体活动这一根基，就会失落于虚无之中。美必须沉落或具现到每个个体之中，演化为丰富多样的个体形象。这就要求个体以亲自活动去体验，以德、诚之心去实行，以"九死其犹未悔"的精神去夺取。这是血与火的考验，是以身以心去奉献。如果没有这样的牺牲精神，总体远景永远只是挂在嘴边的一句空话。美不是在路旁随意开放的花朵，让我们俯拾皆是，而是盛开在冰峰悬崖上的雪莲，要我们付出辛劳与毅力。攀登悬崖也许会粉身碎骨，但总有希望摘取那最美之花——在摘取到的同时，他也最终找到了自己。于是，美就在我们个体与总体的圆满融合中熠熠放光。

我们凭借时间的视角对美的本质作了一番匆匆的巡礼。详尽的阐明留待今后。下定义尤其困难。倘非下定义不可，我们考虑了一个描述性定义，这就是：美是人类活动的总体远景在个体亲自活动中的显现的光辉。要而言之，美是总体远景。

（原载《求是学刊》1986 年第 1 期）

---

[1] 柏拉图：《柏拉图文艺对话集》，朱光潜译，人民文学出版社 1963 年版，第 126—127 页。

从信息观点看艺术

一

艺术是什么？这是一个老而又老但玄之又玄的问题。人类作过长期探索，至今迷惑不解，至今仍在探索之中。也许，人类存在多久，这种探索也将持续多久。每个历史时期的人类都从自身的状况出发去探索艺术的奥秘。当我们回溯往昔的时候，从那些曾经如此激动过各时期人们的艺术观（如"摹仿"说、"游戏"说、"表现"说、"直觉"说、"反映"说等等）之中，不正可以瞥见人类的艺术探索与人类的整个"类探索"、"类生活"相交接的轨迹么？

艺术，归根到底是一种信息过程，是人与人之间进行社会交往的一种手段。传统美学（指古代社会、现代社会的美学思想）虽然也可能注意到艺术的交往与信息性质，无论自觉地还是不自觉地。然而，一般说来，它更侧重于从艺术家与艺术品的关系出发，去界定艺术的本质，从而主张艺术是"感应"或"摹仿"、"表现"。历史进入当代社会，人们用"后工业社会"、"信息社会"描述它，这时再仅仅用上述观点来界定艺术的本质，已经不能解释变化着的艺术现象了。在今天的艺术活动中，艺术家并不是"表现"以后就完事了，而是要提供一种"呼号"、"吁请"，即交往的信息，以便实现同读者的交往。在艺术创造的准备阶段（体验生活阶段），他力求揣摩社会的读者的需要。而在艺术创造过程中，他努力使自己对生活的体验普遍化，使作品变得具有可传达性、可理解性，甚至设身处地从读者角度来要求甚至苛求自己的创作，因为他知道，他是在为读者写作，为与读者交往而写作。同时，读者去接受（欣赏或鉴赏）艺术品，也是要通过体验艺术品，而与"我"以外的他人实现某种交往、共鸣、对话，在这种交往、共鸣、对话中实现着自己。

黑格尔曾经注意到艺术活动的"对话"性质。他认为"每件艺术作品也都是和观众中每一个人所进行的对话"。托尔斯泰明确地主张，艺术是艺术家向读者传达的"体验"。艺术家进行艺术创造，是为了再现出自己曾经体验过的东西，以便唤起他人的相同体验。这里已经有机地包含了艺术是信息这一思想。萨特在《为何写作》中认为，"一切文学作品都是一种呼求。写作就是向读者提出呼求，要他把我通过语言所作的启示化为客观存在"，"作家在创作自己的作品时，向读者的自由提出呼求，要求进行合作。"他还认为，这种"呼求""充溢于每一幅画、每一座雕像、每一本书中"。[①]从德国肇始，目前盛行于欧美的"接受美学"，强调从读者的接受这一角度来重新理解艺术的本质以及一切艺术的现象，这无疑可以纠正传统美学的偏差。但是，接受美学的倡导者们却忽视了艺术活动是一个统一的、系统的过程，陷入了读者万能论、读者决定论的泥淖。

马克思主义美学主张从统一的运动过程来考察艺术。马克思曾经一再强调，生产决定消费，同时消费也决定生产。生产——产品——消费，这是统一的过程的三个环节。同样，艺术是一种生产（创造）与消费（接受）相统一的过程。艺术生产（艺术创造）——艺术品——艺术消费（艺术接受）这是艺术活动的三个环节。一方面，艺术创造决定艺术接受；另一方面，艺术接受也决定艺术创造。艺术家并不仅仅为自己生产，而且也为社会的读者、为他人生产。艺术家是要生产出一种可供交往的媒介品来以便同他人"对话"。

由此可见，艺术是一种信息。艺术活动就是一种信息的组织、传递与接受的过程。它至少由三个基本系统构成：艺术信息系统（艺术家）、艺术信号系统（艺术品）和艺术接受系统（读者）。艺术创造过程，是对信息进行组织（加工、创造）的过程，可以看作信息的输出系统即信源。艺术品，作为艺术创造的结果，它是由信息载体（艺术符号）所输送的艺术信号，它是沟通艺术家与读者两个系统的中介或媒介。而艺术接受过程则是读者对艺术信号进行接受的过程，可以看作信息的接受系统。艺术家同读者，通过艺术品，实现了交往。但是，这种交往不是艺术家赋予读者的单向交往，而是同时由读者赋予艺术家的双向交往。双向交往，意味着不

[①] 转引自伍蠡甫主编：《现代西方文论选》，上海译文出版社1983年版，第198—199页。

远近幽深
——艺术体验、修辞和公赏力

仅艺术家制约着读者，而且读者也制约着艺术家。这是一种相互制约、相互依存、相互作用的过程。

"信息"这一概念，本身就意味着某种新的、未曾出现过的东西，或者说，不曾为接受者了解的东西。那么，问题在于：艺术作为信息，它凭什么为读者所接受，从而实现着艺术家与读者的交往呢？换句话说，构成艺术交往的前提是什么？

公共信号库，是信息交往的前提。假设发信者（信源）只会讲中文，而接受者（终端）只听得懂英文，他们之间既有信源，又有终端，也有信道（空气媒介），但仍然无法交换彼此的想法。因此，发信者与接受者两端要能建立交往关系，还必须会使用同一种语言。我们把会使用同一种语言称为交往双方具有公共信号库。发信者和接受者都采用同样的信号，信号和意义间有着一一对应关系。

交往，可以是多种多样的。可以是人与人之间的交往，可以是人与自然之间的交往，也可以是人与人工自然（如机器）之间的交往。每一种交往都依赖于它们具有公共信号库这一前提。人与人之间进行交往，如交谈、通话、书信，其公共信号库就是自己民族的语言和文字（或外族的语言文字）。人们的学习、教育活动都是为了掌握公共信号库。人与自然之间的交往，其公共信号库就是人对自然的掌握的程度。人在长期的活动中能动地改造自然，逐渐贮存起有关自然的各种知识，从而把自然转化成为可以与之"交往"的人类的"无机的身体"。人与人工自然的交往，如人与机器之间、机器与机器之间的交往，其公共信号库是人们事先约定好的、根据自己的需要设计的有关操作规程、工序、法则、章法等。

艺术，则是人与人之间进行交往的手段，它是通过一定的符号媒介（语言文字、色彩、线条、画面、音响）来实现的。艺术家创造出一幅草书作品，但读者却不懂草书，那么信息传递就受到阻碍，交往无法进行。同样，一幅油画对于不懂油画的读者来说只是随便涂抹的色彩、线条而已。因此，艺术交往，依赖于人们对艺术符号具有共同的了解——这就是公共信息库。人们对各种艺术符号掌握得愈熟练，他就可能愈深刻地接受艺术信息。

但是，人们在其他交往中同样也需要掌握一定的符号媒介。科学交往要求人们掌握起码的公式、数据、操作方程、规则、模型等。那么，艺术交往同科学交往有什么区别？艺术交往的一个特殊前提，或者说它的公共信号库，是"体验"的能力。艺术是一种精神产品，是心灵化的东西。艺术交往依赖于艺术家和读者具有体验心灵的能力。艺术家首先必须能够从心灵上、精神上体验现实世界的信息，同时，还必须以艺术方式再现出这种信息。而就接受者（读者）来说，他必须能够从心灵上、精神上去体验艺术信息，用整个心灵去拥抱艺术信息。这样，首先是对艺术符号的掌握，其次是体验的能力，这两个前提构成了艺术交往的公共信号库。

把艺术看作信息，可以避免我们继续停留在艺术仅仅是摹仿、表现、再现、反映的立场上。艺术作为信息，它是社会交往的一种形式，它实现着人与人之间、个人与社会之间、主体与客体之间、理想与现实之间、自由与必然之间的融合。要研究艺术，不仅要研究艺术家、艺术创造、艺术品，而且也要研究读者、接受者、艺术接受。要从艺术家—艺术品—艺术接受者这一统一的过程来研究一切艺术现象。我们正处在新的产业革命、"第三次浪潮"的变革的前夜，处在工业社会与信息社会的"夹缝"之中。人们注重信息，追求信息交往，渴望由现在而预知未来。对信息的掌握，成为改革社会、变革社会的重要前提。与此同时，读者的审美需要，审美趣味，审美理想正在呈现出日新月异的更新与变化趋势。读者在艺术活动中的地位与作用变得愈来愈不容忽视。他们更经常、更普遍、更大量地介入艺术活动，要求、评判、批评、研究艺术创作。随着社会物质文明的不断发展，他们也日益渴望在艺术中体验到相应的精神文明的信息。借用未来学术语，就是在艺术中寻求与"高技术"相平衡的"高情感"。可以说，新的强大的艺术接受的"浪潮"正在冲击着艺术活动的旧有规模，从而也冲击着传统的艺术美学的壁垒。然而，在理论界，人们更多地关注的仍然是传统美学中艺术家—艺术品这一环节，如作家传记、回忆录、生平事迹、气质，艺术品的社会、历史、地理、时代、民族、心理根源。人们谈"深入生活"，仅仅从作家要去"反映"生活这一点出发，而没有同时把深入生活的过程看作是作家体验社会的艺术需要、读者的审美趣味的过程，看作是作家领悟、揣摸、推测读者大众对自己的要求的过程，看作是作家与读者进行艺术交往的准备过程，或者说"前交往过程"。人们也谈艺术的审美本质，但仅仅认为艺术是现实美的反映，是艺术家的审美意识的物化，而没有看到艺术的这种"反映"、"物化"是为着人与人之间的信息交流的需要。这样，在艺术领域，艺术家与读者形成不平等地位，似乎艺术家可以无视读者的需要而自行其是，自我表现。作品一旦成功，则功劳全归艺术家，而读者的作用却被一笔抹煞。这种情形，正在阻碍着当代艺术活动与物质活动、精神活动的同步发展。因此，是取消、限制"艺术家法权"的时候了。艺术活动的交往性质、读者的艺术接受、读者与艺术家的关系等，都是亟待研究的重要课题。

二

艺术是信息。它是什么样的信息呢？信息是什么，学术界一直众说纷纭。我们认为，信息是人类活动图式中经过有目的地调整了的事物间相互作用状态的显现（或表征）。信息是一种显现，但不是一般所说的事物间"关系的显现，而是其相互影响、渗透即相互作用的显现。"信息只存在于人类活动之中，离开人类活动无所谓信息。它是人类活动中客观存在的可以为我们的有目的动作所"内化"（指由物质的东西转化为心理的、精神的东西的过程）和"外化"（指由心理的、精神的东西再转化为物质的东西的过程）的东西。信息只有经过主体有目的动作的调整（这是长期的人类活动的历史性过程及其结果），才能真正被我们意识到、体验到，被我们识别为它本身，即识别为事物间的相互作用状态。

信息可以分为物质信息、精神信息、物质—精神信息这三种基本形式。

艺术信息，具有物质形式，如诗歌的声音韵律、节奏等，但不能单纯归结为物质信息。艺术信息也具有精神内容，如诗歌通过声音、韵律、节奏等物质形式的有目的的组合，可以传达出特定的精神内容，但不能单纯归结为精神信息。艺术信息是物质形式中装载有精神内容，精神内容通过物质形式显现出来。用黑格尔的话说，在艺术中，感性的（物质的）东西心灵化（精神化）了，心灵的东西感性化了。用中国传统美学术语，艺术信息该是一种有意之象，意造之象，即"意象"。或者说，它是一种蕴含着"诗意"的形象。这表明，艺术信息是一种物质—精神信息。

艺术信息是物质—精神信息，但并非任何物质—精神信息都是艺术信息。物质—精神信息包括人类创造的一切信息系统。科学信息（如哲学、政治学、经济学、社会学、法律学、医学、军事学著作）就是其中的一种。科学信息也既具有物质形式，又包含精神内容。艺术信息应当具有不同于科学信息的特殊结构。

艺术信息是一种特殊的物质—精神信息——经过组织与物化凝定的审美信息。审美信息不等于一般的物质信息、精神信息、物质—精神信息。它是人类活动发展到一定阶段才出现的。人类在长期的实践活动之中，逐渐学会了识别物质信息、精神信息，而且也学会了有目的地创造物质—精神信息。审美信息，就是建立在这种"识别"与"创造"基础上的、与理想的人类活动图式有关的信息。活动图式，是由主体、客体、工具、动作、手段等各种活动要素所构成的整体结构。一定的活动图式是一定的人类活动、人类生活的表征或显现。理想的人类活动图式，就是在其中实现着人的本质力量、确证着人的全部存在、肯定着人的丰富个性的完善的活动结构。人在活动中，形成了理想的活动图式，这种活动图式的信息为主体所体验到，内化进头脑中，同时又外化入客体中，被主体认为是客体所有机地具有的个性，这就是美。美就是被主体所体验到（内化）而又看作客体固有属性（外化）的理想的人类活动图式的信息。审美活动，就是人对理想的人类活动图式的信息的审辨、接受、享受、创造的过程。审美信息则是这种过程的结果。审美信息是从更高的高度上对物质信息、精神信息、物质—精神信息等不同层次的信息的整体掌握，即是不同层次的信息一体化。在审美中，不同信息彼此失去了界限，消融在一个完形的、混沌不分的、统一的结构之中，即消融在理想的人类活动图式之中。这是物质与精神的统一，主体与客体的统一，自由与必然的统一。

审美信息，可以是内化的审美信息，也可以是外化的审美信息。

内化的审美信息，是由主体纳入头脑、为他所意识到、为他所接受的审美信息。这包括通常所谓审美情感、审美认识、审美理想、审美趣味、审美态度、审美想象等。"登山则情满于山，观海则意溢于海"。登山与观海之时，山的信息、海的信息为人所接受，唤起审美情感的剧烈活动，这就是内化的审美信息。

外化的审美信息，是已经投射到客体中的内化信息，是内化信息的客体化。有两种形式的外化信息。一种是精神型外化所产生的信息，即主体在想象中、意念中把内化的审美信息投射、移入、归附到客体上，例如"情满于山"、"意溢于海"、"情往似赠，兴来如答"，再如审美活动中常见的"移情"现象。另一种是物质型外化所产生的信息，即主体运用感性的、物质的形式把内化的审美信息加以物化、客体化，创造出模型化的或模态化的信息。

显然，艺术信息是一种外化的审美信息，是物质型外化所产生的信息。艺术创造就是内化的审美信息的物质型外化过程，它的中心使命就是把内化的审美信息物化、凝定在物质的、感性的形式（如文字、声音、色彩、线条、泥块、镜头等）之中。但是，物质型外化也可能产生实用产品，它们形成实用与审美的结合，既用于功利，也用于观赏。在生产活动中，在环境美化中，人们通过物质型外化的方式把内化的审美信息灌注在机器、厂房、住宅、花园的形式中，按"美的规律"来建造它们。艺术信息不同于这些实用的审美信息就在于它是纯粹为人的审美体验而创造而不是为实用体验而创造的。艺术信息是一种由物质型外化而产生的，为人的审美体验而创造的审美信息。

并非任何内化的审美信息都可以通过外化而成为艺术信息：内化的审美信息至少可以分为两个层次：一是审美经验，一是审美体验。审美经验指蓄积在我们记忆中的那些一般的、普通的审美印象，它们并没有引起我们的激动或者表达兴趣；而审美体验则指那些独特的、深刻的、高度的、丰富的审美印象。审美体验意味着沉浸、沉醉、陶醉、物我同一、兴会，意味着客体在主体心海中掀起狂澜，意味着主体以整个心灵移入客体之中，在其中复现自身。总之，它是主体对理想的人类活动图式的掌握、发现、观照、接受、创造、享受。只有这种审美体验才可以成为艺术创造的材料，才可以被重新组织成为艺术信息。歌德说他是把那些"感性的、生动的、可喜爱的、丰富多彩的""印象"用来作为艺术材料。[1] 托尔斯泰则直接强调他加工的是"体验"。[2] 这里，审美体验在信息量（信息的数量）与信息质（信息的质量）上都高于审美经验。审美体验不仅依赖于信息量的积累，而且依赖于信息质的飞跃。它要求主体的活动不是单纯的静

---

[1] ［德］爱克曼辑：《歌德谈话录》，朱光潜译，人民文学出版社1978年版，第147页。
[2] ［俄］托尔斯泰：《艺术论》，丰陈宝译，人民文学出版社1958年版，第48页。

观，观照，而是设身处地，身体力行，是全身心的投入，是主体与客体的消融。"深入生活"，并不等于就获得了审美体验。它可以是"走马观花"，是陌路人式的"不介入"，是隔膜，是雾里看花。这样获得的信息最多只是一般的审美经验，而不可能是审美体验。由此根本不可能产生优秀艺术品。审美体验来源于艺术家对生活的切身领悟、真情实感、真知灼见、身心交融。这种审美信息才可能被加工为艺术信息。

审美体验并不直接就是艺术信息。它须经两个阶段的加工创造：一是重新组织。艺术家在头脑中对审美体验进行选择、分解、组合，把它们组合在一个具有同一目的的新的结构之中。二是物化凝定。艺术家把这种重新组织了的审美体验赋予相应的物质形式，从而形成艺术品——艺术信息。

艺术信息，是一种特殊的审美信息——为着审美体验而创造的、经过重新组织与物化凝定的审美体验。

三

艺术创造过程，是对审美体验进行重新组织与物化凝定（物质型外化）的过程。正是在这一过程中，艺术信息得以产生。

从信息观点看艺术，可以使我们重新审定艺术创造这一活动的性质。传统美学一般把艺术创造看作是艺术家自己的单向创造，而忽视读者的无所不在的能动参与。事实上，艺术创造，既是艺术家的创造，也是读者的创造，是艺术家与读者的双向创造。正是在这种双向创造中，实现着艺术家与读者的初始的交往，或者说，信息交换（真正的交往还有待于在艺术接受阶段的最终实现）。

艺术家从审美活动中获得了审美体验，产生出两种内心意向：一是外化意向，即内心的审美体验外化为某种信息以唤起他人相同审美体验的需要；一是内化意向，即把他人对自己创造的信息的反应（接受）纳入内心以获得自我确证和相互交往的需要。艺术家一方面希望把对生活的审美体验传达出来，让他人也获得相同的审美体验；另一方面，也希望通过他人（读者）对作品的"接受"（欣赏、品评、评价等）来实现自己，最终达到与他人的精神交往的目的。这两种意向的融合的必然趋向就是创造艺术信息。艺术家要想全面实现这两种意向，就必须创造艺术信息。当然，他也可以在其他活动中实现这两种意向。他提出一项社会改革方案，获准施行，并且取得预期成果，于是得到人们的肯定。在生产活动、政治活动、军事活动、社交活动、学习活动等中也有类似情形。但是，这只可能导致两种意向的单方面的、片面的实现。只有在艺术创造中，才可能真正地、全面地实现这两种意向。因此，艺术信息是艺术家的外化意向与内化意向的必然产物。

艺术家的创造过程始终是受读者制约的。首先，他要考虑当代读者大众的审美需要，根据这种审美需要来设定艺术目的。例如，读者关心的是什么社会问题、人生问题、伦理问题，读者的时代趣味是什么，读者的期待心理如何。其次，他要考虑自己的作品是否能向读者提供新的、独特的东西。艺术信息的重要标志在于它的独特性。它应当是艺术家对自己独特的审美体验的独特的再创造。再次，艺术家要使自己的个人性的审美体验能够为他人所接受、体验，必须使其具有可交往性。可交往性，指艺术品所具有的能够形成艺术家与读者的信息交换的性质。艺术信息，应当是个人性与社会性的统一，独特性与可交往性的统一。

艺术创造过程，是审美体验从个人性伸展到社会性、从独特性绵延向可交往性的过程；艺术家被某种新的、个人的、独特的情感、情绪、印象激动着、困扰着，沉醉于其中；这时还处于"悠然心会，妙处难与君说"的阶段。这不是在进行艺术创造。只有当他想到把它们作为在自己面前敞开的客体来再度体验，来继续"求物之妙"，并且开始为他人而创造的时候，才有真正的艺术创造。因此，艺术创造不是个人体验的表现，而是个人体验的某种间离、疏远、淡化、客体化，从而是由个人体验向社会体验的超越。与其说艺术家的创造是表现自我，还不如说是间离自我。艺术中自然有"我"在，这已是间离化的我，社会化的我，客体化的我，因而是审美化的我。对审美体验进行审美化，其目的是为了使艺术信息具有交换价值——能够为读者所接受，形成交流。经这种审美化的审美体验，已经从艺术家内我王国中走出，由归属于主体的东西变为归属于客体的东西——即变为艺术思维所加工的对象：这种审美体验就是一种独立的信息系统。

艺术创造，是艺术家的创造，是读者的创造，也是他们对审美体验的创造。因此，在艺术信息中，有机地交融着艺术家、读者、审美体验这样三个信息系统。这是艺术家系统与读者系统以审美体验为媒介所进行的模拟对话、模拟交往。但是，这种模拟对话、模拟交往必须通过审美体验显现出来，而直接陈述出。也就是说，艺术家系统的因素（如审美理想、审美评价）和读者系统因素（如期待心理、趣味水准、时代精神）应当消融、溶化在审美体验之中，准确地说，消融、溶化在重新组织与物化凝定的审美体验之中。用马克思主义创始人的话说，"倾向"（艺术家系统与读者系统的融合物）应当从情节和场面的描写中自然而然地流露出来。当然，读者的参与对于创造中的艺术家来说，并不是每个人都能明确意识到的。但是，无论是意识到还是没有意识到，这种参与却是永远地存在着。读者同艺术家一道，并"委托"艺术家，最终创造了艺术品。

四

读者是艺术家—艺术信息—读者这一关系的终端，是艺术信息的创造者之一。同时，读者也是艺术信息的接受者。读者的艺术接受是艺术活动的第三个基本环节。读者的"读"这一术语，在这里是一个广泛的称谓，它不仅指阅读诗歌、小说、散文、剧本等等文学艺术，而且也指聆听音乐艺术、观赏绘画与雕刻艺术，以及摄影艺术、建筑艺术、戏剧艺术、电影艺术等。总之，凡是运用感觉去接受艺术品的信息的，都可称为读者，或艺术接受者。

但是，读者可以有多种类型。（1）翻译者。翻译者也是读者，却又不同于普通读者。他不仅要像普通读者一样去阅读，而且还要从事阅读后操作——把艺术品翻译成能够为特定读者所接受的信息。（2）批评家。批评家同翻译者一样，既要阅读，也要从事阅读后操作，不过却是对艺术品进行解释、评价、分析，帮助读者接受艺术信息。（3）科学家。读者也可以是从事各门科学研究的专门家，例如哲学家、心理学家、社会学家、伦理学家、生理学家、数学家等，他们希望从艺术品中找到哲学的、心理学的、社会学的、伦理学的、生理学的、数学的信息。（4）鉴赏者。这是把艺术信息当作审美事实来体验的人。阅读一首诗，观看一幅画，在他们看来是在接受审美信息，获得审美体验。只有这种读者才是真正意义上的读者，是真正能把艺术信息当作一个完整对象即艺术信息本身来加以全面接受、还原的人。

无论是上述哪种类型的读者，都可能在不同时候采用下列不同阅读态度，从而导致不同阅读方式，产生不同体验。（1）随意态度—随意阅读。读者以漫不经心的态度去接受艺术信息，只用一部分注意力而不是全身心介入，他阅读艺术品的目的在于无事可做，或者遣闷。这类阅读态度与方式不是真正的阅读态度与方式。（2）实用态度—实用阅读。这是在实际的、功利的态度驱使下对艺术品进行的功利性接受。读者总是用实际生活中的利害计较来与艺术品中的人物、情节、事物进行"对话"，把艺术品当作生活。（3）科学态度—科学阅读。这是科学家的专门化、理论化了的理性态度和理性阅读方式。哲学家、心理学家、社会学家等总是从他们各自学科的特有的立场、角度来接受艺术信息的。即使是艺术史家、批评家、美学家也免不了要这样做，他们同样要对艺术品进行科学的、理论的分析、评价、概括，最后上升到艺术史、批评史、美学理论的高度。（4）审美态度—审美阅读。这种读者具有一种审美态度——阅读作品是去体验审美信息，是为了获得审美体验，而不是别的。只有这种阅读才能把艺术当作艺术本身来接受，这种接受才是准确意义上的艺术接受。有两种情形：一种是创造性的顺应。读者调动自己的审美经验，在创造性地领会作品意图、意义、题旨。这种接受是与作品本身的方向相一致的。另一种是创造性的背离。读者从作品的某些部分受到启迪，就带着这种启迪退回到自己的内心世界之中，自由地、无限地展开想象，拓展、丰富自己原来的审美体验，而不管作品本身的方向。批评家在最初阶段可能以审美态度来进行审美阅读，这时他可以称为鉴赏者——艺术接受者。但如果他接着上升到理论分析、概括、抽象的理性高度时，这时他就失去了审美态度，而代之以科学态度、理论抽象方式了，他就不作为鉴赏者、艺术接受者而存在了。

由此可见，真正的艺术接受者，真正的读者，应当是那种以审美态度来进行审美阅读的人，即我们所说的鉴赏者。只有他们才能把艺术品"翻译"为审美体验，通过审美体验而与艺术家形成对话、交流、共鸣。

正是这种阅读过程，才最终实现着艺术作为信息的功能，使艺术品从

"文本"转化为"作品"。艺术家与读者创造出艺术品,还没有经过读者的阅读,就只能是可能的、潜在的艺术品,即文本。文本只有经过读者的阅读、接受,才能转化为现实的、已经实现的艺术品,即作品。艺术接受过程,就是艺术品由文本转化为作品的过程,就是艺术信息实现其自身的过程。伴随着这一过程,艺术家与读者的对话关系逐渐展开、实现,由艺术创造过程中的模拟对话转化为实际的对话。

从艺术家方面考察,对话关系有三种:首先是艺术家与前辈读者(过去读者)的对话。艺术家在前辈读者提供的审美需要、审美趣味、艺术接受经验等基础上进行艺术创造,他常常在心里、在想象中同过去读者商量、询问、交谈、试验。其次是艺术家与同辈读者(现在读者)的对话。艺术家立足于当代读者、为了当代读者而进行创造。这种对话就是更直接、更尖锐的交流。再次是艺术家与后辈读者(未来读者)的对话。真正的艺术,不仅应当是为同辈读者创造的,而且应当是为后辈读者创造的。那些能够超越时代局限而绵延向未来、涉入永恒的艺术,才是真正优秀的艺术。事实上,这三种对话关系是相互渗透的,与前辈读者的对话往往沉入与当代读者的对话之中,通过与当代读者的交往表现出来,而与后辈读者的对话则又寓于与当代读者的对话之中。

而从读者角度看,对话关系也有三种。首先,读者同想象中的前辈艺术家进行对话。他一方面在阅读过去作品时与前辈艺术家展开交流,另一方面在阅读当代作品时也自觉不自觉地用从前辈艺术家的创作中获得的审美体验去衡量、评价、对比。我们阅读当代小说时常常想起曹雪芹《红楼梦》的卓越技巧。其次,读者与同辈艺术家进行对话。他既与作为被阅读作品的作者的同辈艺术家交流,也与同类的同辈艺术家作对比。这是对话的最为基本、最为有效的方式。第三,读者与想象中的后辈艺术家进行对话。读者在心里揣摩着,未来的艺术家将会如何看待、评判我现在阅读的作品,他们可能会提出什么新东西,并且可能会从现在借鉴一点什么。当然,三种对话也是相互联系的,常常难以分开。

无论是从艺术家还是从读者方面看,这三种对话实际上代表着人类活动的过去、现在、未来这三种状况之间的交融。确切点说,它们是过去、现在和未来这三种社会历史系统的对话。艺术家和读者都不是孤立的个人,而是体现着社会历史系统的个人。由于艺术家与读者的对话,过去的人类历史似乎活现于今天与未来，今天的人类现实似乎复现了人类的过去同时又可能绵延至将来，被繁忙、分离的现实相隔离了的人们，被时间的鸿沟划分开来的人们，以及被本身的经历、能力、性格等所具现了的人们，都可能在这种对话中体验到那永不停歇地奔腾着的人类历史的过去、现在与未来之流，那永远激跳不已的人类心灵的过去、现在与未来之息息抖颤。而从这一点上说，那最能够造成这样三种社会历史系统的审美体验上的交融的艺术，才是真正优秀的艺术。《红楼梦》《人间喜剧》的"永恒的艺术魅力"的奥秘不正是在于这一点么？

1984年5月写于北京大学，1984年9月改于北京师范大学

（原载《当代文艺思潮》1985年第3期）

论艺术的内在结构

歌德说："艺术要通过一个完整体向世界说话。"[①]一件艺术品，应当是一个完美的整体，具有完美的结构。

当我们说艺术品的"结构"时，我们是把它看成两个层次的结合体。由声音、文字、色彩、线条、泥块等物质材料所构成的层次，这是形式的结构，即外在结构。而包含在这一外在结构之中，由人物、景物、情感、思想、情节、环境等感性材料所构成的层次，则是内容的结构，即内在结构。例如一首诗。它的声音、节奏、韵律、平仄、对仗等的组合属外在结构；而它的情感、思想、人物、景物等如何结合为整体则属内在结构。任何一件艺术品，无论是抒情小诗还是长篇巨制，都是外在结构与内在结构的有机统一。我们这里将主要探讨艺术品结构的一个方面——它的内在结构。艺术品的美，不仅在于它的外在结构，而且更主要的是在于它的内在结构，即在于物质形式中蕴含的心灵内容[②]。因此，探讨内在结构，对于揭示艺术的奥秘具有重要意义。当代的一些结构主义者虽然也强调"结构"，但仅仅把它作为形式因素，同它本身包含的心灵内容隔绝开来研究，必然走向形式主义死胡同。结构从来不只是形式问题，它贯穿着、渗透着艺术家的情感、思想、想象、理想等多种因素，它是整个艺术构思过程的一个重要环节。

[①] ［德］爱克曼辑：《歌德谈话录》，朱光潜译，人民文学出版社1978年版，第137页。
[②] 参见［德］黑格尔：《美学》第2卷，朱光潜译，商务印书馆1979年版，第25页。

远近幽深
——艺术体验、修辞和公赏力

一

一位现代著名作家说：[1]

> 文章是一个小故事，它叙述了人生的一个小节，作者把这小节写活了，写的那样鲜亮，使读者深深的感动，投入到故事里，感受到一个大的生活的刺激。读者用心灵抚摸这一鲜明夺目的小环，也就捉住了那上面的环节和下面的环节，捉住了这整个鲜明的环练了。就是：读者因为这一段生活的记载，看到了全面的生活，受到全面生活的感动。

一部艺术品生动地描绘了人的生活的片断（"小节"、"小环"），可以使读者从这一"鲜明夺目的小环"中，体验到特定的人的生活的整体结构（"整个鲜明的环练"）。一首抒情小诗，如李白的《静夜思》，可以表现人的内心体验；一幅油画，如达·芬奇《最后的晚餐》，可以再现人的外在形体动作；一部长篇小说，如曹雪芹《红楼梦》，更可以在广阔的社会历史背景上再现丰富复杂的人的生活、人的社会关系。因此，艺术品的内在结构，是特定的人类生活的艺术表现。卢卡契指出："伟大的现实主义作家的作品的内在的现实性，在于这些作品是从生活本身中产生的，而它们的艺术特点是艺术家本人生活于其中的社会结构的反映。"[2] 要了解艺术品的内在结构的奥秘，就应当到使之产生的"社会结构"、人类生活中去寻找。

什么是人的生活？"这是彼此交织着的活动的总和，更确切点说，就是彼此交替的活动的系统。"[3] 人类生活，就是人的活动，但不是孤立的、静止的和纯粹个人的活动，而是彼此交织着的，发展变化着的社会的活动的"系统"。用马克思的话说，"一切社会关系的总和。"哈姆雷特的"复仇"活动绝不只是他个人的事，而总是与他父亲被毒死、叔父篡权、母亲改嫁、鬼等等其他人的活动以及特定环境条件密切相关，并且是后者制约

---

[1] 孙犁：《文艺学习》，作家出版社1964年版，第82页。
[2] ［匈］卢卡契：《卢卡契文学论文集》（二），中国社会科学出版社1982年版，第334页。
[3] ［苏］A·H·列昂捷夫：《活动·意识·个性》，李沂等译，上海译文出版社1980年版，第51页。

的。活动，是受具体历史制约的人的生存和存在的方式，是让人改造周围的自然现实和社会现实（包括人本身）以适应于他的需要、目的和任务的全部过程。活动总具有特定的目的、动机、动作、对象等，因而可以同其他活动区别开来。它可以是劳动、思考、读书、登山、游泳、欢喜、悲哀等等。每一种特定的人的活动，都具有不同于其他活动的特殊的产生、发展及其结构。"活动不是反应，也不是反应的总和，而是具有自己的结构、自己的内部转变和转化、自己的发展的系统。"①

活动，无论其多么复杂多样，都可以概括为两种基本形式：一是外部活动，即感性的、外在的物质生活，社会存在，具有空间和时间形式，可以被人们直接地从外在方面感知。例如，人们生活中的社会关系和事件、动作、风俗，人们的外貌、姿态，人们生活于其中的自然环境。一是内部活动，即心理的、内在的精神生活，社会意识，它由人的生活的物质关系所决定。这是人的意识、感受的过程，是感知、情感、思想、理想等的统一。这个过程本身能由体验着它的个人直接内在地感知。外部活动与内部活动不同，但并非相互隔绝，而是彼此交替、相互渗透、相互转化的，具有"共同的结构"。②任何外部活动必然伴随着内部活动。木匠制家具这一外部劳动过程，同时也是内部思索的过程。随着现代社会科学技术的发展，"外部活动与内部活动日益密切地互相交织和接近：对物质性对象进行实际改造的体力劳动日益'智慧化'，包括完成最复杂的智慧活动；同时，现代研究人员的劳动［特殊的认识活动，主要是智慧活动（par exellence）］日益被外部形式的活动的各种过程所充实。各种不同形式的活动的过程的这种结合，已经不能解释为仅仅是由于外部活动内化的术语所描述的那些转化的结果，这个结果必须要求，也在相反的方向，从内部活动向外部活动实现不断的转化。"③这就告诉我们，不仅外部活动可以化为内部活动，内部活动可以转化为外部活动，而且它们二者常常就是一种活动的两个方面——外部动作、形态和内部动作、形态。内部活动起源于外

---

① ［苏］A·H·列昂捷夫:《活动 意识 个性》，李沂等译，上海译文出版社1980年版，第51页。

② ［苏］A·H·列昂捷夫:《活动 意识 个性》，李沂等译，上海译文出版社1980年版，第66页。

③ ［苏］A·H·列昂捷夫:《活动 意识 个性》，李沂等译，上海译文出版社1980年版，第66页。

部实践活动，但并不与外部实践活动相分离，而是始终保持根本的、双方的联系。总之，活动具有外部活动和内部活动两种基本形式，它们是联系的、交织的、统一的和相互转化的，具有共同的结构。

打开艺术形象的画廊，我们看到，在这里生活着具有物质实体、外形的贾宝玉、林黛玉、堂吉诃德、哈姆雷特、阿Q……，他们的声色相貌、言谈举止、行动、日常生活事件，以及他们生活的自然环境、场所等等，这是他们的社会存在，物质生活，即外部活动。与此同时，在这里还生活着具有精神内蕴的贾宝玉、林黛玉、堂吉诃德、哈姆雷特、阿Q……，他们的感知、情感、思想、理想、幻想、意向，他们内心的喜怒哀乐，隐秘的"一闪念"等等，这是他们的社会意识，精神生活，即内部活动。艺术品的内在结构，就是这种外部活动的形象与内部活动的形象的统一。我们把外部活动的形象称为"再现"，把内部活动的形象称为"表现"。内在结构也就是再现与表现的统一。

不过，这种再现与表现是否就是对人类生活的"镜子"式的机械复现？作为创作主体的艺术家与作为创作客体（对象）人类生活有什么关系？同时，任何精神产品（如科学著作）也都是人的活动的反映，那么，艺术的反映同它们有什么区别？对这些问题的说明，直接关系到对艺术品的内在结构的本质的理解。

艺术家在作品中直接再现和表现的对象是什么？歌德说：

> 我把一些印象接受到内心里，而这些印象是感性的、生动的、可喜爱的、丰富多彩的，正如我的活跃的想象力所提供给我的那样。作为诗人，我所要做的事不过是用艺术方式把这观照和印象融会贯通起来，加以润色，然后用生动的描绘把它们提供给听众或观众，使他们接受的印象和我自己原先所接受的相同。[1]

托尔斯泰的体会十分相似："在自己心里唤起曾经一度体验过的感情，在唤起这种感情之后，用动作、线条、色彩、声音以及言词所表达的形象来传达出这种感情，使别人也能体验到这同样的感情——这就是艺术活

---

[1] ［德］爱克曼辑：《歌德谈话录》，朱光潜译，人民文学出版社1978年版，第157页。

动。"①冈察洛夫也说："我只能写我体验过的东西，我思考过和感觉过的东西，我爱过的东西，我清楚地看见过和知道的东西，总而言之，我写我自己的生活和与之常在一起的东西。"②茅盾说："作品中的故事不一定是作者自己亲身的直接经验，但作品中的人物却不能不是作者自己的生活经验的产物。"③艺术家直接加工创造的是"印象"、"感情"、"感觉"、"经验"等，是丰富的、活跃的、深刻的内心感受。

我们把这些印象、感情、感觉、经验等，统称为"体验"。

体验是一种内心感受，但不是一般的内心感受，而是丰富的、活跃的、深刻的内心感受，伴随着强烈的情绪高涨，达到主体与客体的高度统一。这大略相当于中国古代所谓"感兴"或"兴会"："感兴势者，人心至感，必行应说，物色方象，爽然有如感会。"④用卢卡契的话说，体验就是"作者自己在社会发展过程中的充分经验"，"只有这种经验才能够揭示基本的社会因素，使艺术的表现自由地、自然地集中在这些社会因素上。"⑤体验是这种"充分经验"，而不是一般"经验"。只有在体验中，人才真正充分地把握了社会、现实以及自我，因此说，体验是对于人的存在方式的高度自觉。孙犁说："体验……是身体力行，带有心理和生理的实践的意义。对生活的体验，就是对生活的感受。生活使我劳苦，使我休息，使我悲痛，使我快乐，使我绝望，给我希望，这全是体验。……体验包括思想的、行动的、感情的等等内容。"⑥体验是人在"实践"中、在"身体力行"中产生的心理、生理等方面的综合感受，它是劳苦、悲痛、快乐、绝望、希望等的综合体。可见，体验就是艺术家对现实的人的活动（外部活动和内部活动）的深刻的内心感受，或者说，"充分经验"。体验只能产生于以物质实践活动为基本的社会的人的活动之中，产生于活动中主体与客体的有目的、意图、条件、方式的相互作用。

---

① ［俄］托尔斯泰:《艺术论》，丰陈宝译，人民文学出版社1958年版，第48页。
② ［俄］冈察洛夫:《迟做总比不做好》，《古典文艺理论译丛》（一），人民文学出版社1961年版，第189页。
③ 茅盾:《关于艺术的技巧》，《鼓吹集》，作家出版社1959年版，第101页。
④ ［日］遍照金刚:《文镜秘府论》，人民文学出版社1980年版，第41页。
⑤ ［匈］卢卡契:《卢卡契文学论文集》（二），范大灿译，中国社会科学出版社1982年版，第333—334页。
⑥ 孙犁:《怎样体验生活》，《孙犁文论集》，人民文学出版社1983年版，第7页。

因此，艺术的材料并不就是现实的人的活动、人类生活，而是艺术家对于现实人生的体验，即对于外部活动和内部活动的体验。我们不能把体验等同于现实生活，更不能把艺术等同于现实生活。

一切精神产品的创造者，如艺术家或科学家，都不是直接加工现实生活，而是直接加工体验，使之成为精神产品（如艺术品或科学著作）的。但是，作为艺术内容的材料的"体验"并不同于作为科学内容的材料的"体验"。简言之，艺术内容的材料是审美体验，而科学内容的材料是科学体验。

审美体验不同于科学体验。科学体验是主体对于现实的人的活动的普遍联系的反映。它力图摒弃个体因素，一心认识对象，获得对象的认识属性。审美体验则是主体对于现实的人的活动同自己的关系的反映。它不是要摒弃个体因素，而是始终从个体出发，从对象与主体的关系，即从对象—关系—主体的复合体出发，一心感受对象对于主体自身的意义。科学体验仅仅关注于对象本身及其普遍意义，排斥个体因素的参与，而审美体验始终关注的是处于个体周围、环绕着个体、同个体发生关系、即对个体具有意义的对象，以及正在进行这种反映的主体自身的状况，并且力图"不仅在思维中，而且以全部感觉在对象世界中肯定自己。"[1] 从而最终对现实对象作出美、丑、悲剧、喜剧等肯定或否定评价，揭示出美或丑、悲剧或喜剧等审美属性。因此，科学体验主要是对活动的认识属性（真与假等）的反映，审美体验主要是对活动的审美属性（美与丑、悲剧与喜剧等）的反映。

艺术内容，就是审美体验的结晶。但是审美体验并不就是艺术内容。审美体验可能是低级的、薄弱的、片面的、易逝的。杜勃罗留波夫指出：它往往"表露得很薄弱，而且它常常被各种各样日常生活的算计与环境所窒息"。[2] 同时，"生活的阳光落在我们所有的人身上，然而它刚刚触到我们的意识，就立刻从我们身上消逝了"[3]。因此，审美体验有待于艺术家运用歌德所说的"艺术方式"，加以"融会贯通"、"润色"、"描绘"等功夫，

---

[1] 马克思：《1844年经济学—哲学手稿》，刘丕坤译，人民出版社1979年版，第79页。
[2] ［俄］杜勃罗留波夫：《杜勃罗留波夫选集》第1集，辛未艾译，上海译文出版社1983年版，第9页。
[3] ［俄］杜勃罗留波夫：《杜勃罗留波夫选集》，上海文艺出版社1962年版，第63页。

才能成为艺术内容。正如杜勃罗留波夫说：

> 艺术家用他那富于创造力的感情补足他所抓住的一刹那的不连贯，在自己的内心中，把一些局部的现象概括起来，根据一些分散的特征创造一个浑然的整体，在看来是不相连续的现象之间找到活的联系和一贯性，把活生生的现实中的纷纭不同而且矛盾的方面融合而且改造在他的世界观的整体中。[①]

体验中的现实可能是"不连贯"的、"局部"的、"分散"的、"不相连续"的，需要艺术家对它们进行"补足"、"概括"、"创造"、"融合"、"改造"等功夫，把它们化为活生生的人物、景物、情节、环境等形象，并且组合为一个具有"活的联系和一贯性"的"浑然的整体"，一个完整体。

这种为艺术家的创造性思维活动所重新组织（融会贯通、概括、融合、创造、改造等）了的审美体验，才是艺术内容。同样，科学体验必须经过科学家的创造性思维活动所重新组织才能成为科学内容。不过二者具有不同途径与目的。科学家对科学体验进行重新组织，把它们抽象化为概念；艺术家对审美体验进行重新组织，则是具现化为形象[②]。马克思对他的科学体验进行重新组织，结果是抽象出《资本论》这样博大精思的概念系统；而巴尔扎克对审美体验进行重新组织，则是具象出《人间喜剧》这样丰富多彩的形象系统。同是欣赏自然风光，著名博物学家、《宇宙之谜》的作者海克尔获得了对于石头、树木、岩石等的科学体验，把它们加工为概念；而舞蹈家依莎多拉·邓肯则获得了审美体验，把它们加工为舞蹈形象[③]。海克尔欣赏邓肯的舞蹈，得出概念：舞蹈"同一切普遍自然真理有联系"，"是一元论的一种表现形式"[④]。诗人艾青观赏芭蕾舞《小夜曲》则迸涌出诗歌形象："像云一样柔软，像风一样轻，比月光更明亮，比夜更

---

① ［俄］杜勃罗留波夫：《杜勃罗留波夫选集》第2卷，上海文艺出版社1939年版，第454页。
② 艺术中"形象"不同于一般意义上的形象（如生物挂图、科学插图中的形象性例证），而是具有理性意蕴的感性表现，即中国古代所谓"意"或"意象"。下同。
③ ［美］邓肯：《邓肯自传》，朱立人译，上海文艺出版社1981年版，第168—170页。
④ ［美］邓肯：《邓肯自传》，朱立人译，上海文艺出版社1981年版，第168—170页。

宁静——人体在太空里游行；不是天上的仙女，却是人间的女神，比梦更美，比幻想更动人——是劳动创造的结晶。"(《给乌兰诺娃——看芭蕾舞〈小夜曲〉后作》)

把这种重新组织了的审美体验物化在感性的、物质的形式中，就产生出具有客观的艺术形式（外在结构）的艺术内容（内在结构）。艺术内容与艺术形式的统一，内在结构与外在结构的统一，就是艺术品。

可见，艺术品的内在结构并不等于人类生活，也不是它的"镜子"式的复现。首先，人类生活有待于从客观"内化"成主观，成为审美体验这种内心过程、感性材料。此时，主体的情感、思想、生活经历、性格、气质等各种条件要对审美体验的性质产生影响。因而审美体验已经包含着主体的因素，是主体对于人类生活的体验，显然不同于人类生活本身。同时，审美体验要艺术家的重新组织和物化，即被加以选择、提炼、分解、组合等，这一过程伴随着更为强烈的感知、情感、认识、理想、想象等心理活动，具有浓烈的主观色彩。所以，艺术品的内在结构，归根到底是对人的生活的一种反映、一种创造，是主观与客观的统一。

由于人的活动具有外部活动与内部活动两种基本形式，因而作为它的反映的审美体验也具有相应的两种基本形式：一种是关于人的外部活动的体验，例如我们对自然风光、民情风俗、外貌神态、形体动作的美、丑、悲剧、喜剧等审美属性的内心感受，即所谓优美感、壮美感、悲剧感、喜剧感等；一种是关于人的内部活动的体验，例如我们对生活中各种人物心理活动的体验，其中包含着主体的审美评价、理解、分析、想象等，这可以称为对别人体验之体验，或再度审美体验。艺术家获得了对各种外部活动和内部活动的审美体验，打算把它们传达出来，让别人也获得相同的审美体验，于是，他就要对这些体验进行加工，描绘出可以唤起这种审美体验的人的外部活动和内部活动的形象；同时，为使这些形象具有高度真实性和感染力，他还得在头脑中"再现"自己当时的体验，或者设身处地推想别人的体验（如福楼拜的"爱玛就是我"等），并且在这些体验中灌注进自己主观的审美评价、理解、理想、想象，依据它们进行重新组织、排列组合、虚构创造。"这些虚构，由于频繁地回到我的脑海中，最后就有了较多的实质,并且以一种明确的形式在我的脑海里固定了下来"[1],最终又凝定、物化在一个完美的物质"形式"之中。这就形成艺术品的内在结构。托尔斯泰曾经在《艺术论》中以"小孩和狼的故事"为例阐明了这一点[2]。

对外部活动的体验与对内部活动的体验虽然是不同的,然而,正像在活动中那样,它们又是相互联系的,即是统一的心理过程的两个方面,在实际过程中很难分开,即刘长卿《赠别韦群诗》所谓"心镜万象生",刘勰《文心雕龙·神思》所谓"神与物游"。因而内在结构中的外部活动的形象与内部活动的形象事实上是相互依存、不可分割的。所谓"形神兼备"正是这个意思。我们把有机地包含在这种内在结构中的外部活动形象称为"再现",而把内部活动形象称为"表现"。任何艺术既要再现,也要表现。内在结构就是再现与表现的统一体。

不过,问题在于:如何理解风景画、山水诗这类作品中的再现与表现?艺术是否只反映对象(外部活动和内部活动)而不表现主体?

事实上,艺术家总是根据自己对外部活动的体验和内部活动的体验来进行艺术创造的。俄国风景画家列维坦的《荒塘》,描绘柳荫覆盖下的荒芜的水塘,这里没有直接出现人物,人物的外形、动作,但却使我们回忆起童年捞鱼捉虾的场所、情境。郑板桥的"画中之竹",并不是"园中之竹",而是郑板桥体验中的竹的物化形态。这里,没有直接再现人的外部活动,人的神态、动作,但再现了外部活动的环境、对象、客体,因而也可以看作人的外部活动的再现。同时,这里也没有直接抒写人的内心活动,即直接表现,但在对于外部活动的再现中,同时传达出了对象内在的生命运动,"神韵",以及艺术家独特的内心体验(感知、情感、思想、评价等),因而也有"表现",不过是直接再现,间接表现,仍然是再现与表现的统一。

艺术并不只是反映外界客观现实(社会的人的外部活动和内部活动),而同时也反映艺术家本人的主观现实(他的外部活动和内部活动)。罗丹雕塑人像,既要根据自己内部的情感、思想、评价等活动,也要根据自己

---

[1] [法]卢梭:《忏悔录》(二),黎星、范希衡译,人民文学出版社1983年版,第533页。
[2] [俄]托尔斯泰:《艺术论》,丰陈宝译,人民文学出版社1958年版,第46—47页。

外部的视觉、触觉等，他要从对材料（模特儿或石块）的"抚摸"中实地体验出内在的生命。巴尔扎克写人，常常根据自己长期的属于外部活动的"跟踪"观察或者身体力行，以及大量的属于内部活动的分析、综合、推想、设身处地等。而且许多时候，艺术家干脆把自己的外部活动和内部活动作为材料来描绘（再现与表现），如一些抒情诗、自画像、自传体小说、自叙散文等。其实几乎在每部作品中都或多或少地融贯进了主体的外部活动形象和内部活动形象的因素。你能说鲁迅对阿Q及其精神胜利法的冷静的再现中就没有包含他自己的某些因素么？你能确切地分清哪些是社会的人的，哪些是鲁迅本人的么？还有的时候，"再现"和"表现"往往就是艺术家内心情感、思想、理想、想象的"化身"或"显影"。卢梭说他创作《新艾洛伊恩》时，"我把我心头的两个偶像——爱情与友谊——想象成为最动人的形象。我又着意地用我一向崇拜的女性所具有的一切风姿，把这些形象装饰起来。"[1] 在浪漫主义作品中，许多形象（如孙悟空、猪八戒、死而复生的杜丽娘）都是"非现实"形态，纯粹是艺术家理想的化身。更为重要的是，任何艺术形象（再现或表现）都包含着、浸染着艺术家的审美评价。写美，是要歌颂美，肯定美；写丑，是要鞭挞丑，否定丑，从反面肯定美。果戈理说："你如果不把现时的卑鄙龌龊的全部深度显示出来，你另外就无法使社会，甚至使整个世代的人去瞻望美好的事物；……如果不同时像白昼一样明白地给一切人指出道路，甚至就根本不应该讲到崇高的和美好的事物。"[2] 在这里，离开了主体的评价，就根本不可能真正再现和表现客观现实。

可见，再现与表现的对象既包括艺术家以外的社会的外部活动和内部活动，也包括艺术家本人的外部活动和内部活动；既包括客观现实，也包括主观现实。在这里，既有冷静的观察，也有炽热的评价。任何艺术品的内在结构，都是再现与表现的统一，物与我的统一，客观与主观的统一。

---

[1] ［法］卢梭:《忏悔录》（二），黎星、范希衡译，人民文学出版社1983年版，第531—532页。

[2] ［俄］果戈理:《作家的自白》，参加果戈理等著:《文学的战斗传统》，满涛译，新文艺出版社1953年版，第180页。

二

以上当我们说艺术品的内在结构的时候，还只是把它作为一个抽象的"类"来讨论。事实上，我们所面对着的是纷繁复杂、姿态万千的内在结构的"世界"。这里有具体的抒情诗、绘画、小说、戏剧、音乐、电影等，例如屈原《离骚》、徐悲鸿《奔马》、曹雪芹《红楼梦》、关汉卿《窦娥冤》、贝多芬《第九交响曲》以及电影《早春二月》等。不过，内在结构的表现形态无论多么复杂，它们都必然包含两个基本要素：再现与表现，它们是再现与表现的统一。这种统一具有不同的方式，由此而形成内在结构的不同类型，形成丰富多样的艺术世界。

或突出外部活动（物质生活、社会存在），以再现外部活动（外貌、行动、对话、景物、情节等）为主，这就形成绘画、雕塑、小说等艺术，我们称为再现性艺术，又叫再现艺术。

或突出内部活动（精神生活、社会意识等），以表现内部活动（情感、思想、理想、想象、幻想、意向等）为主，这就形成抒情诗、散文、音乐、舞蹈等艺术，我们称为表现性艺术，又叫表现艺术。

还有的艺术，把几种艺术类型如文学、音乐、舞蹈、绘画等综合在一个更大的艺术类型中，进行更复杂的再现和表现，这就形成综合艺术，如戏剧、电影。

还可以分出若干类型，但基本的是这三种。实际上，这种区分是相对的。因为任何艺术品的内在结构都是再现与表现的统一。再现艺术不排斥表现，表现艺术也不排斥再现。任何再现艺术都要进行表现性刻画，任何表现艺术都要进行再现性刻画，没有不表现的再现艺术，也没有不再现的表现艺术。任何一种艺术，若不表现，就谈不上再现，若不再现，就谈不上表现。再现与表现是不可分割地结合着的。这归根到底是由于人的外部活动与内部活动是彼此交织、相互渗透、相互转化的，具有"共同的结构"。但是在一种艺术中，可能是再现因素占了主导地位，也可能是表现因素占了主导地位，因此就产生了再现艺术或表现艺术之分。

由此可见，再现与表观内在结构的两个基本要素。它们的组合方式的多样性形成了结构类型的多样性，同时也形成了结构的美的多样性。不过，在每种类型以及每种类型的不同体裁中，再现与表现的组合方式更为复杂，结构的美也更纷繁多样，需要具体地分析。

再现艺术

绘画、雕塑是再现艺术的两大部类。绘画以色彩、线条创造具有质感、空间感的视觉形象，雕塑则以可塑（如粘土）或可雕可刻（如金属、木头）的材料创造具有实在体积的视觉形象和触觉形象。它们的共同特点是以形寓"情"，即以外部的形体、姿态、动作、表情等刻画内部的生命运动、情感状态、精神气质等，以再现为主，表现为辅；直接再现，间接表现。例如，《清明上河图》刻画了众多人物的外貌、姿态、动作，栩栩如生，显示出活跃的内在生命。

不过，再现与表现的组合是复杂的。"直接表达艺术家的感受的愿望和创造一种纯谐调（艺术）的愿望的矛盾，这是整个现代艺术发展中固有的一个矛盾：一方面，画面上有一个统一形象，一个或多或少的明确的造型及其空间构成；另一方面，画面上却只有画家劳动留下的迹印，色块的内在的动力。"[①] 艺术家既想再现统一的外部活动形象，又想直接地、自由地表现外部形象的内在生命，它们的内部活动，以及艺术家的审美评价，这就构成矛盾。这一矛盾使得绘画、雕塑中又分出至少两种不同类型：一种突出外部活动，侧重于忠实地再现对象的具体质感，使色彩、线条直接为造型服务，而对象的内部活动和艺术家的审美评价则寓于造型之中，例如中国魏晋至宋代的绘画、雕塑，西方古代和近代的绘画、雕塑。前面提到的宋代绘画《清明上河图》，注重刻画人物的神态、表情和外部动作的不同特征，而人物的内心活动以及画家的评价则是间接表现出来的。一种使得内部活动表现得更充分，侧重于表现对象内部的状态（生命力、情感等）以及艺术家的内心感受（包括评价），笔墨、线条、色彩并不直接为外部造型服务，而常常直接成为内在生命、内心感受的形象显现或象征，例如元代至近代的绘画，西方表现主义、后期印象主义绘画等。被称为后期印象主义绘画的代表的梵高，打破了印象主义在色、光、大气的描写上的写实传统，更强调主观感受的直接表现，大胆运用夸张手法，主张对外

[①]［英］赫伯特·里德：《现代绘画简史》，刘萍君译，上海人民美术出版社1979年版，第149页。

部形象的再现要服从于主观感受的表现——"我要画出对他的评价和我对他的爱"。① 比较这两类艺术，显然前者再现性强而表现性弱，后者表现性强而再现性弱。前者可以说是再现艺术中的再现艺术，后者可以说是再现艺术中的表现艺术。

这表明，再现艺术中的表现因素并非可有可无的。不仅可以表现对象的内在"气韵"、"神韵"，而且可以"抒发"艺术家的情感、评价等。我们观赏徐悲鸿《奔马》，既可以体验到马内在的活跃的生命力，也可以体验到画家本人的精神气质。事实上，正像在一切艺术中一样，对内在的活动（生命、精神、情感等）的"表现"也是再现艺术的主导因素。安格尔说："艺术的生命就是深刻的思维和崇高的激情。"② 梵高认为内在的东西是外形的"生命"、"粘合剂"。③ 帕克强调一切形体都是"披着感情薄纱"的形体④。我们称绘画、雕塑为再现艺术，只是与其他艺术相对而言。

小说也是一种再现艺术。它用语言、以散文形式叙述一个有一定发展过程的虚构故事，往往在一定的由人物、情节、环境等所组成的"故事"中再现外部的社会存在、物质生活、社会关系、民情风俗。巴尔扎克《人间喜剧》通过对拉斯蒂涅、高里奥老头、欧也妮·葛朗台、吕西安、伏脱冷、鲍赛昂子爵夫人等复杂的人物关系和广阔的社会生活"场景"的刻画，再现了19世纪上半叶法兰西社会的物质生活、社会存在。不过，小说同时也可以运用"无所不在""无孔不入"的描绘能力深入到对象的内在生活的各个方面，如喜怒哀乐、愿望、意向、幻想、情感轨迹乃至潜意识、梦幻等领域。时而外貌描写，时而内心刻画；时而回溯往昔，时而瞻望远景。或者冷眼旁观，或者深情体验，再现与表现的组合方式的多样性，给小说提供了描写的广阔领域。

有的小说侧重于客观地、冷静地"再现"外部生活过程，突出对象的外部联系，而内心的刻画相对次要，例如巴尔扎克、狄更斯、左拉、托尔斯泰、鲁迅等的小说，以及其他人们习惯于称作现实主义、自然主义的小说。这是"再现性"小说。有的小说主要再现艺术家头脑中虚构、幻想的

---

① 转引自迟轲:《西方美术史话》，中国青年出版社1983年版，第375—367页。
② [法]安格尔:《安格尔论艺术》，朱伯雄译，辽宁人民美术出版社1981年版，第23页。
③ [荷]梵高:《梵高书信摘译》，《世界美术》1981年第2期，第26页。
④ [美]帕克:《美学原理》，张今译，商务印书馆1965年版，第230页。

非现实的生活幻象，这些幻象更多地是艺术家内部的幻想、理想的间接表现，例如《西游记》《巴黎圣母院》《一千零一夜》及其他浪漫主义小说。这是"幻想性"小说。有的小说虽然也是以再现对象的外部生活为主，但更多地是借此表现艺术家的特定的情感或思想："抒情性"小说，如卢梭《新艾洛伊思》、缪塞《一个世纪儿的忏悔》、鲁迅《故乡》、艾芜《南行记》以及屠格涅夫、沈从文、孙犁的大部分小说，着重以抒情笔调渲染某种情感氛围，发掘人物内在的精神美、悲剧美、情操美。沈从文《边城》等以湘西社会生活为题材的小说，注重情感的表现和诗的意境的创造。孙犁《白洋淀纪事》以清新秀丽的格调描写解放区新人物的美丽灵魂。与抒情性小说相对的是"哲理性"小说，如西方18世纪的哲理小说，注重表现哲理思想。孟德斯鸠《波斯人信札》、伏尔泰《老实人》、狄德罗《拉摩的侄儿》等，在故事中包含着严肃的思想、深刻的哲理，同抒情小说相比具有强烈的理性色彩。"抒情性"小说，"哲理性"小说同"再现性"小说相比，突出内心情感、思想，可以称作小说中的表现艺术。还有的现代小说，如乔伊斯《尤利西斯》、伍尔夫《到灯塔去》《波浪》等"意识流"小说以及法国"新小说"，中国如王蒙《杂色》，[1]侧重于直接表现人物内心的意识流动过程，不注重情节性、故事性，人物性格显得模糊。同"再现性"小说相比，它是表现艺术；而同"抒情性"小说相比，它更深入到人的内心世界深处、隐秘处，"向内心看"[2]以揭示内心过程为主要使命，因而可以说是小说中表现性极强的。

可见，同样是属于再现艺术的各种小说，再现与表现的组合却有"不同方式，形成不同结构类型，"因而它们也应该具有不同审美标准："再现性"小说要求外部社会存在的再现的"真"，"幻想性"小说要求内心理想的表现的"真"，"抒情性"小说和"哲理性"小说要求内心情感与思想的表现的"真"，而"意识流"小说则要求意识过程的表现的"真"。既有外部活动形象的"真"，也有内部活动形象的"真"；既有客观现实的再现与表现的"真"，也有主观现实的再现与表现的"真"。不同的小说有不同的传达上的标准，不能用此类小说（如"再现性"小说）的标准去强行要求

---

[1] 载《收获》1981年第3期。
[2] ［英］弗吉尼亚·伍尔夫：《现代小说》，《外国文艺》1981年第3期。

彼类小说（如"抒情性"小说）。

绘画、雕塑、小说等再现艺术，都是在再现与表现的统一中更突出再现人们的外部物质生活、社会存在，直接再现而间接表现，不过，随着现代社会对内部生活的日益重视，各门再现艺术正在不断提高表现能力、拓展表现范围，展现出向表现艺术"靠拢"的趋势。

表现艺术

与再现艺术不同，抒情诗、音乐、舞蹈等表现艺术则是以表现为主，再现为辅，即所谓使情成体，使内部活动转化为外部形象（例如诗歌的景语和情语、音乐的声响和旋律、舞蹈的舞姿等）。这正如别林斯基所说："诗的本质就在于给不具形的思想以生动的、感性的美丽的形象。这样看来，思想只是海的泡沫，而诗的形象则是从海的泡沫中诞生出来的爱与美底女神。"①

抒情诗以语言为表现媒介，直接展示人类的心灵过程，可以比再现艺术有更大的表现上的自由。它常常是直接抒发诗人对自我的内心体验、对处于特定社会环境中的自我的存在的忧愤与焦虑，即所谓"直抒胸臆"一类诗。例如《诗经》的《柏舟》、汉乐府民歌《上邪》等。这类诗往往淋漓尽致地表现诗人本身的内心活动（主观现实），不注重外部视象的再现（客观现实），因而情感性、主观性极为强烈。有的诗虚构出"非现实"的"幻象"来表现诗人对自我或对现实的内心体验，如屈原《离骚》《九歌》、李白和李贺的许多诗，以表现内心理想、幻想为主。更多的诗，如中国古典抒情诗，则是主要以外部视象（主要是自然景象）的再现来表现内心活动，即皎然《诗式》所谓"假象见意"、王夫之《姜斋诗话》所谓"情景合一"。有时"我"直接出现（如李白《静夜思》），有时"我"隐没在画中（如李白《望天门山》）。可以写情为主（如陈子昂《登幽州台歌》），可以写景为主（如朱熹《观书有感》），可以情景分写（如王之涣《登鹳雀楼》），还可以情景交融（如李白《早发白帝城》）。还有的诗不是直接抒发自我的情感，而是"揣摸"、"推想"自我以外的人的内心活动，如金昌绪《闺怨》："打起黄莺儿，莫叫枝上啼。啼时惊妾梦，不得到辽西。"朱庆余

---

① ［俄］别列金娜选辑：《别林斯基论文学》，梁真译，新文艺出版社1958年版，第11页。

《闺意献张水部》:"洞房昨夜停红烛,待晓堂前拜舅姑。妆罢低声问夫婿,画眉深浅入时无?"这里就不只是表现主观现实(诗人内心活动),而是主要表现客观现实(他人内心活动)了。

以上几类诗,既有纯粹的诗人内心表现,也有他人的、社会的内心表现;既有本来"不具形"的内心活动的形象表现,也"具形"的外部形象(神态、动作、景物)的再现。抒情诗是表现与再现、自我与社会、主观与客观的统一。在这种统一中,有的突出表现、自我、主观,有的侧重再现、社会、客观。因此不能把抒情诗一概归为"自我表现"。

音乐与抒情诗不同,它以非语义的音响运动来直接表现内心活动,间接再现外在形象。这里的再现与表现也有不同组合方式,许多无标题音乐主要是内心情感的直接表现(摹拟),几乎没有什么确定的外部形象的刻画。一些有标题音乐,如贝多芬《热情奏鸣曲》、阿炳《二泉映月》也以表现为主,不过有所再现(如模拟水声、鸟鸣等)。以具体外形刻画和情节描述为主要使命的标题音乐,则通过自然音响的直接或间接摹拟、文字标题的说明、事物动态的暗示等手段,塑造外部活动形象,展示情节进程,例如《梁山伯与祝英台》《嘎达梅林》《十面埋伏》等。比较而言,第一类表现性最突出,第二类增加了再现因素,第三类则再现性最突出。总之,音乐长于抒情(表现),短于状物(再现);长于概括体现,短于细节刻画。

以人体动作和姿态来表现内心活动的舞蹈艺术,也往往具有几种类型:抒情舞一般以统一的舞姿表现某种和谐的情感,最具有表现性,如《荷花舞》以柔和、轻飘的舞姿描绘了恬静优雅而高洁的诗的意境,渲染了荷花"出淤泥而不染"的高尚情操;以自然事物为表现对象的舞蹈,把自然事物人格化,通过一定的外部再现来抒发情感,如贾作光编的《雁舞》、刀美兰演的《孔雀舞》、陈爱莲演的《蛇舞》,情节舞往往通过外部情节、人物性格的再现来表现内心活动,如《金山战鼓》描绘了梁红玉指挥若定的巾帼英雄形象。这几类舞蹈中,抒情舞可称为表现艺术中的表现艺术,而情节舞则是其中的再现艺术。

表现艺术和再现艺术相比,长于表现内部活动形象,短于再现外部活动形象。因此,为了寻找完美的内在结构,就必须发挥其表现方面的特长,创造富有内在生命力的自然形象和丰富的内心形象。同时,也要注意外部形态的再现，以求努力把丰富的内在生命、内心形象凝定在和谐、完美的外部形态之中。

综合艺术

戏剧、电影等综合艺术把文学、音乐、舞蹈、绘画等多种艺术类型统一在一个更复杂的艺术类型之中，因而再现与表现的组合方式呈现复杂情形。

戏剧以舞台表演形式"演出"有一定发展过程的虚构故事，比单一的再现艺术或表现艺术具有更大的再现和表现能力。话剧，无论是悲剧、喜剧还是正剧，往往能够通过再现外部社会存在和表现内部情感活动，造成"生活幻觉"。其中有侧重于再现外部形体动作的"表现"派戏剧（如布莱希特体系），又有侧重于表现内部心理体验的"体验"派戏剧（如斯坦尼斯拉夫斯基体系）。与话剧不同，歌剧、舞剧、戏曲则是要破除"生活幻觉"。它们往往同音乐、舞蹈结合在一起，以音乐、舞蹈的表现特性为基础来再现外部生活。其再现因素虽然比音乐、舞蹈等表现艺术强，但仍以表现为主。戏曲与话剧相比，表现因素又很突出，虽然要塑造外部形体动作，但更注重内心活动的表现。如果说话剧是戏剧中的再现艺术，那么戏曲则是戏剧中的表现艺术。

电影，被认为是最具有综合性、群众性和现代性的艺术。它以"蒙太奇"为基本手段，构成运动着的画面形象——银幕形象，从而再现外部社会生活，表现内部精神生活，作用于观众的视觉和听觉。电影综合了几乎所有部类的艺术的再现与表现特长，可以更自由地再现和表现。在这里，再现因素与表现因素的组合也具有不同方式。纪实性电影，如50年代意大利"新现实主义"电影《偷自行车的人》《警察与小偷》，力图克服电影中的戏剧假定性，以高度纪实性反映现实对象的外部运动（如日常生活、家庭琐事、伦理问题等），寓典型概括于更不着痕迹的记录式结构中。50年代末，随着社会的直接表现内心生活的需要的日益增长，意识性电影应运而生。如法国"新浪潮"电影，以意识流文学作品的创作经验为基础，利用镜头内部运动、心理太奇、主观摄影、时空自由等手段，直接表现意识活动领域，即使"意识银幕化"。再如《巴山夜雨》《小街》等影片突出内心刻画，渲染情感氛围。还有许多电影，很难把它归入上述某类，既以高度的纪实性，通过情节、环境、冲突再现外部生活，同时又着力刻画有关人物的细微复杂的内部生活，从而把再现与表现更复杂地统一起来。《警察局长的自白》不仅有紧张惊险的情节、环境、人物命运的再现，而且也有警察局长的复杂心理的表现。《这里黎明静悄悄》以纪实性电影（黑白片）与意识性电影（彩色片）相交错剪辑的形式，既刻画了战争中人物的外部行动、命运，又抒发了他们丰富复杂的内心活动（理想、幻想、回忆、展望、悲痛、恐惧、勇敢、欢乐等）。比较而言，纪实性电影再现性强而表现性弱，属于电影中的再现艺术；意识性电影表现性强而再现性弱，属于电影中的表现艺术。

综上所述，再现与表现是有机地贯串于内在结构的两个基本因素。它们在不同的艺术品中有不同的组合方式，由此而形成再现艺术、表现艺术、综合艺术之分。不过，任何艺术都是再现与表现的统一。

同时，应该看到，艺术家从来都不只满足于忠实地描写现实的，他往往要从审美理想的高度来把握它们，作出自己的审美评价。审美理想是关于完善的美的观念，是完善的人类存在方式（活动方式）在观念形态上的反映。鲁迅要求艺术家"内心有理想的光"①，因为"文艺是国民精神所发的火光，同时也是引导国民精神前途的灯火"②。别林斯基写道："任何一种否定，要成之为生动的和富于诗意的，都必须是为了理想而作的。"③巴尔扎克认为："艺术家的使命就是创造伟大的典型，并将完美的人物提到理想的高度。"④可见，艺术一方面应当力求再现与表现的现实性，另一方面也应力求再现与表现的理想性。艺术应当是现实与理想的统一。这种统一依据再现与表现的不同，而可以组合成四种类型：再现—现实的，再现—理想的，表现—现实的，表现—理想的。

有的艺术突出再现—现实，如现实主义的绘画（列宾《突然归来》）、雕塑（罗丹《青铜时代》）、诗歌（杜甫《三吏》）、小说（《人间喜剧》）、戏剧（《雷雨》）、电影（《早春二月》）等，主要揭示外部生活的现实性。

---

① 《鲁迅全集》第1卷，人民文学出版社1981年版，第194、240页。
② 《鲁迅全集》第1卷，人民文学出版社1981年版，第194、240页。
③ ［俄］别林斯基：《别林斯基选集》第2卷，满涛译，时代出版社1952年版，第399页。
④ ［法］达尔文：《巴尔扎克〈十九世纪风俗研究〉序言》，《古典文艺理论译丛》（三），人民文学出版社1962年版，第168页。

有的艺术突出再现—理想，如浪漫主义的绘画（德拉克洛瓦的许多作品）、诗歌（古代的一些田园诗）、小说（《巴黎圣母院》、抒情性小说）、戏剧（郭沫若《屈原》）等，或者把内心理想化成外部生活形象，或者赋予作品以某种理想形象，及揭示外部生活的理想性。有的艺术突出表现—现实，如一些现实主义小说力求心理刻画的真实（如托尔斯泰、陀斯妥耶夫斯基、茨威格等的出色的心理描写），再如一些"直抒胸臆"的或推想他人内心的抒情诗，也努力真实地表现内心活动。西方现代主义艺术更主张直接表现内心对于当代社会的"异化"现实的荒诞感、悲剧感，毫不讳饰。荒诞派戏剧创始人尤奈斯库说：戏剧"是精神原动力的具体化，是内心斗争在舞台上的一幅投影图，是内心世界的一幅投影图"[①]。他的作品《秃头歌女》正是这种艺术观的体现。这类作品的特点是揭示内部生活的现实性。有的艺术突出表现—理想，如一些浪漫主义诗歌（李白《梦游天姥吟留别》、郭沫若《女神》）、音乐（莫扎特《D大调第四小提琴协奏曲》以昂奋、欢快的曲调抒发了对美好生活的理想）、抒情舞（《荷花舞》）等，主要直接发现内心生活的理想性。现实与理想在各类艺术中还有更为复杂的表现形态，需要作更具体的分析。总之，任何艺术品的内在结构都应当是现实与理想的统一。

　　由上可知，"再现"与"表现"具有广阔的传达领域。再现既可以指艺术家以外的社会物质生活，也可以指艺术家本人的个人物质生活；表现既可以指艺术家以外的社会精神生活，也可以指艺术家本人的个人精神生活。同时，再现或表现既可以主要是现实的，也可以主要是理想的。那种把"再现"规定为反映艺术以外的"客观世界"，而把"表现"规定为反映艺术家本人的"主观世界"的说法，显然会把艺术家本人的个人物质生活从再现艺术中排挤出去，同时把艺术家以外的社会精神生活从表现艺术中排挤出去，从而导致缩小再现艺术和表现艺术的范围。例如表现艺术，《闺怨》一类诗就主要表现艺术家以外的他人的内心活动，即使是抒情诗、音乐、舞蹈中表现性极强的，也很难说就只是表现"自我"，抒艺术家个人之"情"，实际上它们常常是某种社会的、普遍的情感的集合体。因此，

[①] ［法］尤奈斯库：《起点》，伍蠡甫主编：《现代西方文论选》，上海译文出版社1983年版，第352页。

比较恰当的办法，是根据两种活动形式的区分及其具有共同结构的观点，根据两种审美体验形式（外部活动的体验与内部活动的体验）的区分，来规定再现和表现。只有这样才能真正找到解决艺术结构的本质问题的正确途径。

（原载《文艺美学》1985年第1辑，内蒙古人民出版社1985年版）

第二辑

语言与修辞论美学

走向修辞论美学

——90年代中国美学的修辞论转向

进入90年代以来,中国审美文化正在发生明显变化:与80年代崇尚理性批判、思想启蒙或语言纯洁性不同,转而注重语言的修饰、美化或调整,即修辞。大众文化凭借先进的大众传媒如电影电视语言、电脑语言、广告语言等的威力几乎无所不在地产生影响。精英文化和主流文化也竞相刻意修辞以便夺回日益疏远的公众。广义的修辞如美食、美文、美容、美发、居室装饰、环境美化等,取代尚简求实遗风,在日常生活中发挥日益重要作用。尽管这种讲究修辞的时尚往往伴随华而不实的幻象制作与消费,但毕竟向我们显示:修辞已成为90年代中国审美文化的一个新趋势。

作为审美文化的一环,美学也从注重认识、体验或语言转向注重修辞。探索美学与更大的审美文化语境的关系固然必要,但这里只能暂且从美学自身的内在演进角度,简要地阐明这种修辞论转向,并尝试提出修辞论美学的初步构想。

一、中国现代美学的第三次转向

自20世纪初肇端而延续至今的中国现代美学,曾经发生过两次重大"转向"。第一次是世纪初的双重"转向":在古典美学衰落和西方美学强势切入的危机情境中,梁启超和王国维分别开启了认识论转向和感兴论转向。王国维及后继者宗白华力图以西方体验美学为参照,以"意境"范畴为中心,建立中国现代感兴论美学。这种美学由于缺乏合适土壤而长期居于边缘,直到80年代才重振旗鼓。梁启超以"小说界革命"为主而发动的认识论转向则要"幸运"得多：由于20世纪中国文化语境的特殊需要和苏联美学的适时输入，终于在30至40年代初创、而在50年代确立起中国现代美学中的主流形态——认识论美学。可以说，第一次转向的结果是开创了认识论美学和感兴论美学，并规定了它们各自的主流（中心）与支流（边缘）地位。

第二次则是80年代的语言论转向：以"方法论热"为标志，来自西方的系统论、信息论、符号学、叙事学、分析美学、阐释学等广义语言论模型被引入中国美学，产生强劲冲击力。进入90年代，中国当代美学（诗学）来到又一个重要的"转向"关口。多形态美学格局的形成，既宣告过去一体化美学格局的解体，又显示出新的"转向"的可能性。新的"转向"的可能性或许多种多样，各有其缘由，但我们相信，修辞论转向是其中一种必然趋势，相应地，修辞论美学的建立也有其充分理由。

修辞论转向，中国现代美学的第三次转向！

二、当前多形态美学格局

对90年代中国美学现状，人们自然可以从不同角度去考察。从美学得以建立其上的理论基础来看，不难发现：以认识论为基础的认识论美学已经失去其一统天下或一体化格局，而不得不正视复兴的感兴论美学和新起的语言论美学，从而形成多形态美学格局。这是由"一"向"多"的重大变化。认识论美学，萌芽于20世纪初，兴起于30、40年代，到50年代"美学热"时定型，而延续到80年代，在20世纪中国美学中长期处于支配地位。它是20世纪中国文化语境对世纪初以来彼此交战的种种美学（如唯美主义、表现主义、移情主义、弗洛依德主义等）加以选择的必然结果。由于中国古典文化在西方文化的强势挤压下全面崩溃，以西方文化为参照系从事现代性启蒙和民族救亡工程，以便重建中国的中心形象，就成为迫切的文化危机课题。这一危机课题的解决需要一种社会功利性艺术和美学去辅佐，于是产生了认识论美学。这种美学大致可以看作苏联美学、德国古典美学和中国古典美学中的功利论传统在20世纪中国文化语境中相融合的产物。其间存在客观派（自然派）、主观派、主客观统一派和社会派等不同派别之争，这些派别在80年代新的"美学热"中也曾经历过各自有别的新的发展或修正。但是，它们作为认识论美学的那些总特征却是普遍一致的和一贯的：以美的本质为中心问题，把审美从根本上看作一种认识。强调内容决定形式，笃信美学是科学并能指导其它学问，主张建立统一、完整而宏大的美学体系，重视审美和艺术的社会功利，等等。①

随着以市场经济为依托的新的文化语境的形成，认识论美学在20世纪中国美学中的盟主地位逐渐衰落。它仍然显示自身的威严与影响，并在某些方面作为"传统"而独具魅力，但毕竟又不得不正视感兴论美学和语言论美学这两个新的对手和伙伴。

比起认识论美学这最强音来，感兴论美学在20世纪的声音要微弱得多。它虽古已有之，并在20世纪初（王国维、宗白华、邓以蛰等）曾活跃一时，但在当代却是直到80年代才仿佛鸣放其动人音调的。它看起来受到西方作为认识论美学的反叛而出现的生命美学、表现主义美学和存在主义美学的影响，但在根底里，更多的是来源于中国古典美学传统，即与儒道禅美学中的感兴论美学或体验美学传统有更深厚的渊源。按照感兴论，审美与艺术是个体的生命直觉或体验的结晶，超越于日常理智、逻辑的规范之上，往往"意在言外"，"言有尽而意有余"，故美学的任务是以"诗化"的方式去"意会"、"体味"，"点到即止"。当中国古典文化在西方冲击下解体，中国知识分子急切地寻觅安身之地、而西方19、20世纪体验美学（歌德、席勒、尼采、柏格森、狄尔泰等）恰好提供出富于感召力的认同镜像时，这种感兴论传统就获得其现代转型形态。不妨说，现代感兴论美学是中国古典感兴论美学（体验美学）与19、20世纪德国体验美学在20世纪文化语境中发生融合的结果。宗白华的《美学散步》（1981）、《美学与意境》（1987），以及王朝闻的一系列著述，是感兴论美学的集大成者和典型形态。刘小枫《诗化哲学》（1986）、笔者《意义的瞬间生成》（1988）和《审美体验论》（1992），及其他学者的同类论述，则是要在80、90年代语境中追踪这一脚步。

宗白华相信，认识论美学并不一定是当代美学的唯一合法与合理形

---

① 参见蒋孔阳：《建国以来我国关于美学问题的讨论》，《复旦学报》1979年第5期。

远近幽深
—— 艺术体验、修辞和公赏力

态,"美学的内容,不一定在于哲学的分析、逻辑的考察,也可以在于人物的趣谈、风度和行动,可以在于艺术家的实践所启示的美的体会与体验。"[1]因而,在重"分析"与"逻辑"的认识论美学之外,建立并发展重"趣谈"、"风度"、"体验"的感兴论美学,同样是合理的。而且,这从发展中国美学自身的独特品格来说,更具有不容忽视的重要性和迫切性。以宗白华为代表的中国当代感兴论美学及其新近发展,处处显露出与认识论美学不同的风貌:不是美的本质而是审美体验才是美学的中心问题;审美不同于一般认识、经验,而是更深层而令人震撼的人生体验;审美形式不再简单从属于审美内容,而是具有独立价值;美学不同于一般科学而呈现出诗化特征;美学文体不一定是"理论性"与"系统性"的,而可以是"诗性"的,等等。

比较而言,认识论美学与感兴论美学各有千秋。认识论美学基本上是一种理性主义和乐观主义美学,它相信审美现象都可以凭理性说清,由于如此,体现出一种人类定能认识、改造世界的乐观主义信念。感兴论美学则是在如下"压力"下产生的:理性真的如此万能吗?审美现象真的可以如此容易地说清吗?美学已成为或能成为一门"科学"吗?愈是持续这种追问,人们愈会发现认识论美学的局限:对理性能力的过分信赖和对感性能力的过度轻视,以及为着思辨理论的体系性而忽略对具体的现实存在境遇的认真关注。人们意识到,理性总会有局限的,无法单独把握审美这种复杂的直觉现象;相反,应当充分依赖活生生的感性,因为它更切近审美本身。相应地,它不再持简单的乐观主义或悲观主义态度,而是更愿意正视人生的有限、矛盾和苦难等及其超越——审美的超越。在我们今日看来,认识论美学和感兴论美学诚然彼此不同,但并不一定截然对立;同时,它们并无高低之别,对错之分。两者分别从理性和感性角度考察审美现象,从理想角度看,恰好构成对对方的补正。

问题在于,中国当代美学依靠这两种美学形态是否就能达到完美结局了呢?如果没有西方语言论美学所发出的新挑战,我们本来似乎是可以心满意足、高枕无忧的。不期这西方来客擅自闯入,以其语言研究成果而令

---

[1] 宗白华:《美学与意境》,人民出版社1987年版,第422页。

人惊异，在我们面前打开了一个新奇的语言世界。[①]相形之下，中国当代美学的症候就即刻显示出来了：未能给予语言以应有重视。认识论美学一向重内容而轻形式，突出语言所叙述的世界而忽略语言本身；感兴论美学虽然开始关注形式、语言的独特魅力，但在追究这种魅力时仍然囿于个体体验视界，拿不出有效的具体手段，因而给人的印象还是对语言缺乏足够认识。

正是为着弥补认识论美学和感兴论美学的缺憾，"回击"西方语言论美学的挑战，中国当代美学也出现了它的语言论形态。这种新美学是从美学的边缘薄弱地带——艺术理论和批评中破土而出的。80年代中期的"方法论"热，可视为其先声。自80年代后期起，《当代电影》杂志一面译介西方电影符号学、叙事学、心理分析学、意识形态批评、新历史主义、解构主义等语言论美学，一面运用语言学模型分析中国电影或文学文本，一度扮演中国语言论美学的"前卫"角色。与此同时，在文学领域，当文学理论还与电影理论一样沉醉于认识论或感兴论的梦乡时，位居边缘的具体的文学批评和文学史也已充当语言论美学理论的"前卫"。从《文艺争鸣》《当代作家评论》《批评家》《上海文论》《钟山》等杂志上，可以看到西方语言论美学中的结构主义、解构主义、新历史主义、阐释学等正畅行于中国文学文本之中。而在近年，随着研究的进展，更厚实的语言论美学著述已经呼之欲出了。就现有情形看，这种语言论美学诚然无法与西方语言论美学等而视之或等量齐观，但毕竟已显露出它区别于认识论美学和感性论美学的特征：从理性中心转入语言中心；重形式而轻内容。或让内容变为形式：取消美的本质、艺术的本质等形而上问题而专注于具体文本分析；具体文本可以凭语言学模型去把握，等等。

这样，语言论美学与认识论美学和感兴论美学一道，成为当前中国美学多形态格局中的三大主要形态。当然，还会有其它形态，这里只论及最主要的三种。应当看到，三大美学的各自孤立发展格局是不完善的，需要谋求真正新的综合形态。新的"综合"将是新的理论"转向"的标志。

---

① 参见拙作《语言乌托邦》，云南人民出版社1994年版；《语言的胜境》，海南出版社1993年版。

三、新的综合与修辞论转向

以上述三大美学为主干的多形态美学取代认识论美学一体化格局，是中国当代美学发展中的必然趋势。这种由"一"向"多"的演进，丰富和活跃了美学研究，为人们把握审美和艺术显示了更宽阔的前景。它表明，在审美和艺术领域，不应只允许唯一权威话语的"独白"，而应让种种不同声音参与"争鸣"，形成巴赫金所谓"杂语"（heteroglossia）局面。然而，另一方面，这种多形态格局同时也暴露出当前美学的一个或隐或显的深刻危机：如果各种美学都仅仅满足于孤芳自赏或自言自语，那么，美学的杂语对话局面就难以形成。确实，从近年美学出版物（论文、专著、评介等）的内容看，或者从一些刊物彼此之间的泾渭分明的情形看，认识论美学、感兴论美学和语言论美学之间往往相互缄默不语或冷言冷语（间或恶语相向）。这种彼此疏离而缺少对话的美学格局。是不宜于美学的健康发展的，因而也不可能持久存在。

美学的健康发展需要一种新的"转向"。但这种"转向"在目前条件下不大可能把美学引入全新的胜境。也就是说，目前还不可能产生真正令人耳目一新的新美学。90年代中国文化语境的贫瘠的卡里斯马构架，还无法孕育出能使人倾心服膺的创造性美学。比较实际的考虑，是在以三大美学为主干的多形态美学中，寻求新的综合的可能性。这意味着把认识论美学、感兴论美学和语言论美学的某些方面综合到一起，形成一种多少有着新面貌的、利于彼此沟通的、又能有效地行使美学职能的新的美学。

这种新的综合进程不妨称为"修辞论转向"，相应地，这种新的美学就是"修辞论美学"。

修辞论转向，是在复杂压力下发生的。"修辞论"是狭义"修辞学"概念的一种宽泛引申。粗略讲，它指一种为造成实际社会效果而运用语辞的艺术，或者在特定文化语境中阐释语辞的思维方式或技巧。它的关注的重心在语辞构成品即话语与文化语境的相互依赖关系：一方面，话语产生于特定文化语境；另一方面，话语又反过来影响文化语境。所谓修辞论转向，正是要解决当前美学中话语与文化语境互赖关系的失落或遗忘问题。这种解决的需要来自于如下压力：首先，认识论美学往往为着内容而牺牲形式，为着思想而丢弃语言，这就需要把为语言论美学所重视的形式或语言问题提上议事日程；其次，感兴论美学常常在标举个体体验时，忽视语言论美学所惯用的模型化或系统化立场，这就要求把语言学模型的运用置入美学之中；最后，语言论美学本身在执著于形式、语言或模型方面时，易于遗忘更根本的、为认识论美学所擅长的历史视界，于是有语言的历史化呼声。这三股压力形成一股更大的"合力"，要求把认识论美学的内容分析和历史视界、感兴论美学的个体体验崇尚、语言论美学的语言中心立场和模型化主张这三者综合起来，相互倚重和补缺，以便建立一种新的美学。这实际上就是要达到修辞论视界：任何艺术都可以视为话语，而话语与文化语境具有互赖关系，这种互赖关系又受制于更根本的历史。显然，上述三种美学的困境及摆脱这种困境的压力，导致了修辞论转向。修辞论转向，成为摆脱当前中国美学困境的一种必然选择。这里说"一种"，意思是说还可能有其他选择，但这一选择自有其必然性和充分理由。

四、走向修辞论美学

修辞论转向与修辞论美学，其实是同一个东西的两种不同表述：前者突出转变进程，后者侧重形态特征；而转变进程已显露形态特征，同样，形态特征体现在转变进程之中。所以，我们无论使用修辞论转向还是修辞论美学，含义是大体一致的，而仅仅是重点略异。要在多形态美学格局中实现修辞论转向，需要同时展开如下几种重要转变性进程。

第一，内容的形式化。这主要是针对认识论美学来说的。认识论美学凭借理性主义的高度乐观和自信，从作为中心的理性概念推导出它在艺术中的具体演化形态——内容，并把内容分析发展到前所未有的极致。在内容分析框架中，主题思想、典型性格、时代精神、社会效果、历史、意识形态等问题相继展开，并呈现高度整体性和体系性。可以说，认识论美学的主要成就集中体现在内容分析体系之中，这是古往今来的其他任何美学流派难以企及的优势。对这一点，连它的敌手如韦勒克等也不得不承认。

但是，当这种以内容分析为特色的美学在"文革"中被引入超量膨胀的极端从而声威俱降，尤其当中国文化语境发生根本变化时，它的弊端、它的衰落趋势就不得不显露出来。特别重要的是，面对80年代裂岸涌来的西方语言论美学，它更在形式分析方面进一步暴露出其弱点。在今日修辞论转向进程中，轻易地抛弃认识论美学遗产是不明智的，而需要使它获得创造性转型——即让内容形式化。

　　与过去把内容与形式相隔裂、使形式从属于内容不同，内容的形式化意味着把内容视为形式，当作形式，运用形式分析技巧去加以研究。这并不是要以形式取消、代替内容，而是把内容镶嵌在形式框架中。换言之，当我们把内容看作形式时，就能从形式中更清晰地瞥见内容的面貌。而另一方面，当代艺术的内容变化也往往是自觉通过形式变化实现的。马原的《冈底斯的诱惑》写的是内地青年姚亮和陆高去西藏探奇而一无所获，这种明显的拆解"寻根"文学的企图是由精心设计的叙述方式实现的。把看天葬和探野人两件事不断交错、颠倒、割裂开来叙述，就拆碎了"寻根"特有的神圣、庄重意味，阻止了读者的情感投入，从而表明"寻根"本身的虚假性。而我们对这种形式的分析就恰恰成为内容分析。同理，透过鲁迅小说的"民族寓言"性、《新中国未来记》的"四不像"文体、20年代末"革命加恋爱"小说中的重复和双重文本，以及20世纪小说中主人公—帮手模式的演化等形式因素，内容能展示出更明晰的外观，也流溢出新的意味。

　　第二，体验的模型化。感兴论美学一向长于以"点到即止"的诗化方式发掘文本的体验意味。这种诗化方式在接近、还原或深化体验方面是认识论美学和语言论美学都无法企及的，这一传统应当得以保存和发扬。但同时，单纯追求体验的无法理喻、难以言传等直觉特征，又容易遁入神秘论绝境。摆脱这种绝境而又同时尊重感兴论美学的体验崇尚传统的合适途径，是有限而果断地输入语言论美学的某些语言学模型，即形成体验的模型化。语言学模型诚然不是万能的，它在单独发挥作用时往往显出片面性（割断历史纽带），但如果加以调整、修正，并移置到历史根基上，就能在深探体验时显出独特效能来。把体验模型化，就是运用语言学模型去分析体验，或者把体验带入语言学模型中去，借助一定的理智或逻辑框架使其成为可以理解的。例如，格雷马斯的"符号矩阵"，在经过修正后可以用来阐释中国现代小说中的人物结构（如《老残游记》第一回、《祝福》《创业史》《青春之歌》《金光大道》等），并透过人物结构而窥见对深层历史的体验。拉康的"三角结构"同样可以应用于一些小说的分析。同理，列维—斯特劳斯的二元对立模型、巴尔特的两级符号系统和五符码阐释模型、热奈特的叙述学理论等，可以审慎地借挪过来阐释体验。但是，把体验模型化还不是最终步骤。最后仍需要超越模型而深入历史土壤。语言学模型只是进入历史的必要通道。

第三，语言的历史化。语言论美学虽然在深探语言的魅力方面成效卓著，并在拆除感兴论美学的神秘偏向方面贡献颇大，然而容易遗忘根本的历史视界。这就需要使语言论美学所标举的语言历史化。这里的语言的历史化有两层含义：一是语言（符号）构成物如话语的历史化，即把语言构成物视为历史过程的产物和影响历史过程的力量；二是语言学模型的历史化，即把这些非历史的模型统合在历史阐释框架中，服务于历史阐释。就第一层次而言，应把话语的变化看作历史变化过程的复杂表征，例如80年代后期中国小说中现代卡里斯马典型的衰落和大分裂，恰是20世纪中国历史的演变的痕迹，同时，它又反过来影响了这种历史演变。就第二层次看，要让"符号矩阵"、"三角结构"等语言学模型成为显现历史的通道或工具。我们从20世纪现代小说符号矩阵的内涵演化，可以领略更深刻的历史变迁。

第四，理论的批评化。我们的美学要把认识论美学、感兴论美学和语言论美学综合起来，即具体地使内容形式化、体验模型化和语言历史化，就需要并且势必让理论批评化。在中国古典传统中，理论与批评并无明显分野。理论总具体体现在批评中，批评本身就是理论显现的过程。也就是说，理论总是由对具体文本的阐释传达出来，而没有必要单独供奉起来。但随着现代认识论美学的确立，理论终于从批评中独立出来，升入至高无上宝座。理论是指导批评的，是中心；批评不过是理论的运用，是边缘。当理论愈益远离批评沃土而遁入空气稀薄的高空时，就有必要使它重返大地吸饮新的灵气。这样，理论的批评化，意味着理论暂且抛弃指导一切的自尊，把自己"下降"为具体文本的批评，在批评中重新建构自我。这种批评性理论诚然会使理论失去普遍指导意义，但却是必要的，不能为着虚假的普遍有效性而牺牲具体、特殊。这样的理论在表述文体上就不会再追求系统或体系性，而是认可独立论文或单篇论著的必要性。当然，独立论文之间诚然不求系统性，但讲究条理、关联或呼应却是可能的，也是必要的。因为，这样的批评性理论才能相互呼应地把握历史根基（我的《中国现代卡里斯马典型——20世纪小说人物的修辞论阐释》一书，正是这种理论的批评化尝试）。上述四"化"（内容形式化、体验模型化、语言历史化和理论批评化）之间彼此各有针对性或侧重点，但共同地、相互呼应地指向一个意图：艺术话语同历史不可分割的联系。修辞论美学所悉心关注的，正是艺术话语同历史不可分割的联系。

五、话语与文化语境

应当看到，修辞论美学并不直接追问话语—历史关系，而是首先把这种关系置于特定文化语境中。因为，历史本身往往是无所不在而又无形的，令人难以捉摸，需要借一定的"舞台"亮相。这种历史在其中亮相的舞台正是文化。文化当其成为围绕话语、影响话语又受话语影响的语言性环境时，它就是文化语境了。因此，对话语—历史关系的追问，直接地就是对话语—文化语境关系的阐释。

我们尝试把影响艺术话语同时又反过来为它所影响的总的社会性语言情境称作文化语境。各种相关的社会性因素如政治、经济、哲学和伦理等，当其被当作话语形态处理时，就成为文化语境。正像我们要理解某一句话而必须联系其周围的具体语境（上下文）一样，要理解艺术话语，就需要考察它所缠绕于其中的复杂的文化语境。如果说，具体艺术话语（一部小说、一首乐曲等）是一则个人"小文本"。那么，文化语境则是隐蔽地活跃于其间并起着支配作用的社会性"巨型文本"。换言之，文化语境恰似"话语的地图"，它为我们理解话语标明方位、地形、线路等，使我们不致迷失在话语的迷宫之中。同理，我们也只有重建起这种文化语境。才能理解话语的意义。一般说来，文化语境通常涉及如下一些问题：基本价值体系。这是左右特定时代人们话语行为的种种相互冲突的情感、理智、信仰、规范的通称。它负责回答时代的中心价值问题，这自然与韦伯、希尔斯和林毓生等强调的"卡里斯马"（charisma）有关。中心价值借助卡里斯马符号而形成基本价值体系。这种基本价值体系是文化赖以维系的内在支柱。但是，它的内部不可能总是同一的，而往往交织着不同价值体系的冲突。这种冲突一时无法调解，就可能导致基本价值体系失范，形成强大的文化压力，迫使艺术话语产生。

文化压力。指由基本价值体系的冲突或失范而形成的迫使人们寻求化解的力量。冲突愈剧烈，危机就愈深重，化解的需要就愈迫切，而文化压力就愈强劲。鲁迅的《狂人日记》《祝福》等小说正是迫于强劲的文化压力写作成的。艺术话语使文化压力获得审美置换。

审美惯例。这是来自过去的有关艺术创造和接受的审美规范的总称，含审美理想、艺术法则、叙述方式、抒情程式等。只有依赖于对固有审美惯例的学习、破坏或更新，审美置换才能成功。梁启超《新中国未来记》在文体上的缺陷，是由于背负的文化压力过重而又无法找到合适的审美惯例，到了鲁迅的《狂人日记》，新的属于现代小说的审美惯例才趋于成熟。

文化原料。指用以加工、制作、虚构以便创造艺术话语的有关素材，包括亲身体验、间接体验、过去或同时代各种文本，甚至逸闻掌故等。

文化战略。如上因素的结合可以显示特定时代的基本话语冲突焦点及相应的应战措施，这正是文化战略。它更多地是在无意识层次运作，不能简单等同于所谓"时代精神"等，尤其需要关注的是权力在其中的无意识运作。艺术话语是文化战略中的一个环节。

上述问题构成文化语境的主要方面。在20世纪中国，这种文化语境就集中体现在"现代性工程"或"新文化工程"上。由于中国古典价值体系在西方冲击下解体，巨大的文化压力随即产生。迫切要求参照西方他者而建设中国新文化。从而艺术被赋予创造相应的卡里斯马符号的重任。这种艺术创造需要面对审美惯例、依赖文化素材、遵循文化战略进行。我们重建起这些情势，把具体文本置放其中加以理解，发现文本的产生和发挥影响的情形，并进而窥探深层的微妙的历史。这正是话语—文化语境阐释的主要内容，从而也是修辞论美学的基本工作。

这就是说，修辞论美学意味着把特定艺术话语置于文化语境中，阐释它与文化语境之间的相互依赖即互赖关系，并进而把握更深的难以捉摸而又根本的历史。

六、修辞与修辞性

由于注重话语—文化语境的互赖关系。修辞就取代认识、体验和语言而成为修辞论美学的主要问题。修辞，简单讲，就是指组织并调整话语以适应特定语境中的表达要求，或者为造成特定语境中的表达效果而组织并调整话语。在这里，认识论美学、感兴论美学和语言论美学分别关心的对世界的认识、对个体存在的体验和语言对世界与存在的支配性能，都未曾被淡忘，不过被综合到为达成表达效果而从事的话语组织与调整实践之中。对世界的认识和对个体存在的体验，必然凝聚为话语的组织与调整实践；而话语组织与调整实践又不是要修筑一个为语言论美学所标榜的内在自足的封闭语言世界，而是要造就感染力强劲、效果显著的开放的话语机构。所谓"修辞立其诚"正是表明，话语调整（修辞）的目的是要在社会的他人之中确立个体的富于感召力的内在精神形象（诚）。"言之无文，行而不远"道出相近意思：语句（言）如果缺乏文采（文），就使说话人在听话人眼中显得缺乏感召力，从而他的行动或实践就难以顺利进行。因此，修辞等于是认识、体验和语言三者的综合，它尤其注重为着造成实际感染效果而组织和调整话语。这里的"修"，不是简单的外在修饰或润饰，而是以实际效果为目的的组织和调整。这里的"辞"，看起来是话语，但当它的效果直接关涉人的生存状况时，它实际上就具有人的生存方式或生活形式的性质。正如海德格尔所说，"语言是存在的寓所"；也如维特根斯坦所云，"想象一种语言意味着想象一种生活形式"；伽达默尔也说出了近似的见解："能被理解的存在是语言"。由此，修辞概念的本体含义也已显示出来。

修辞论美学的独特处，在于把艺术视为这样一种为造成特定文化语境中的表达效果而组织和调整话语的修辞现象。这样一来，艺术的修辞性就是头等重要的了。它在这里有两层意思：一是话语—语境互赖性，二是生存智慧性。

话语—语境互赖性，是艺术的修辞性的最直接含义。我们已知道，认识论美学注重的是认识性，认为话语能使人理性地认识现实世界；感兴论美学突出体验性，相信话语能让人感性地体验个体的在世存在的价值，获得自我理解；语言论美学重视语言性，主张话语是赋予秩序或规范的逻辑力量，能使人合乎规范地理解现实世界。与此不同，修辞论美学所标举的修辞性，首先强调艺术话语拥有一种与文化语境的互赖关系。互赖关系，与通常独立事物间的互动（相互作用）关系不同，指两种或两种以上事物间在阐释上相互依存的情形。艺术话语与文化语境的互赖关系表现为两方面：一方面，艺术话语的创造来自文化语境的强大压力，从而对这种话语的来由的理解必然依赖于对文化语境的重建；另一方面，这种话语一旦创造出来，就可能对文化语境产生感染效果，参与其内在冲突或危机的解决，从而对这种话语的功能的理解也必然依赖于对文化语境的阐明。反过来说也一样，要理解特定的文化，就无法离开对特定艺术话语的理解。可见，文化语境的需要催生出艺术话语，依赖这种话语以其巨大感召力去解决危机，因而这种话语的意义就不能从它自身而只能从文化语境中拖曳出来。这里重要的不是话语本身的语言构造，而是语言构造如何在文化语境中产生并发挥实际效果。因此，艺术的修辞性首先和直接指话语与文化语境在存在上的互赖性和在实际效果上的互赖性。

其实，艺术的修辞性，在更宽广和深刻意义上，正显示了人的生存智慧性。人们生存于世，并不是简单地生存于房屋、家庭、邻里、村镇、社团、山川等自然和社会环境之中，而是生存于按一定话语规范组织起来的自然和社会环境中。这种自然和社会环境只有依赖于话语的组织和调整，才能成为人的现实生存环境。人的生存离不开旨在组织和调整现实环境的话语实践，话语规范被人创造出来，正是为着达到组织和调整现实生存环境的目的。艺术，正是这样的话语规范或话语实践之一。艺术被创造出来，恰是要组织和调整人的生存。如此，艺术的修辞性不过是人的生存的修辞性的一种显示。

这时，艺术作为修辞。就不是一般的话语组织和调整，而是同伽达默尔所谓人的"实践智慧"相联系的东西。修辞，就是为适应特定现实环境的需要而组织和调整话语，以便富于智慧地生存。因此。修辞实际上是人的生存的智慧或智慧的生存。作为生存的智慧，修辞是人的实际生活的组织和调整方式；作为智慧的生存，修辞则是人的经过组织和调整的实际生活。这两方面实为同一个意思，指人的生存与话语组织和调整在本体上的关联性。所谓修辞性，正是指艺术作为人的生存智慧的特性，即人的实际生活与话语组织和调整在本体上的关联性。艺术的修辞性就表现在，艺术成为实际生活中难以组织或调整的矛盾、混乱或危机的象征性置换形式。也就是说，艺术以其特有的话语组织或调整，象征性（想象性和符号性）地置换了实际生活中难以解决的种种矛盾、混乱或危机，从而间接地影响这些实际生活问题的解决。

由此可见，艺术的修辞性，首先直接地指话语与文化语境的互赖性，其次间接而深广地指艺术话语的生存智慧性。这里的互赖性突出艺术的话语与其文化语境在阐释上的不可分割的相互依存性，是从"小文本"与"巨型文本"的关系上说的；而生存智慧性则强调艺术的话语组织和调整与人的实际生活在本体上的关联性。总之，艺术的修辞性在于，艺术具有话语与文化语境的互赖性和话语的生存智慧性。还可以由此进一步申论说，人归根到底是修辞的动物。因为，人的生存是无法与话语组织和调整分离开的。卡西尔的"人是象征的动物"和海德格尔的"人是说话的动物"的说法，虽然分别注意到人的生存与象征（符号）行为、与语言行为在本体上的关联性，这是具有深刻意义的"发现"；但是，他们却忽略了这种象征行为或语言行为与文化语境的互赖性，以及对于人的生存智慧性。人们讲究修辞，归根到底是要使实际生活富于智慧。即是在多种可能性中选择真正富于智慧的生存。换言之，追求修辞效果，正是在追求富于智慧的生存。艺术，不正是人追求生存智慧的结晶吗？所以不妨说。人是修辞的动物，而艺术正是人的修辞性的展现。

七、修辞论阐释框架

修辞论美学的基本工作方式，不是纯粹的形而上式理论建设，而是就已有艺术现象作形而下式阐释。阐释，也就是批评，这正是理论的批评化的具体体现。修辞论美学的基本追求，就主要体现在对具体艺术现象的修辞论阐释之中。

修辞论阐释要完成上述任务，需要制订大抵切实可行的必要的阐释框架。修辞论阐释是一种什么样的阐释方式？艺术作为修辞现象，属于文化中极为活跃的原创性的和富于感召力的力量，即是文化中的"卡里斯马"符号；而文化则是一个"舞台"，它使历史导演的富于智慧的构思得以实现；至于历史，无论作为实际生活事件还是作为对这种事件的讲述和阐释，都代表支配艺术和文化的终极力量，是处处需要触及而又难以达到的阐释极限。这样，作为修辞现象的艺术就涉及三个层次：其一，在显型层次上，它是个人的虚构性文本，与个体生存密切相关；其二，在隐型层次上，它是话语与文化语境的互赖关系的产物。即既是这种互赖关系的结果，又是影响这种互赖关系的力量；其三，在深层而微妙的终极层次上，它是历史的无意识镜象，是通向历史无意识的一道隐秘柴扉。这三个层次交织就构成了艺术。显然，这种艺术本身就是对文化和历史的一种修辞论阐释——它以个人虚构性文本去象征地阐释文化和历史。不过，艺术作为阐释还是深沉蕴藉而捉摸不定的，有待于新的阐释，即再度阐释。我们的修辞论阐释正是要对这种深沉蕴藉而捉摸不定的初步阐释作再度阐释，使其被暂时遮掩的意义明晰起来。同时，由于我们这种再度阐释将依照由显型层次经过隐型层次而达于终极层次的由浅入深程序进行，因而具有深度阐释的特点。所以，我们的修辞论阐释不妨称为一种以修辞性为中心的再度—深度阐释。

这种以修辞性为中心的再度—深度阐释，将由三个阐释圈的循环运行组成：首先是个人文本阐释，其次是文化语境阐释，最后是历史阐释。

个人文本阐释，简称文本阐释，要求把被阐释对象视为个人的审美虚构文本，由此发现其独特的、个性化的修辞术。这需要分析文本的抒情或叙事结构。涉及语调、语态、人物、声音、反讽、含混、夸张等。

接着有文化语境阐释，简称语境阐释，任何文本都必然属于"文化文本"，即是与特定文化语境相互依赖的结果。所以，需要重建这种文化语境。把文本置于这种语境中，以便使文本的文化意义显露出来。例如，对"张艺谋神话"现象。应当从当代自我、传统父亲和西方来客之间的三方会谈语境加以阐释。

历史阐释，是修辞论阐释的最后层次。它意味着在文本阐释和语境阐释的基础上，发掘至深而微妙难求的历史。这种历史与生产方式相联系。是终极支配力量，但又往往显得闪烁不定，需要深入话语迷宫中把它抢救出来。

这三个阐释圈虽然显出起始和终极、显型和隐型之分，但并无确定的高下、主次或先后等级之分。其实，它们之间是平行、相互渗透和依存的。呈现不断循环往复的运动，从而我们的阐释需要在三个圆圈之间往来参照、发明。不过，在具体阐释过程中，对于不同对象却可以有轻重或详略分别。

修辞论阐释框架的基本理论问题尚多，但宜溶化于具体阐释中，而不宜继续孤立谈论，其理由已如上述。

八、修辞论美学的理想境界

正像在古典美学那里存在"错彩镂金"（华丽或浓艳）和"初发芙蓉"（素朴或自然）两种美一样，修辞论美学也不得不面对两种理想审美境界：一是人为的美化，这种华丽修辞在90年代中国审美文化领域正独领风骚；二是发乎自然的创作，这种素朴修辞而今一再居于下风。尽管从理论上讲这两种修辞都应受到平等对待，但根据自古以来的中国趣味，还是不事雕琢、发乎天然的素朴修辞，应享有真正至高无上的地位。也就是说，作为一种无修辞的修辞，素朴之美才是修辞论美学所追求的真正理想境界。正是由此理想境界出发，面对90年代的美化、浓艳、夸饰之风，修辞论美学将大有可为。

（原载《天津社会科学》1994年第3期）

20世纪西方美学中的语言本质观

　　语言本质观同美学发生密切关系，这在 20 世纪以前几乎是不可思议的。在语言被视为传达意义的工具的时代，"语言是什么"就不会构成真正的问题，从而也不会受到美学的如此眷顾。大约 1870 年，法国诗人兰波写下"话在说我"这一怪异诗句[①]；20 年后，英国唯美主义者王尔德更提出"语言是思想的父母，而不是思想的产儿"的异端论调[②]。他们也许未曾预料到，在 20 世纪，不仅他们所谈论的语言支配人、产生思想的反常现象已成为西方诗人和美学家的普遍话题，而且语言问题成了西方美学中的一个中心问题。德国阐释学家伽达默尔（Hans-Georg Gadamer，1900—）不无道理地断言："毫无疑问，语言问题已经在本世纪的哲学中获得了一种中心地位。"[③]英国意识形态批评主将伊格尔顿（Terry Eagleton，1943—）也对此确信无疑："语言，连同它的问题、秘密和含义，已经成为 20 世纪知识生活的范型与专注的对象。"[④]更具体地讲，"从索绪尔和维特根斯坦直到当代文学理论，20 世纪的'语言学革命'的特征即在于承认，意义不仅是某种以语言'表达'或者'反映'的东西。意义其实是被语言出来的"[⑤]。显然，语言问题在 20 世纪西方美学的发展过程中举足轻重，关系甚大。

　　例如，语言的本质是什么，对此的回答就直接关系到美学理论的确立。20 世纪美学家们大都抛弃了语言是传达意义的工具这一观念，转向了

---

　　① 参见［美］杰姆逊：《后现代主义与文化理论》，唐小兵译，陕西师范大学出版社 1986 年版，第 29 页。
　　② ［英］王尔德：《作为艺术家的批评家》（1890），赵澧、徐京安主编：《唯美主义》，中国人民大学出版社 1988 年版，第 158 页。
　　③ ［德］伽达默尔：《科学时代的理性》，薛华等译，国际文化出版公司 1988 年版，第 3 页。
　　④ ［英］伊格尔顿：《二十世纪西方文学理论》，伍晓明译，陕西师范大学出版社 1986 年版，第 121 页。
　　⑤ ［英］伊格尔顿：《二十世纪西方文学理论》，伍晓明译，陕西师范大学出版社 1986 年版，第 76 页。

语言创造并构成意义的新立场。但是，在对语言的本质作具体规定时，他们却彼此意见不一。他们的语言本质观的不同，必然导致他们的美学理论之间的差异。这里，我们拟考察分析美学、存在主义美学、心理分析美学、结构主义美学和解构主义美学的语言本质观，集中讨论这些语言本质观与其美学理论的关系，以便由此揭示出 20 世纪西方美学的一个侧面。

需要说明的是，我们在这里选择这五种美学理论作为讨论对象，主要是考虑到它们的语言观便于把握，并且产生过或正在产生较大影响[①]。在分析这些美学理论时，我们不可能面面俱到，而只能着眼于它们的几个重要方面。有些问题，文本则概不涉及。

一、日常语言与分析美学

分析美学作为分析哲学的一部分，其主要工作是致力于美学的语言分析。它之所以敢把美学的使命，从黑格尔式的美的形而上学体系的建造，降格为对既往美学的语言误用的清理，正是出于对语言的本质的特殊理解。1954 年埃尔顿（W.Elton）主编《美学与语言》一书，这标志着英美分析美学潮流的正式兴起。这部论文集把极为复杂的美学问题仅仅归结为语言问题，试图通过语言清理去澄清传统美学由于语言误用所造成的混乱，从而结束"美学研究的僵死时代"，因而这本书可以被看作是分析美学的纲领性文件。

那么，分析美学的建立是同何种语言本质观直接相连的呢？弗雷格（G. Frege）的逻辑—语言理论，摩尔（G.E.Moore）在《伦理学原理》（1903）中对"善"的语言批判等，都对分析美学的形成产生过重要影响，但对其产生过更为重要影响的人物是维特根斯坦（Ludwig Wittgenstein, 1889—1951）。30 年代以来，后期维特根斯坦的"日常语言"（ordinary language）论，有力地搅动着分析美学潮流。它深深地影响到韦兹（M. Weitz）、肯尼克（W.E.Kennick）、沃尔海姆（K. Wollheim）和齐夫（P.Ziff）

[①] 至于卡西尔的象征形式美学、伽达默尔的阐释学美学等，并非不重要，但需另作专文探讨。

等分析美学人物。①

前期和后期维特根斯坦对语言的本质有着迥然不同的见解。前期维特根斯坦力图建立完善的符号语言"理想语言"(ideal language),以克服普通的日常语言的不完善和误用。这时,他相信语言的本质是"逻辑",即实在或世界的规则。语言的权力在于逻辑的权力,也就是在于确定、明晰和完整。由此出发,他认为"美"由于不合语言"逻辑",因而同"善"一样是"无意义"的和"荒谬"的,"根本不能回答"。进而言之,美学同伦理学一样是"不能表述"的。②因此,从前期维特根斯坦的语言本质观,难以推导出分析美学潮流。

对语言本质的理解过分理想化,这自然会与语言的日常面貌大相径庭,由此而来便可能是"理想语言"图景的幻灭。这样,后期维特根斯坦决然地从"理想语言"的空气稀薄的高空,转归"日常语言"的坚实大地,就不令人奇怪了。他这时笃信:"日常语言是完全正确的。"③这并不是说人们的日常语言活动可以绝对避免误用,而只是说当日常语言在包含种种特定语言活动的"生活形式"中被成功地用来达到极其多样的目的时,它才是"完全正确"的。这就必然把"日常语言"同实际的人类"生活形式"(form of life)联系起来。于是有如下后来被人们广为引用的说法:"想象一种语言就意味着想象一种生活形式。"④这里的"生活形式"主要指人们的日常感性的生活方式,这种生活方式离不开并且也制约着语言运用。相反,"理想语言"却使人与这种日常语言活动疏远了,没有被作为"生活形式"来看待。因此,后期维特根斯坦把"日常语言"与"生活形式"相连,正是要克服前期为着理想中的"逻辑"而牺牲实际运用的偏颇。

那么,语言作为"日常语言",其本质何在呢?维特根斯坦主张:"一个词的意义就是它在语法中的地位",或"一个词的意义就是它在语言中的使用"。⑤语言表达式的意义,是由创造和使用语言的人所决定的,因而语词的意义只有通过考察语词在特定语言交际中的实际运用才能确定。这

---

① 关于分析美学的基本概况,参见古辛娜:《分析美学评析》第1章,李昭时译,东方出版社1990年版。
② [奥]维特根斯坦:《逻辑哲学论》,郭英译,商务印书馆1962年版,第38、95页。
③ Ludwig Wittgenstein, *The Blue and Brown Books*, Oxford: Basil Blackwell Publisher, 1969, p.28.
④ [奥]维特根斯坦:《哲学研究》,汤潮、范光棣译,三联书店1992年版,第15页。
⑤ Ludwig Wittgenstein, *Philosophical Grammar*, Oxford: Basil Blackwell Publisher, 1974, p.59.

里强调的不再是前期那种理想"逻辑"的权力,而是日常语法和具体语境的决定性作用。因此,语言的本质就在于广义上的语法,或语言的运用。"语言的本质在于语言的运用",这看起来是无谓的同义反复,但维特根斯坦由此说明语言的日常生活特性、不确定性和开放性,否定基于传统的形而上学而存在的"理想语言"的权威。

为了对这种语言本质论作进一步说明,维特根斯坦提出"语言游戏"(language-game)和"家族相似"(family resemblances)之说。"语言游戏"概念表明,语言的运用和用途,往往是某种较广泛的"生活形式"的组成部分;语言在不同语境中服务于不同目的,从而获得不同或多重意义。语言的这种约略近似特征还被概括为"家族相似"。一个家族诸成员之间彼此相貌只是大致相似而并不雷同。同理,各种日常语言活动均绝对共同特征并不存在,只存在彼此约略近似而已[①]。

维特根斯坦的上述语言本质观,虽有助于纠正对"理想语言"的过分迷信,但它在理论上却很难站住脚。因为,日常语言活动形式多样,语法和语境各异,我们倘若以此来规定语言的本质,势必要走向相对主义。既然语言的本质不在确定的"逻辑"而在广义的"语法"或"语言运用",那么,分析美学的使命就不是依据"逻辑"而是依据日常语言形式去从事既往美学的语言分析。我们不妨从以下三方面来作一些简要的分析。

关于美的本质,一向是传统美学的根本问题和出发点,整个美学理论体系就是据此建立起来的。但分析美学却从"日常语言"的用法入手,否定这一问题。维特根斯坦认为,与日常语言的不确定一样,"美"也不存在共同本质,而只有"美"在不同语境中的不同使用[②]。所以,他坚决主张把"美的本质"视为假问题,并将其从美学领域清理出去。

"美的本质"的失落自然波及"艺术"。韦兹、肯尼克等从维特根斯坦对"本质"的驳难中找到了取消"艺术的本质"的"良策"[③]。他们的具体观点不尽相同,但都主张:艺术品的本质与美的本质一样,并非"共同性

---

① [奥]维特根斯坦:《哲学研究》,汤潮、范光棣译,三联书店1992年版,第46页。
② [奥]维特根斯坦:《美学、心理学和宗教信仰的讲演与谈话》,引自《二十世纪西方美学名著选》下册,复旦大学出版社1988年版,第83页。
③ 参见李普曼编:《当代美学》中汇集的有关论文,邓鹏译,光明日报出版社1986年版,第96—278页。

质"问题，而只是"共同用法"问题①。

分析美学认为，"美学"不应像传统美学那样旨在阐释审美的规律、本质和方法论，而应只是"描述"。因为阐释意味着从一个前提出发全知全能地追寻世界的确定性，而描述则等于放弃任何固定前提而只是有限地清理语言的具体用法。

分析美学建立在其语言本质观基础上的上述基本理论框架，虽对基于形而上学的传统美学进行了语言批判，但它自身的偏颇也不能幸免。

二、诗意语言与存在主义美学

海德格尔（Martin Heidegger）的存在主义美学，同样是以语言观为基础的，但是，"语言"在他这里既不是严密、完善的"理想语言"，也不是具体多样的"日常语言"。"理想语言"追求"逻辑"的确定性，这正是他所反对的那种与存在相敌对的形而上学的渊薮；"日常语言"则直接与"此在"的"沉沦"、"烦"、"闲聊"等非人状况相关，是被技术理性所"污染"的语言，从而也不足以亮出存在，使其"形诸语言"。他所倾心向往的真正的"语言"，是"诗意语言"（poetic language）。经过对这种"诗意语言"的本质的界定后，他的存在主义美学理论框架才明晰起来。

对海德格尔而言，"诗意语言"是与人的原初存在方式相连的东西，是直接使存在呈现的本真或纯朴语言。他指出："当人思索存在时，存在就进入语言。语言是存在的寓所。人栖居于语言这寓所中。用语词思索和创作的人们是这个寓所的守护者。"②这种语言的魅力在于，它是"存在的寓所"（house of Being）。也就是说语言，凭借给存在物的首次命名，第一次将存在物带入语词和显象。"这一命名，才指明了存在物源于其存在并到达其存在"③。因此，这种语言才以那种十分神秘而却完全支配着我们的方

---

① ［美］布洛克：《艺术哲学》，中译名为《美学新解》，滕守尧译，辽宁人民出版社1987年版，第289页。
② ［德］海德格尔：《关于人道主义的信》（1947），引自中国科学院哲学研究所西方哲学史组编《存在主义哲学》，商务印书馆1963年版，第87页。
③ ［德］海德格尔：《艺术作品的本源》（1935—1936），引自《诗　语言　思》，彭富春译，文化艺术出版社1991年版，第69页。

式存在①。相反，形而上学却以"逻辑"和"语法"的名义长期独霸对"语言"的阐释，驱使它"委身于……意愿"，成为表情达意的低级"工具"，从而与"诗意语言"这原初的语言本性疏离。所以海德格尔提出一个针锋相对的解放号召："把语言从语法中解放出来成为一个更原初的本质结构"②，即返回原初的"诗意语言"境界。

语言作为"诗意语言"，其与"诗"的联系就表现在：语言的本质在于"诗"。这里的"诗"不能在一般文学体裁或类型划分的意义上来理解，而应视为使人的原初存在呈现的途径："语言本身在根本意义上是诗。……诗在语言中产生，因为语言保存了诗意的原初本性。"③在海德格尔心目中，"诗"本是"历史的人的原初语言"，它作为"特别的讲述"而对存在作"首次命名"，所以诗的本质原初地包含语言的本质；从"语言"方面讲，"原初的语言就是诗"④。这里，海德格尔似乎在复活维柯的原始历史即诗的历史哲学，并呼应着卡西尔的语言即诗之说。但从根底上说，维柯的"诗"或"诗意"主要强调原始感性体验，卡西尔的"诗"突出原初"隐喻"或"直觉"，而海德格尔的"诗"则是现象学和存在主义化了的人的原初存在方式。语言作为诗，正意味着存在的纯粹意向性显现，这种显现是内在、自明的和纯净的。这种语言本质观是海德格尔存在主义教条的理想化和诗意化陈述；而这种理想化和诗意化陈述又反过来为张扬存在主义信念提供了理论前提。

把语言的本质确定为"诗"，这就使海德格尔的存在主义哲学之树内在地生长出诗学或美学枝条。也可以说，从30年代中期谈论语言即诗时起，他的存在主义哲学就同时也是存在主义美学了。

"美"是什么？海德格尔反对按传统形而上学那套路子去思索，而认为"美"是与"语言"相连的东西。但他又并未像维特根斯坦那样，把

---

① ［德］海德格尔：《关于人道主义的信》（1947），引自中国科学院哲学研究所西方哲学史组编《存在主义哲学》，商务印书馆1963年版，第132页。
② ［德］海德格尔：《关于人道主义的信》（1947），引自中国科学院哲学研究所西方哲学史组编《存在主义哲学》，商务印书馆1963年版，第88页。
③ ［德］海德格尔：《艺术作品的本源》（1935—1936），引自《诗 语言 思》，彭富春译，文化艺术出版社1991年版，第99页。
④ ［德］海德格尔：《荷尔德林与诗的本质》，刘小枫译，胡经之主编：《文艺美学》丛刊第1辑，内蒙古人民出版社1985年版，第330页。

"美"的问题转化为语言运用问题,而是把它变作"存在"在"语言"中的呈现问题。"美",成为存在的真理被呈现的途径。它如一束光芒把存在从晦蔽处引入澄明地带。"这种光照将自己射入作品,这种进入作品的照射正是美。美是作为敞开发生的真理的一种方式。"① 如此看来,"美"其实不过是关于"语言"的另一说法罢了。值得注意的是,海德格尔在"美"的问题上着墨甚少,并且仅仅把它当作"语言"问题的一个局部去论述。这表明,原本作为传统美学中心的"美"的问题,在他这里已降格为次要问题。确切点说,是已被"语言"这新的中心问题所包含。

相对而言,海德格尔更喜欢讨论"艺术"。在他看来,"艺术"与"语言"是二而一的东西,甚至是"语言"的替代词。"艺术的本性是诗。诗的本性却是真理的建立"②。"艺术"之所以本质上是"诗",正在于它作为"语言"而让"存在"的真理得以生成。

既然"美"、"艺术"问题都是按语言即诗的思路去追踪的,那么,海德格尔的存在主义美学自然也是沿着这思路展开的。首先,这种美学充满着语言的考辨、训诂或阐释。与分析美学那种对语言用法的单纯"描述"不同,海德格尔的美学标举语言本义的"阐释",从而带有词源学色彩。他的著作随处可见对语词的古希腊原义的追寻,但这种追寻又往往带有很强的主观性和随意性,其目的只在使存在"形诸语言"。其次,海德格尔的美学洋溢着诗化意味。这不仅表现在对具体诗篇的精细阐释上,而且这些阐释性语句本身也带有诗一般多义、含混和暗示的意味。可以说,海德格尔美学正是一种诗化美学。

把语言的本质规定为"诗",这是一种十分"激进"的主张③。因为,这意味着冒险把逻辑、规范、理性等从语言中排挤出去。由此而引申出的存在主义美学,同样是激进的。它实际上取消了美的本质问题,把"美"视为语言问题;使艺术的本质问题服从于艺术的"存在"问题——艺术如何使存在的真理呈现是先于"共同性质"问题的;这样的美学更是诗化

---

① [德]海德格尔:《艺术作品的本源》(1935—1936),引自《诗 语言 思》,彭富春译,文化艺术出版社1991年版,第54页。

② [德]海德格尔:《艺术作品的本源》(1935—1936),引自《诗 语言 思》,彭富春译,文化艺术出版社1991年版,第97、70页。

③ 参见[美]默里:《美国现代艺术哲学的新潮流》,《现代外国哲学》第9辑,人民出版社1986年版。

的——即反体系的。激进势必与偏颇相伴。海德格尔的偏颇集中表现在，由于过分美化并独尊"诗意语言"导致轻视或否定"理想语言"、"日常语言"的强大支配力；同时，把"诗意语言"同寻求人的"神性的存在"紧密相连，又不免带有伽达默尔所指出的"语言的神秘性"[①]，以及随之而来的美学的神秘倾向。

三、无意识语言与心理分析美学

从弗洛依德到拉康（Jacques Lacan），心理分析美学与"语言"问题的内在联系愈益清晰地显露出来。对"梦"加以语义分析，寻找其隐秘的无意识语法，这本身就是语言性的。布洛克曼指出：与人们的流行印象不同，不是"梦"或"无意识"，而是"语言"才是心理分析学的最重要"记录"[②]。也正如克莱芒所说，"弗洛依德发现的实质"在于"语言在文化中的功用"[③]。艺术作为弗洛依德所谓"白日梦"语言行为，自然就进入心理分析学的语言分析视野。霍夫曼正确地看到：心理分析对梦的"语言和语法"的揭示，"可作为某些诗歌和美学理论的基础[④]"。这就是说，心理分析学本身对无意识的语言分析，正为其美学的建立提供了理论基础。

与后期弗洛依德主张无意识先于语言不同，拉康提出：无意识像语言那样构成，无意识是语言的产物。这一鲜明主张带来一个重大转换：无意识并非先在的实体，而是语言的产物，即是语言对"欲望"加以组织的结果，因而无意识本身就具有语言结构和语法。与维特根斯坦关心"日常语言"、海德格尔追问"诗意语言"不同，拉康全力深探奇诡难测的"无意识语言"。弗洛依德将"梦语"分为"显意"（表层）和"隐意"（深层）两层，如果把"显意"视为"意识语言"，那么，"隐意"就相当于"无

---

① ［德］伽达默尔：《关于自我理解问题》，《美的现实性》，张志扬译，三联书店1991年版，第149页。
② ［比利时］布洛克曼：《结构主义》，李幼蒸译，商务印书馆1980年版，第109页。
③ ［法］克莱芒等：《马克思主义对心理分析学说的批评》，金初高译，商务印书馆1985年版，第2页。
④ ［美］霍夫曼：《弗洛依德主义与文学思想》，王宁译，上海三联书店1987年版，第32—33页。

意识语言"[1]。拉康思考的中心问题，就是语言如何组织"欲望"从而形成"无意识语言"。

在拉康看来，语言从本质上讲就是"情境（condition）"。"情境"本指其他事物得以存在或成立的前提、条件或环境，在这里则带有结构、秩序、规范等语言学含义。语言正是主体得以存在的结构性情境。从特定意义上讲，语言是无意识得以存在的结构性情境，而无意识是语言"情境"的构成物。这意味着，无意识仿佛身不由己地被抛入语言"情境"之中，处处接受其控制或支配。拉康有句名言："语言是无意识的情境"[2]。语言同时是无意识据以产生和表现的"情境"，它宛如先在的支配性权力网络，把无意识切割、分节而又拼合为一个随自己意愿流动的整体。拉康的"情境"说，在对语言的冷峻的观察和分析中，显示出一种否定性态度。语言到拉康这里，不再是维特根斯坦那种中性的科学分析对象，更缺少海德格尔那种肯定性的、理想化的特征，而成为主体被控制、被束缚却难以挣脱的神秘象征形式。

拉康并未直接标举"美学"，也没有像后期弗洛依德那样大谈"美"、"艺术"和"文化"。不过，他的具体研究和文本分析却透露出一种独特的美学理论视界。与弗洛依德把"美"简单地归结为"性的激荡"或"性吸引力"不同[3]，拉康在主体"三角结构"中思索"美"，并把它同语言联系起来。在拉康看来，无意识语言中存在着主体"三角结构"，即"想象界"（the Imaginary）、"象征界"（the Symbolic）和"现实界"（the Real）。想象界是婴儿镜象阶段开始形成的自恋性意象，是自我的幻想、想象或错觉的世界；象征界代表对主体的符号或语言性规范，是语言秩序的世界；现实界表示对主体的最终而神秘莫测的支配性权力，它是并未出场而又无所不能的强大权力世界。"美"的东西离不开主体的幻想、想象，因而首先属于想象界。按拉康的观点，"美"不过是人类婴儿期产生并影响始终的自恋性镜象（mirror image），即是人类童年期的自我误认（类似弗洛依

---

[1] 参见［奥］弗洛依德：《梦的释义》，张燕云译，辽宁人民出版社1987年版，第260页，此处术语有更动。
[2] Jacques Lacan, preface, see A·Lemaire, *Jacques Lacan*, London: Routledge, 1970, p. XII.
[3] ［奥］弗洛依德：《性学三论》，《爱情心理学》，林克明译，作家出版社1986年版，第53、89页。

德多次分析过的"纳西索斯式自恋")。这一说法并未从根本上超越19世纪末的审美"幻觉"说①，但在语言论上却显示出独特之处。按拉康的观点，"美"虽然理所当然地与想象界相连，但更主要地应属于象征界，即与语言规范或象征秩序紧紧相连。因为，"美"与"审美"观念等更主要地是语言规范或象征秩序的构成物。象征秩序既存在于主体的想象界形成之先，使主体还未出生就已处于象征秩序的支配之下，同时又存在于主体的想象界之后，为主体的"美"的幻觉提供必需的象征秩序。也就是说，语言是"美"的"情境"，"美"是语言的构成物，离开语言情境无从谈论"美"。这样，"美"似乎就同无意识一样了，或者说就在无意识之中，即属于无意识语言。

这种语言本质观也处处支配着拉康的"艺术"观。"艺术"作为语言构成物——"文本"，正是确证无意识的语言性的极合适场所。拉康运用上述"三角结构"模式去阐释爱伦·坡小说《失窃的信》，为人们认识无意识的语言性，也为艺术文本研究提供了一个经典范例。拉康尤其关注那封内容不明的"信"的隐喻意义。它是一种无意识隐喻，即无意识欲望的能指。这个能指表明：一种规范性语言（a formal language）支配主体。"恰恰是那封信和它的转手制约着这些主体的角色和出场方式"②。信为主体预先设定角色位置，令其无条件地处于语言规范的"重复"控制之下。正如杰姆逊所说，这种自动重复结构"把一种结构化权力（a structuring power）施加于在某个时间里占据这些位置的主体身上，因而能指链变成一种恶性循环"，而这种叙事的能指"恰恰是语言本身"③。这表明，拉康的艺术文本分析，其实是语言的权力的寓言性阐释：语言结构既可建构主体也可颠覆主体，正如水能载舟亦能覆舟一般。

既然艺术文本分析已变成关于语言权力的寓言性阐释，那么，"美学"的使命也同样如此。因此，拉康的心理分析美学主要是一种艺术文本分析。它既不是如分析美学那样依"日常语言"去作语言清理，也不是如存

---

① 参见［英］李斯托威尔：《近代美学史评述》，蒋孔阳译，上海译文出版社1980年版，第21—24页。
② ［法］拉康：《〈失窃的信〉的讨论》，《当代电影》1990年第2期，第43—60页。
③ Fredric Jameson, Imaginary and Symbolic in lacan, *The Ideologies of Theory: Essays: 1971—1986*, Volume1, London: Routledge, 1988, p.67.

在主义美学那样从事"诗化"（语言化）冥想，而是凭一定的语言学模式去"破译"这文本寓言。破译的目的是透过面上的无意识隐喻或能指，以窥见下面的"他者文本"即所指。拉康的弟子克莱顿尔解释说："无意……并非人在一个旧黄卷上用心读解的奇特的或编码的信息，而是写在文本下面的他者文本。人们必须通过从后面照明它或借助显影剂来阅读。"[①] 如果心理分析美学变成寓言论美学，那么心理分析美学家就是寓言破译家了。

四、拟语言与结构主义美学

法国结构主义的奠基者列维—斯特劳斯（Levi-Strauss），同拉康一样醉心于揭示语言的强大支配力，但并不像拉康那么悲观。他的看似客观的科学立场却时时闪耀着理想光泽：语言能赋予"混乱"的世界以"秩序"；同时，语言学模式可用于把握"一切事物"。正如杰姆逊所说，结构主义是"从语言学角度重新理解一切事物"的尝试[②]。结构主义美学不仅是建立在特定的语言本质观之上的，而且这种语言本质观是索绪尔以来现代语言学模式的扩展应用。因此，这种语言本质观比起维特根斯坦、海德格尔和拉康的来，更为强调确定、严密和模型化，因而更具科学主义色彩。

列维—斯特劳斯在"语言"概念上的独特发现和重要贡献在于提出了"拟语言"的概念。他指出，人类社会的一切都"如语言一样"，具有特定的可凭语言学模式把握的逻辑结构，这就是"拟语言"（quasi-language）。即便看来属非语言符号的东西（如食物、政治、烹饪、时装等），都可视为语言，如语言一样，或者以语言为结构原型。语言"同时构成文化现象（使人和动物区别开来）的原型，以及全部社会生活形式借以确立和固定的现象的原型"[③]。"拟语言"，如同霍克斯阐述的那样，意味着把"整个文化"最终看作一种"巨型语言"[④]，从而可以凭语言学模式去研究。因此，

---

① A·Lemaire, *Jacques Lacan*, London: Routledge, 1970, p.137—138.
② Fredric Jameson, The Prison——House of Language, Princeton: Princeton Univer, sity Press, 1972, p.M.
③ ［法］列维—斯特劳斯：《结构人类学》，转引自［英］霍克斯：《结构主义和符号学》，瞿铁鹏译，上海译文出版社1987年版，第25页。
④ ［英］霍克斯：《结构主义和符号学》，瞿铁鹏译，上海译文出版社1987年版，第27页。

"拟语言"概念的提出，为结构主义美学扩展为包罗万象的符号学美学提供了理论依据。

由于着眼于"拟语言"，列维—斯特劳斯势必要寻求一种适应于语言符号（狭义语言）和非语言符号（广义语言或拟语言）的共同性质的语言本质观。他沿着泰勒（E.Tylor）和弗雷泽（J. Frazer）的理性主义路线，把语言看作理智的或逻辑的东西；在此基础上，将索绪尔的"表层结构"和"深层结构"划分同弗洛依德、荣格的意识和无意识概念综合起来，从而得出这样一种语言本质观：语言从根本上说是一种深层无意识的"逻辑程序"[①]。"逻辑程序"，指理性结构、规范或符码体系。但在这里，它不同于前期维特根斯坦的"逻辑"（确定、明晰和完整）概念，而是指隐藏在深层无意识层次的如荣格所谓的"集体无意识"原型，但同时，它又不具备荣格的概念中所具有的那种非理性、非逻辑或神秘的含义，而是有条理、组织或程序的，即是可以不断演化的抽象模型。总之，语言作为无意识"逻辑程序"，是在文化深层起支配作用的符码结构或规范体系。列维—斯特劳斯的工作，正是透过文化现象的表层结构而发掘深层的符码结构——"逻辑程序"。这种"逻辑程序"的主要工作原则被他概括为几乎无所不在和无所不能的"二元对立"模式（如文明与自然、生与熟、男与女、肯定与否定等）。这种语言本质观正确地点明了语言在文化中的规范功能，但当其被赋予永恒不变的抽象模型的含义时，就难免被锁闭在非历史的迷雾中了。

列维—斯特劳斯的结构主义美学，是在语言、尤其是"拟语言"领域论证并展开语言即逻辑程序这一观念的。同前面几位美学家一样，他并不追求传统美学奉为圭臬的那种"体系"。他的美学观主要分散地包含在他于1945—1959年间讨论文化人类学现象的大量论文中，其中一部分已编入《悲伤的热带》（1955）、《结构人类学》（1958）和《野性思维》（1962）等书中。列维—斯特劳斯不曾专门追究"美的本质"，但并未舍弃对"美"的语言学思索。当他运用"二元对立"模式去研究原始面具艺术的深层结构时，"美"论就显露出来了。他发现，在这些彩绘面具中，人脸被分割

[①] 参见［法］列维—斯特劳斯：《结构人类学》，陆晓禾、黄锡光等译，文化艺术出版社1989年版，第62页。

为两半，构成"二重性表象"（double representation）或"分裂表象"（split representation）。这种"二重性表象"的深层结构原则正是"表象的二重性"：既"赋予个人以作为人的尊严"[①]，象征着从自然人上升到文明人的过渡；又"服务于说明和肯定等级的级别"[②]。也就是说，社会规范决定了面具的二重性，即赋予戴面具的个人更高的意义；同时掩盖个人。由此可见，对原始人来说，"美"是那种与主体的社会角色相关的东西。"美"既意味着对主体尊严的肯定，主体与社会整体形成和谐，同时又显示出主体受制于等级制，主体与社会整体构成分裂或对立。也就是说，"美"是既和谐又分裂的东西，是分裂中的和谐，和谐中的分裂。这一"美"论其实是"二元对立"模式扩展的结果。

面具艺术既寄寓着"美"的观念，又透露出"艺术"观念。列维—斯特劳斯相信，艺术作为"中介性"符号，其功能在于使社会中难以解决的矛盾获得"象征性"解决。"风格的俗丽而矫饰的性质象征着颓废的或没落的社会制度在形式上的残存。它在美学层次上构成这一制度的垂死反响。"[③]而艺术本身的本质则在于"凝缩模式"（modele rediunit）。"绝大多数艺术品都是凝缩模式"，"艺术家既有些像科学家，又有些像修补匠"[④]。艺术作为"凝缩模式"，是纷纭繁复的文化现象的高度简约与浓缩模型。数量的"凝缩"使混乱的现象被"简化"，便于理智地把握结构整体；同时，人为的"凝缩"又决定了艺术不是文化现象的刻板"相似物"，而是"真正的实验"，使文化显出可理解性。这样，艺术运用"凝缩"手段舍弃对象的可感觉性而求其可理解性。显然，把艺术视为"凝缩模式"，意在突出艺术与理性或逻辑的联系，从而证明作为"逻辑程序"的语言在艺术中的支配力。这样的研究多少使人破除了对艺术的神秘感，但问题在于，并非一切艺术都可归纳为如此完整的、近乎机械的"凝缩模式"，而且艺术不仅有理性方面，更有感性、直觉或体验，而这不是恒定的模式可以囊括

---

① 列维—斯特劳斯：《悲伤的热带》，转引自［法］梅吉奥：《列维—斯特劳斯的美学观》，怀宇译，中国社会科学出版社1990年版，第5页。

② 列维—斯特劳斯：《结构人类学》第1卷，转引自［法］梅吉奥：《列维—斯特劳斯的美学观》，怀宇译，中国社会科学出版社1990年版，第5页。

③ 列维—斯特劳斯：《结构人类学》，陆晓禾、黄锡光等译，文化艺术出版社1989年版，第107页。

④ 列维—斯特劳斯：《野性的思维》，李幼蒸译，商务印书馆1987年版，第29—30页。

净尽的。

五、移心化语言与解构主义美学

与列维—斯特劳斯从"拟语言"中悉心搜求完整的"逻辑程序"相反,解构主义者德里达(Jacques Derrida)不承认任何实体性的完整、整体或中心,而是要颠覆它。一切语言都属"移心化语言"。"移心化"(decentering)与"中心化"(centering)相对。如果"中心化"意味着确立并维护某种最高权威,那么,"移心化"便是要使其离心,消解或颠覆它。"移心化语言",正是指非中心或无中心语言。它缺乏中心而充满"无定点";没有整体,只有碎片;不存在同一,只存在差异。在德里达看来,所谓"拟语言"只有功能上而不是实质上的中心,因而说到底还是"移心化语言"。他甚至断言:"这里没有中心,在在场—存在模式中,中心是不可想象的。……毫无疑问,移心化已构成我们时代的整体的一部分"①。

按德里达的见解,作为"移心化语言"的语言,其本质在于"延异"(differance)②。"延异"这个词是德里达生造的,意在按"移心化"需要而扩展和强化索绪尔关于语言是"差异"系统的思想,并且制订相应的解构战略。"延异"有两种含义:一指"to differ"即差异、区分;二指"to deffer",即延期或推迟。它表明语言中充满差异和延宕,语言的意义总是支离破碎的或延期出场。例如,"所指"(观念)与"能指"(声音)相关,但"能指"并非特定"所指"的"能指","所指"也不一定先于"能指"存在,两者的关系是既相关又有别,交织着差异和裂隙;"书写"与"说话"有关,但"书写"并不就是"说话"的摹仿,它具有自己的意义;"结构"是一组织,但并非封闭的或中心化的,而由无限开放的"意指链"(a chain of signification)构成。德里达指出:"延异是差异的系统游戏,是最差异的印迹(trace)的游戏,是种种要素彼此相关的分隔(espacement)的

---

① Jacques Derrida, *Writing and Difference*, London, 1981, p.280.
② 与此相关的重要术语还有"印迹"(trace)、"补替"(Supplement)和"播散"(dissemination)等,这里只集中讨论"延异"。

游戏"①。显然，按照他的语言即"延异"的观点，任何语言活动都是不确定的、开放的。这从另一途径接近了维特根斯坦的语言的本质在于语言运用这一开放立场。但由于德里达是在结构主义阵营内部从事"颠覆"的，因而对结构主义的整体观和中心论威胁甚大，同时，也能消解海德格尔"诗意语言"的过度理想化倾向。不过，如此绝对地崇信语言的"延异"特性，必然在逻辑上自相矛盾。既然笃信语言固有的"延异"性，那又如何凭借这同一语言去准确地表述并确证"延异"，去实施"解构"战略呢？难怪连德里达自己也承认"解构总是以某种方式成为它自己的工作的牺牲品"②。

在德里达看来，"美"不过是传统美学的"中心化"语言的产物。假定存在"理念"这一"中心"，"美"就被视为这"中心"向"边缘"辐射的结果，如黑格尔说"美是理念的感性显现"。而当德里达否定这种"中心"而标举"移心化"时，"美"也就随之解体了。于是，"美"就根本不再被视为确定的、整体的或和谐的东西，它是德里达那种语言中的"差异系统的游戏"，或"所指"一再延期出场的"能指的游戏"。简言之，"美"属于语言中的"延异"的东西。

同"美"一样，"艺术"并不述说或显示什么，它"空无一物"。"艺术"作为"移心化语言"，它总是自我移心，消解中心，拆散整体。因为，它是"延异"之物。另一解构主义者、后期巴尔特（Roland Barthes）尤其偏爱"文本"概念，认定艺术不是"作品"（work）而是"文本"（text）。"文本绝无一个整体性，……一个叙述结构，一套语法，或一种逻辑"③。相应地，文本没有中心，没有终极意义，它是纯粹能指之网，是纯"方法论领域"，难以理智地把握。传统美学把艺术看作"作品"，是相信它"代表一个完成的世界"；而解构主义美学指责"作品"概念出于牛顿式思维模式，它必然会被"移心化"，成为"大写的文本"④，"文本所想象的是语言的无限性：无理解，无理性，也无知性"⑤。这无疑彻底否定了列维-斯特

---

① Jacques Derrida, *Positions*, London, 1981, p.38 — 39.
② Jacques Derrida, *Positions*, London, 1981, p.38 — 39.
③ Roland Barthes, *S/Z*, London, 1975, P.12.
④ Roland Barthes, From Work to Text, *See Textual Strategies*, edited by J.V.Harari, London: Cornell University Press, 1975, p.75.
⑤ Roland Barthes, Bartheson Barthes, NewYork, 1975, p.119.

劳斯关于艺术的可理解性观念。巴尔特把文本看作"纯粹的快乐对象"或"语言关系的幻景",它是这样一种空地,在其中没有一种语言会驱遣另一种语言,任何语言都自由地周游。"[1]在语言的"延异"世界里只有"快乐"、"自由",不再有强制、分裂、奴役,这倒颇有海德格尔的原初诗境之神韵,但看看现实的语言活动,可能吗?不妨想想拉康对语言的颠覆性的悲观陈述,其结论不足取,但其警告不应忽略。也许正是逐渐意识到这一点,晚期巴尔特才大谈"语言恶魔"[2]、"语言法西斯"[3]。

当"美"和"艺术"都被"延异"之剑切割成碎片时,"美学"又怎能幸免?按解构主义的思维套路,美学(或称诗学、文论)的任务也正是"解构"使现成美学领域的一切"中心化"语言被"移心化",剥露出"延异"的实质。与结构主义美学处处赋予混乱以秩序不同,解构主义美学却四处攻城伐地,颠覆整体,把人们一向崇仰为"美"、"中心"、"完整"的东西都无条件地"还原"为"空无一物"。

六、语言本质观与美学理论

以上我们考察了20世纪西方美学中的五种语言本质观及其与相关的美学理论的联系,从中我们可以看到,这些语言本质观是其美学理论的基础和组成部分;这些美学理论则成为其语言本质观的逻辑展开,是确证其语言本质观的话语形式。因此,深入研究这些语言本质观,是进入20世纪美学理论世界的必要门径。为使上述结论更为具体,我们需要就有关问题稍作梳理。

首先应该看到,上述被美学家们选作讨论对象的语言概念,都不足以涵盖语言的全体,而只是语言的局部。(1)"日常语言"之外尚有"理想语言";(2)"诗意语言"并不囊括"日常消息性语言"和"逻辑语言";

---

[1] Roland Barthes, From Work to Text, See *Textual Strategies*, edited by J.V.Harari, London: Cornell University Press, 1975, p.80.

[2] [法]巴尔特:《恋人絮语》(1977),汪耀进、武佩荣译,上海人民出版社1988年版,第81页。

[3] [法]巴尔特:《法兰西学院文学符号学讲座就职讲演》(1977),引自《符号学原理》,李幼蒸译,三联书店1988年版,第5页。

(3)"无意识语言"当与"意识语言"对举;(4)"拟语言"只是如"语言"一样;(5)"移心化语言"对应于"中心化语言"。这些语言概念虽说分类标准各异,但都是指语言局部。只是当它们被当作语言全体时,就出现了以局部代全体的情形,难免以偏概全。因而当我们以概念的严密性和科学性来要求时,它们是不"合格"的。但从中我们可以发现,上述语言概念具有高度的选择性和排斥性。选择什么和排斥什么,这本身已或明或暗地透露出不同的本质规定了。后期维特根斯坦选择"日常语言"而排斥"理想语言",这预示着他从"日常语言"的开放性游戏中推导出语言即语言运用这一本质观。海德格尔排斥日常的或逻辑的语言而钟爱"诗意语言",这本身已暗含了语言的本质在于诗的立场。由此可见在语言概念的选择和使用上,没有任何一位美学家是绝对公允的和不带偏见的,他总是从自己的总的理论立场出发去选择和使用语言概念,从而也就不会有那种真正超越历史情境的语言本质观和美学观。

与此相关的是,对语言本质的不同界定,会导致对语言的功能的不同认识,举而影响到美学理论的不同。这大致有三种情况:(1)海德格尔和列维—斯特劳斯把语言的本质分别确定为"诗"和"逻辑程序",语言被认为具有肯定性功能,即它是对人的活动的积极确认。语言是"诗",它是人的原初存在的本真呈现;语言是"逻辑程序",它赋予混乱以秩序,令难以解决的社会矛盾获得"象征性"解决。而从这种肯定性认识出发,"美"、"艺术"和"美学"也往往被灌注了肯定性功能。(2)在拉康和德里达看来,语言具有否定性功能,即它不是在确认人的主体性而是在颠覆它。拉康看到的是语言"情境"如地支配主体,甚至连无意识领域也不放过。德里达眼里处处是碎片,无定点,无中心,而这一切则被认为是语言的延异"本性使然。理解了这种否定性图景,心理分析美学和解构主义美学偏爱"颠覆"、"播散"、"移心化"等否定性概念的缘由,就不言自明了。(3)维特根斯坦有所不同,他给人的直接印象似乎是在竭力淡化语言的肯定性或否定性功能,而"描述"其中性功能。语言既不创造也不消解主体,但毕竟由主体运用,是科学研究的对象。但实质上,这种中性描述中已明显显露出否定性视界:语言并不能如期提供共同性质、固定语法、同一性和确定性,而只有"语言游戏"、"家族相似"等开放性原则。由此我们可以理解分析美学的如下矛盾:一面标榜不偏不倚地、科学地清理现成美学用语，引导美学步出语言迷宫；一面却让语言的本质迷失在日常用法的千变万化中，无法给出真正"科学"的标准。正是这种矛盾削弱了分析美学的权威。

当然，所谓肯定性、否定性和中性功能的区分不是绝对的或机械的。应当看到其间可能存在细微变化，存在交叉和兼容的情形。例如，海德格尔有时会兼顾语言的肯定与否定功能：语言既是存在的"家园"，也是它的"牢房"；列维—斯特劳斯既看到语言的"赋予秩序"的力量，又念念不忘其"掩盖"功能；巴尔特时而说"语言乌托邦"时而又讲"语言法西斯"。由此也不难理解他们的美学理论何以会有着难解或矛盾的方面。这进一步说明：语言本质观总在这样那样地而又直接地规定着其美学理论。

语言本质观直接规定美学，美学又直接成为语言本质观之逻辑展开，这种新关系是在20世纪才真正建立起来的，它是"语言"取代"理性"而成为中心这样一个时代的必然产物。当统领传统美学的"理性"日渐专横和暴虐时，它最终必然要失去其统治地位。"理性"终将被取而代之，20世纪西方人把"语言"请了出来。法国阐释学家利科尔（Paul Ricomir）在阐明这一变化时说："当今哲学的主导性质之一就是对语言的兴趣"。人们相信，语言是"解决哲学基本问题的必要准备"，"在制定出有关事物的理论之前可以而且必须有一个有关符号的理论"①。语言的这一权威地位从何而来？语言学家本维尼斯特（Emile Benveniste）的意见值得重视：语言"这样一种象征系统的存在揭示出一个本质性事实，……即在人与外部世界、人与人之间，不存在自然、直觉和直接的关系；需要一种中介物，这种符号组织使思维与说话成为可能"②。语言之备受青睐正由于它已不再是传达意义的次要"工具"，而是组织、构成和创造意义甚至整个人类生活的东西。为了赋予这种语言崇拜以合理性和合法性，人们便纷纷起来重新论证语言的本质，所谓语言即"诗"、语言即"延异"等观点便应运而生，一旦这新的"本质"得以确立，人们便在这地基上从容自如地建立新的美学理论框架了。而同时，这种新的美学理论又可以成为确证语言本质观的话语形式。

在语言本质观与美学结成这种新关系后，美学必然会呈现出与传统美

---

① Paul Ricoeur, *Main Trendsin Philosophy*, Holmesand Meier Press, 1979, p.229.
② Paul Ricoeur, *Main Trendsin Philosophy*, Holmesand Meier Press, 1979, p.243.

学不同的新面貌。使人印象尤其深刻的是，美学问题主要被归结为语言问题，并从语言论（含语言学）途径去解决，从而美学就具有了语言论美学的面貌。而传统美学却是以"理性"为中心，把美学问题视同"理性"问题，从哲学"认识论"途径去寻求解决，这种美学是从属于哲学认识论的。由此我们可以发现20世纪美学与传统美学的一些具体差异。

首先，传统美学把"美"视为"理性"权威在感性领域的呈现（如"美是理念的感性显现"），断定"美的本质"是中心问题，其它一切问题皆由此而生；而20世纪美学却把"美"仅仅看作语言相关物，使其神秘性丧失，遂使"美的本质"问题被取消（维特根斯坦），被淡化（海德格尔、列维—斯特劳斯和拉康），或被否定（德里达）。这固然有助于克服绝对理性主义的偏颇，但也易于走向相对主义和不可知论。

其次，"艺术"同"美"一样被当作语言构成物（如"文本"），这就使原本至关重要的"本质"问题被取消、淡化或否定了。于是，这种"本质"仅仅成为语言的运用（维特根斯坦）、存在的形诸语言（海德格尔）或语言对欲望的组织（拉康）问题等。相应地，语言在艺术中的地位大大上升了。正如伊格尔顿所概括的意义，既不是私人经验也不是由神规定的事件，它是一些共享的意义系统的产物[1]。"本质"问题于是就让位于艺术的语言系统与意义的关系问题。

第三，当语言问题变得如此显赫时，"美学"对自身的认识就大大改变了。它不再把自己当作可以指导其它的"美的哲学"，而只是具体的"艺术理论"或"批评理论"；不再追求过去那种终极、系统和严密的特性，而标举非终极、碎片、不确定或诗化的特性。这时的美学往往为着语言问题而遗忘根本的历史问题。结构主义和解构主义尤其如此。当其颇具匠心地重建或颠覆控制艺术文本的语言系统后，在进一步的历史分析面前就束手无策了。语言问题固然重要，但历史问题毕竟更为根本。当美学不无道理地成了语言论美学时，这个变化本身就尤其需要我们从历史的视界去进行考察了。

（原载《中国社会科学》1993年第2期）

---

[1] 伊格尔顿：《二十世纪西方文学理论》，伍晓明译，陕西师范大学出版社1986年版，第134页。

高度符号化时代的美学理论

——20世纪西方语言论美学的特征和实质

20世纪西方语言论美学（Linguistic aesthetics），是对如下种种美学及有关艺术理论的一个方面的宽泛概括：俄国形式主义、心理分析美学、象征形式美学、存在主义美学、视觉意象美学、符号学美学、阐释学美学、后结构主义、西方马克思主义、新历史主义和文化唯物主义等。这些美学理论彼此各有不同，但都共同地以语言为中心问题，把语言学和广义的语言论视为解决美学关键问题的理想途径，从而呈现出与传统认识论美学（epistemologic alaesthetics）迥然不同的语言论美学风貌。文本拟对这种美学的特征和实质作初步探究。

一、语言论美学的含义和演化

在语言论美学兴起之前，居于主流地位的是认识论美学。认识论美学建立在认识论哲学基础上，相信理性是一切的中心和主宰，主张创作支配作品和接受，理性内容决定语言形式，强调美的本质问题先于其它问题，追求理论的体系性，等等。笛卡尔、布瓦洛、鲍姆嘉通、康德、黑格尔等是其中的突出代表。这种美学从笛卡尔发端，到黑格尔达于极致，竟雄霸了近三百年。

到19世纪末20世纪初，自笛卡尔以来一向沿"理性"河床奔流的西方现代美学，发生了"语言论转向"（linguistic turn）。其结果是把美学导向一个迥然不同的"语言"河道——以语言为中心的语言论美学取代了以理性为中心的认识论美学。不仅俄国形式主义、结构主义（符号学）直接发端于语言学,不仅分析美学实质上属语言分析美学,而且注重阐释的现象学、心理分析学、阐释学等也把语言置于中心地位。"毫无疑问,语言问题已经在本世纪的哲学中获得了一种中心地位。"①就连似乎远离美学论争中心的视觉艺术美学家如阿恩海姆和贡布里希,也给予语言以特殊重视。正是这些事实使得伊格尔顿能够在"语言论革命"的名义下指出:

> 从索绪尔和维特根斯坦直到当代文学理论,20世纪的"语言论革命"的特征即在于承认,意义不仅是某种以语言"表达"或者"反映"的东西:意义其实是被语言创造出来的。我们并不是先有意义或体验,然后再着手为之穿上语词;我们能够拥有意义和体验仅仅是因为我们拥有一种语言以容纳体验。②

语言成为20世纪美学的中心,但是却在与过去认识论美学的语言观完全不同的意义上:它不再是表达理性、意义的次要"工具",而是创造并构成理性、意义的东西。杰姆逊索性把这种新的语言观称作"哥白尼式革命":"说话的主体并非控制着语言,语言是一个独立的体系,'我'只是语言体系的一部分,是语言说我,而不是我说语言。"③

应当注意到,这里的"语言"概念在术语和观念两方面都不同于以往。从术语运用看,"语言"不仅继续指(1)语言符号;而且更主要地被扩大到(2)非语言符号(如绘画、时装、广告、电影等),后者可作为"拟语言"去研究;甚至还用来指(3)现代大众传播媒介(如报纸、杂志、广播、电视、电脑等)。显然,"语言"就等于"符号",或者一切符号表达方式。不仅如此,在深层意义上,语言还指语言行为"背后"的整个惯例、价值、信念体系即文化。而从观念上看,语言不再是表达的工具,而成为人类存在的基础或存在方式。语言学家萨丕尔说:"'现实世界'在很大程度上是建立在团体的语言习惯之上的……语言习惯预先给了我们

---

① [德]伽达默尔:《科学时代的理性》,高地等译,国际文化出版公司1988年版,第3页。
② [英]伊格尔顿:《二十世纪西方文学理论》,伍晓明译,陕西师范大学出版社1986年版,第76—77、175—176页。
③ [美]杰姆逊:《后现代主义与文化理论》,唐小兵译,陕西师范大学出版社1986年版,第23—29页。

解释世界的一些选择。"①这意味着,语言已从方法论概念转化为本体论概念。可见,语言已从狭义的语言符号扩大到广义的一切符号表达方式,并由次要工具或方法而上升到存在方式本身。

由语言概念的变化可以进而梳理出语言论美学的含义。语言论美学不是指一个统一的流派或运动,而是指种种美学流派体现出的一种大致相同或近似的倾向或兴趣。这种倾向或兴趣就是以语言问题为中心,并且把对语言的语言哲学研究和语言学分析视为解决美学关键问题的理想途径。当然,同样面对语言中心,人们却可能从不同角度去追问,这就形成不同的语言论美学流派。与此不同,从笛卡尔理性主义直到黑格尔绝对唯心主义的认识论美学,则是以理性为中心,突出理性内容决定语言形式,语言只被当作理性的工具。在这里,理性是最高主宰,"一切都必须在理性的法庭面前为自己的存在作辩护或者放弃存在的权利"②。

对语言论美学含义的上述界定,可以透过它从本世纪初到 90 年代各种流派的演化得到具体说明。弗洛依德的《梦的释义》(1900)标志着语言论美学的第一个流派——心理分析美学的兴起。它通过"讲述疗法"深探无意识语言结构和语法,成为"某些诗歌和美学理论的基础"③。由于拉康的独特推进,人们更意识到:不是"梦"或"无意识",而是"语言"才是心理分析学的最重要"记录"④。20 年代,卡西尔从"人是象征的动物"出发,在语言哲学和语言学的基础上建立象征形式的美学。30 至 50 年代,后期海德格尔以"语言是存在的寓所"和"语言本身在根本意义上是诗"为基本命题,把语言视为人的诗意存在方式。与这种现象学和存在主义模式几乎同时,后期维特根斯坦在"日常语言"分析中把语言的本质界定为广义的"语法",主张"想象一种语言就意味着想象一种生活形式",这就在 50 年代诱发了分析美学流派。50、60 年代,阿恩海姆和贡布里希分别对艺术"格式塔质"和"视觉意象语言学"的研究,表明语言论美学已伸展进绘画、雕塑等视觉艺术领域。更值得注意的是,在现代语言学模式基

---

① Edward Sapir, *Selected writings in language: culture and personality*, David Mandelbaum, ed.Berkeley: University of California Press, 1949, p162.
② 恩格斯:《反杜林论》,《马克思恩格斯选集》第 3 卷,人民出版社 1972 年版,第 56 页。
③ [美]霍夫曼:《弗洛依德主义与文学思想》,王宁译,三联书店 1987 年版,第 32—33 页。
④ [比利时]布洛克曼:《结构主义》,李幼蒸译,商务印书馆 1981 年版,第 109 页。

础上建起的符号学美学，经过俄国形式主义、捷克结构主义到法国结构主义的持续演进，已变得模式化、科学化，体现出以语言学模式驾驭一切艺术现象的宏伟抱负。正是借助被称为"哥白尼式革命"的现代语言学模式的威力，符号学美学把20世纪语言论美学的语言中心论发展到顶点。

从大约60年代起，语言论美学的"语言乌托邦"从建构逐渐转向解构。伽达默尔的阐释学美学力求打破语言学模式的封闭、绝对，在开放视界上思索存在—理解的语言性。后结构主义或解构主义则致力于颠覆结构主义的同一性、整体性原理，强调语言中"差异"、"裂缝"的力量。西方马克思主义美学自阿尔都塞起始也经历了"语言论转向"，继起的马歇雷、杰姆逊和伊格尔顿等在与结构主义和后结构主义的对话中确立起独特的语言论战略。到了80年代初兴起的美国新历史主义和英国文化唯物主义，历史、政治和功利重新受到重视，但语言的中心地位却并无根本改变。与20世纪前期突出整体、绝对、确定不同，20世纪后期的语言论美学则更强调语言中差异、碎片、相对和不确定性。虽然都是以语言为中心，但"进入"语言的方式却发生了重大变化。

至此我们已明白20世纪语言论美学的含义及其演化的大致情形。追究它形成的复杂原因、各种流派的发展及其相互关系等，需另作专文。文本集中讨论20世纪语言论美学的特征问题，尤其是它不同于认识论美学的话语特征，并进而就它的实质作初步描述。

二、语言论美学中的语言角色

以语言中心取代理性中心，是语言论美学的最显著特征。语言不再是理性的次要工具，而是创造、构成意义的东西，甚至就是人的"能被理解的存在"本身（伽达默尔）。语言在语言论美学中是以怎样的方式存在的呢？如果把语言论美学看作一出戏，那么语言就是这出戏中至关重要的角色。但这同一出戏（脚本）却又是由不同导演及演员去演出的，他们对这戏的处理因人而异，因而语言在不同的演出中就会呈现不同的角色风貌，这也会导致语言论美学的情状各异。

在卡西尔、雅各布逊、巴尔特、前期维特根斯坦、海德格尔那里，语言总是充当肯定性角色。语言被认为是实现人的主体性、思索审美与艺术关键问题的积极的和正面的因素。卡西尔的"原根性隐喻"、海德格尔的语言即"诗"、阿恩海姆的"格式塔"、贡布里希的"图式"和巴尔特的语言即"文学"等。尤其充满着语言乌托邦色彩。语言在这里扮演着浪漫的、诗意的角色。但他们的观点并不是单一和始终一贯的。

弗洛依德、拉康、巴尔特（部分地）、德里达、后期维特根斯坦和阿尔都塞，则往往把语言理解为否定性角色。语言是重要的，其重要性不在于它对主体、审美和艺术构成建构性力量，而相反在于它构成了颠覆性力量。这种语言角色所呈现的语言乌托邦，就难免是否定性的或反面的。

当然，与前面两种评价性态度不同，列维—斯特劳斯、巴尔特、艾柯和洛特曼等更愿意把语言理解为中性角色。语言总是在学问探究、事实描述意义上使用的，给人一种不褒不贬、不偏不倚的"科学"对象的感觉（也有褒贬偏倚，只是更隐蔽）。其实，这些论者对语言和语言学模型的科学探究热情本身，就带有肯定性的乌托邦冲动，只是不那么浪漫化与诗化罢了。

最后，语言被当作兼容性角色，即同一论者会认为语言兼具肯定性、否定性和中性等多重角色。海德格尔认为语言既是存在的家也是其牢狱。巴尔特相信写作既是肯定性的也是否定性的，文本兼具双重功能：覆灭主体和给主体快乐。在伽达默尔那里，语言是一种不确定的和开放性角色。对巴赫金、本雅明、德拉·沃尔佩、马歇雷和杰姆逊等而言，语言往往可能是"辩证"的。而这些语言乌托邦，就更闪烁着奇异多变的光芒。

总之，在语言论美学中，语言角色不是单一的和固定的，而是各不相同的、多重的和多变的。看来，把语言单纯视为肯定性或否定性角色，是不足取的，应当采取的是美容性的或辩证的态度。语言的角色应该视它在具体历史舞台上的所置身其中的整个历史剧情而定。

三、语言论美学的话语特征

虽然语言论美学的显著特征是以语言为中心，但这个说法还流于一般化。如果把语言论美学看作一部叙事性文本，依照热奈特（Gerard

Genette）关于叙述话语（文本）、叙述内容（故事）和叙述动作（声音）的"叙事"三分，那么，就不难求得关于语言论美学特征的较具体观察。叙述话语指直接供读者阅读的语言构成物即文本，如表述文体、语词运用等；叙述内容是读者根据文本阅读而重构的文本中被描述事件即故事，如被谈论的话题、角色的命运等；叙述动作则是由文本描绘中显露出来的支配这种描绘的背后的主体行为即声音，如元叙事体、叙述者能力等。

（一）与认识论美学的理论性和体系性文体不同，语言论美学主要运用批评性和论文性文体。认识论美学总是以美学理论形式去表述的，总有概括一般的气势。而语言论美学则往往以美学批评形式表述，不再有那种理论概括气度，而主要是对具体或单个对象的分析。与理论性文体"降格"为批评性文体相应，语言论美学也把认识论美学的体系性文体"下降"为论文性文体。体系性文体总是结构浑成、连贯和统一，如亚里士多德那种"有机整体"，有时甚至篇幅庞大，内部机制复杂而有序；而论文性文体往往是单篇独立论文或其松散结集形式，它不是"有机整体"中的章节，而是不可复原的或本来如此的碎片。理论性和体系性文体的典范是黑格尔《美学》，它把认识论美学的文体特征发展到极致；批评性和论文性文体，则可以在本雅明、巴尔特、贡布里希、阿尔都塞、海德格尔、德里达和杰姆逊的论著中找到范本。

有力的转折来自50年代兴起的分析美学。它从语言清理角度，以论文这短兵相接形式，向美学"体系"和"理论"发动突袭。这种论文文体本身就意味着一种反叛。自60年代起，这种文体转折的步伐加快。贡布里希的《艺术与错觉》等"著作"实由单篇论文松散地拼贴而就。伽达默尔的《真理与方法》明确主张美学没有方法论和统一的体系。70年代，当巴尔特相继写出《文本的快乐》《S/Z》《恋人絮语》时，其理论性和体系性文体已完全被批评性和论文性文体所取代了。更早的海德格尔的《存在与时间》只写了一半便中止，他晚期更主要以单篇论文宣讲其语言论，这符合克尔凯戈尔制订的存在主义信条："我宁愿做个体的一刹那，不愿做体系的一章一节"。[①]80年代，杰姆逊的《政治无意识》是他写过的最能引发理论和体系"幻觉"的著作，但除长长的第一章概说和结论有较强烈的理

[①] 转引自［法］让·华尔：《存在主义简史》，马清槐译，商务印书馆1983年版，第3页。

论色泽以外，其余四章都只是关于具体对象的批评性文字。这里的每一章之间并无体系性文体所要求的那种密切的和有机的联系。然而，这并不意味着说语言论美学已不再是"理论"，而只是表明，其理论性已极度衰微，正在向批评靠拢。理论的批评化，正是语言论美学的一个鲜明特征。

（二）与认识论美学著作语句明晰、行文流畅不同，语言论美学论著总是语句含混、行文滞涩。前者如席勒《审美教育书简》、黑格尔《美学》，而后者如拉康、本雅明、海德格尔、维特根斯坦、巴尔特、贡布里希等的论著。语句含混、行文滞涩印象的造成，与格言、警句、双关语、寓言等的大量运用密不可分。拉康的文风诡谲人所皆知。本雅明是制造警句的"专家"。海德格尔式的模棱两可和有悖常理曾被分析哲学家卡尔纳普剖析得体无完肤。但分析美学泰斗维特根斯坦本人的论著同样经不起语言清理。巴尔特后期著作更是采取了反理论的随意书写方式（如《恋人絮语》）。贡布里希的卷帙浩瀚著作常常把理论主张分割或消隐在丰富的实例分析之中，令人难以捉摸。

（三）从叙述内容上看，在被谈论的话题方面，感性与理性问题转换为语言与意义的问题。认识论美学曾集中思索理域的盟主性权威问题。语言与意义的关系只是感性与理性关系的"影子"。只要理性成功地处理了感性化问题，语言具有意义或意义进入语言也就确定了。语言只是理性使自身感性化的中介或工具，而感性化过程自然也就是语言被赋予意义的过程。然而，当语言论美学使这虚幻的从属的"影子"转换为实体问题，语言与意义的关系就得到重新对待。

这已不再是语言与意义何者为主何者为仆的统治关系，而是语言如何使意义呈现、或意义如何在语言中呈现的对等组合关系。恰如卡勒所说："实际上两者是不可分割的，因为如果要研究符号，那就必须考察使意义得以产生的关系系统，反之，我们也只有在把研究对象当作符号看待时，才能确定这些研究对象之间哪些是相关的关系。"[①]

如果说，认识论美学虽然看到意义在语言之中，但倾向于把意义视为一种主体行为，即源于艺术家亲身经历、灵感或"时代精神"的东西；那么，语言论美学更突出的则是：意义是一种语言符码系统的产物，即文本

[①] ［美］卡勒：《结构主义诗学》，盛宁译，中国社会科学出版社1991年版，第25、60页。

事实。不过，意义作为文本事实并不被认为完全与主体行为隔绝。诚然，"主体可能不再是意义的起源，但是，意义却必须通过他"①。因为，意义仅仅是由主体去发现、认可的东西。在语言论美学的建构时期，可以发现有关语言与意义关系的两种不同认识：（1）意义是文本事实，即语言符码系统的构成物，同时这也有赖主体以其知觉、判断或直觉去加以配合。基于索绪尔语言学而建立的俄国形式主义和结构主义，大致归属此类。这种观点力图排斥认识论美学那种主体情感或理智及其置身其中的"时代精神"的直接的和主导性的存在，而把主体的参与很大程度上仅仅理解为象征性的，即仿佛只是能使意义从文本中现形的假想前提或诱因。假如，俄国形式主义把"陌生化"归结为语言系统的构成物，但也不忘说它依赖于主体以"感受"去获得认可："艺术的目的是使你对事物的感觉如同你所见的视象那样，……艺术的手法是事物的'陌生化'手法，是复杂化形式的手法，它增加了感受的难度和时延……"②。这里的主体感受是意义的必要条件，但早已消解了认识论美学所钟爱的天才、灵感、想象等特殊而深沉意味，而只具有一般感觉含义。

（2）意义虽然仍是文本事实，但这种文本事实本身就是主体的符号行为。属于此类的，有弗洛依德、卡西尔、阿恩海姆、贡布里希和海德格尔等。这种观点既承认语言（文本）的中心地位，更突出主体的主导作用。认识论美学把这种主体的主导作用看作先于语言而发生的、理性与感性融合的产物，语言只是这种主体作用的忠实记录而已；而语言论美学则把主体的主导作用视为始终不离语言并依赖语言而起作用的东西，即主体的符号行为。文本事实就是主体的符号行为。

到了语言论美学解构时期，上述两种认识又发生了变形或转换：

（3）意义不再如（1）那样被认作文本的同一、确定和整体事实，而是文本中的差异、不确定和碎片事实。德里达、巴尔特的后结构主义是这种认识的代表。

（4）同（2）一样，意义被看作为文本事实的主体符号行为，但不同的是，这里的主体符号行为不再被认为总是主导性的、能动的、理想的或

---

① ［美］卡勒：《结构主义诗学》，盛宁译，中国社会科学出版社1991年版，第25、60页。
② 参见《俄国形式主义文论选》，方珊等译，三联书店1989年版，第6页。

有效的，而被看作充满差异、冲突、矛盾、不完善或无效的结合体。阐释学、西方马克思主义、新历史主义和文化唯物主义持这种观点。

以上表明，在语言与意义问题上，语言论美学体现出一种强烈倾向：意义不再是理性与感性融合的产物，不再是理性的感性化的结果，而是语言的事实。从理性的感性化角度，必然引申出意义主要在于理性内容的结论，而从语言与意义角度，则会推导出意义在于语言形式。因此，以语言为中心，具体讲就是以形式为中心，同理，语言乌托邦其实是形式乌托邦。由此可以见出语言论美学的又一特征。

（四）以形式移置内容。移置，不等于简单的取消或代替，而是以位置的偏移或转换。认识论美学出于理性统治感性的基本考虑，总是追求内容（理性）为主、形式（感性化）为辅、内容与形式的统一，而语言论美学从语言与意义的组合着眼，认定形式就是内容，内容已移置为形式、作为形式而存在。按照索绪尔后继者叶尔姆斯列夫的见解，语言只是形式即"语符"，它由"意符"（含意义）和"音符"（不含意义）合成。过去归属于内容的意义在此已被形式化。在杰姆逊那里，内容已被"寓言化"，即被切割、隐蔽、淡化或涂抹在形式迷宫之中。

与语言论美学的建构与解构时期相应，对形式的认识也经历了两个阶段：

$$\begin{cases} 形式建构：语言结构=作品=所指=中心=整体 \\ \qquad\qquad\quad\updownarrow\ \updownarrow\ \updownarrow\ \updownarrow\ \updownarrow \\ 形式解构：话语=本文=能指=边缘=碎片 \end{cases}$$

在形式建构阶段，形式主要是从语言结构—作品—所指—中心—整体角度被理解的，而到了形式解构阶段，形式则主要同话语（或言语）—文本—能指—边缘—碎片联系了起来。语言结构是普遍的和集体的，话语则是特殊的和个体的；作品是被阅读与理解的，文本则是有待于阅读与理解的；所指被突出表明形式是确定的和完整的，能指被重视则说明形式是不确定的和片断的；标举中心和整体，显示出对掌握绝对、永恒的乐观信念，偏爱边缘和碎片，则披露出这种乐观信念已遭破灭。前者的代表是列维—斯特劳斯、前期维特根斯坦、前期巴尔特等，后者的代表则有后期维特根斯坦、后期巴尔特、德里达、福柯、拉康、阿尔都塞、杰姆逊、格林布拉特和道利摩尔等。从语言结构到话语、作品到文本、所指到能指、中心到边缘和整体到碎片的转变，表明语言论美学的语言——形式乌托邦从肯定性的演变为否定性的，从乐观的沦落为悲观的。看来，单纯追逐形式，难逃此结局。

（五）结果必然是，与认识论美学述说"理性王国"的兴衰史不同，语言论美学叙述的是关于"语言乌托邦"的故事。在关于理性王国的故事里，理性君王以审美和艺术（感性）为自己的臣民，力求建立永久性不平等的等级秩序；另一方面，审美和艺术不甘屈服于做理性的从属角色的宿命，起而反抗暴政，争取平等和自由权利，从而展开理性愈益专权而感性愈求篡权的恶斗，结局却是语言乘虚而入，坐收渔利。

至于有关语言乌托邦的故事，则讲述语言主角如何呈现意义，相应的语言哲学和语言学模型如何在艺术研究领域成为艺术的安身之所，如何解救美学危机于水火之中：理性王国是等级森严的君主国，理性与感性、内容与形式、美与美感、艺术创作与艺术品等之间总是主从关系；语言乌托邦则是平等互助的民主城邦，语言与意义、所指与能指、语言结构与话语等形式因素主要构成平等组合关系。当然，语言乌托邦里在许多情况下，平等和民主只被用作达到某种新的等级制的口号。如，德里达正是以这样的名义而实际上使能指挖空所指、书写高于说话、边缘颠覆中心。同样，在推翻了绝对理性主义、机械唯物主义、旧历史主义等昔日权威后，新的危险如"形式主义"、"符号学帝国主义"、"文本中心论"等正接踵而至，新权威取代了旧权威。

（六）从叙述动作看，支配语言论美学的"声音"是什么呢？如果说认识论美学回荡着一种全知全能的强音，那么，语言论美学则受制于一种半知半能的弱音，全知全能的强音是独白型绝对声音，它仿佛知晓世界的一切，自信真理在手，可以号令天下。在黑格尔那里，似乎一旦确定了终极的和原初的绝对理念的辩证运动规律，世间的万事万物就能各就其位，忠实地按既定轨道围绕绝对理念这中心转动。与此不同，半知半能的弱音却是异声同啸型杂音，内部不同嗓门的相互"斗嘴"削弱了它的总体或力，从而在叙述世界时自觉无力知晓和讲述那"背后"的终极、绝对和永恒，而只能知晓和讲述人们叙述世界的语言本身。语言本是用以叙述世界的符号，当发现这被叙述的对象即世界已变得神秘莫测时，能做的就只是谈论叙述方式即语言本身了。因而所谓半知半能,就是指无力知晓和讲述世界的终极、绝对和永恒,而只能知晓和讲述人们的叙述方式即语言本身。

不仅如此,即便是谈论语言这"一半",语言论美学也表现出进一步的半知半能。在建构时期,维特根斯坦、列维—斯特劳斯、巴尔特、卡西尔和海德格尔还自信能知晓和讲述语言的总体奥秘,但到了解构时期,他们或他们的后继者如德里达等则只能知晓和讲述语言总体之"一半"了:无所指之能指、无中心之边缘、无整体之碎片、无说话之书写等。

可以说,半知半能弱音之取代全知全能强音,从语言角度看,根源在于:那支撑人们叙述能力的"元叙事体"或"元话语"已然支离破碎。这里的元叙事体或元话语指组织人们叙述的更根本的文化符码系统,如神话、历史、信念体系或价值体系等。正像安泰离开大地便神力全失一样,人们倘是丧失元叙事体,便会丧失叙述能力。当然,这里的元叙事体并未消失,而是支离破碎——这样,人们只能依据元叙事体碎片去叙述世界或历史碎片。就语言论美学来说,它所能做的就只是谈论语言或语言碎片了。

对以上描述作进一步归纳可见,语言论美学的话语特征集中表现在:美学已从认识论时代直接地全知全能地谈论世界,而退到只能谈论那借以谈论世界的语言,甚至进而退到谈论语言碎片了。

那么,语言论美学的这种特征昭示着什么更深层次的东西?

四、语言论美学的实质

语言论美学的特征从一个侧面披露出一个事实:20世纪西方世界已变得非同一般地注重语言。如果把这里的语言理解为广义的一切符号表达方式,那么,语言或符号正在20世纪生活中扮演愈益重要的角色,换言之,20世纪生活正在变得高度符号化。语言论美学,正是高度符号化时代特有的美学理论。

符号化,与自然化相对,也就是语言化、象征化或文明化。如果说,自然化指人类原初的类似动物的生存状况,那么,符号化就是人类创造符号、在符号中认识和掌握自身与世界、并使符号成为自身环境的进程。人类愈是以符号为自身环境，便愈是与自然环境相疏离，与原初感性相离异。这一方面表明人类正超越自然，上升到更高阶段，但另一方面，也可能使人类的原初自然本性遭到破坏。人类试图以符号去看护并超越自然，但却可能以符号束缚、控制或肢解了自然。这就是符号化的巨大代价。

其实，且不说人类说话和书写，成为"语言的存在物"，即便当人类能制造简易工具时，符号化进程也就开始了。但只是在20世纪，西方世界才真正达到了高度符号化的程度。首先，资本主义生产力创造出高度现代化的符号表达方式，如精密印刷术、无线电通讯、摄影、电影、电视、传真、电脑等，这就为高度符号化时代的形成提供了物质基础。其次，高度符号化的重要标志在于，新闻媒介（广播、报纸、杂志、电视等）成为人们的日常体验模式。当人们更多地不是凭借亲身、直接参与而是依赖报刊阅读去体验世界时，"间接体验就侵浊了对世界的直接、具体体验"。人们成为"被动的旁观者而不是积极的参与者，即成为别人所创造的形象与感觉的消费者"。再次，与消费社会相应，商业广告语言（街头广告、报刊广告、广播广告、电视广告、商店广告等）成了人们日常生活的新的规范语言。"广告赋予商品自己的语言——一种人类创造史上崭新的充满许诺的语言"。但这种语言却并不提供真实。"广告的特殊之处在于它的根本前提就是虚假、欺骗，因为它的目的在于掩盖劳动及其产品之间的联系，从而说服顾客去购买特定的牌子"[①]。这样，高度符号化的标志还在于，充满虚假、欺骗的广告语言成为人们的存在方式。最后，随着符号表达方式尤其是大众传播媒介的高度发展，信息量日益增多，知识分类愈加复杂，这使人们有理由既为自己的语言创造力而惊叹，同时也为这些纷纭繁复的语言的难以自如掌握而焦虑。总之，高度符号化意味着不是直接的世界体验而是间接的符号体验成为人们的体验模式。这也说明，语言成为美学的中心问题并非偶然，因为它不过是生活的高度符号化在美学上的折射而已。

生活的高度符号化对西方人来说究竟是"福"还是"祸"呢？从理想

---

① ［美］特拉登堡：《美国的公司化》，邵重、金莉译，中国对外翻译出版公司1990年版，第123、139、143页。

角度看，凭借符号去认识并掌握世界，是人类进步的标志；这进步带来的巨大便利确实不容否定。但20世纪西方思想家更多地看到高度符号化所造成的危机方面，并为此而忧心忡忡，由此不难窥见语言论美学得以兴盛的秘密。

本雅明敲响了这样一声警钟："没有任何一份文明的记录不同时也是一份野蛮的记录"[1]。这种关于文明总是伴随对自然的野蛮蹂躏的洞察，在阿多尔诺、杰姆逊、伊格尔顿等那里激起深深的回响。福柯甚至惊问："这不正是一个信号吗？整个结构摇摇欲坠，而人却在语言日益照亮生命地平线的时候走向死亡。"[2]

符号化的充分发展意味着人的自然生命的绝灭。让－弗朗索瓦·利奥塔以分析美学及后结构主义的语汇指出："社会主体看来正在语言游戏的播散中瓦解自己。社会制约网是语言性质的，但它并非仅由一根线索织成"。例如，我们无法不置身于密如网络的众多符号系统中：化学方程式与微积分标志法，视器语言，游戏理论图谱，音乐标码新系统，逻辑的非指示性形式坐标系统（时态逻辑、伦理逻辑和形式逻辑），遗传密码语言，音位学结构图示等。利奥塔对此深切感叹道："如今无人能够运用所有这些语言，人们也不再拥有普遍通用的元语言，而那项系统——主体工程业已失败，解放目标同科学毫无关系，我们全都陷入了这种或那种知识的相对主义之中，渊博的学者变成了科学家，科研任务日益细碎的分割致使无人能够把握全部。"[3]这样一份知识的"报告"是触目惊心的：人们在密如蛛网、细如碎末的符号世界里再也找不到总体了。尤其是随着电脑霸权的形式，知识被大规模移入电脑、由电脑操纵，数据库变成当今人的本性，那么，真正自由的人性及作为其语言化的知识安在？

如此，人们已难以同真实的、本真的自然世界相遇，而是处处遭逢语言迷宫或符号陷阱。符号化本是"文明"的记录，如今岂不成了"野蛮"的记录？

---

[1] Walter Benjamin, *One Way Street and Other Writings*. London : New Left Books, 1979, p.359.
[2] Michel Foucault, *The Order of Things*: *An Archaeology of the Human Sciences*, London: Tavistock Publications Ltd, 1970, p.386.
[3] ［法］利奥塔：《后现代状况》，王岳川、尚水编：《后现代主义文化与美学》，北京大学出版社1992年版，第37—38页。

确实，正是在 20 世纪，西方人从来也没有像今天这样享受到高度符号化环境所带来的舒适和便利，同时，也从来没有像今天这样为高度符号化环境所造成的人性分裂和寂灭危机深切悲叹。高度符号化，意味着与人的原初自然与感性生活相诀别，而退回到内在的、形式的因而是理性化的生存中去。这里的"理性"已不同于那种作为绝对实体的始基形式，可以演化出种种感性事物的理性，而只是无法实体化和感性化的空洞形式。这同在德里达那里，能指总是充满"延异"、"播散"、"印迹"的空洞链条一样。因此，高度符号化作为与实体化无缘的空洞的形式化，正是理性化。

西方语言论美学，正是在这种高度符号化与理性化的文化语境中兴起和衰败的，因而也是这种高度符号化与理性文化语境的显示。伊格尔顿在评论结构主义时指出：

> 结构主义是在语言成为占据知识分子全部注意力的事物时才开始产生的；它的产生也因为，在 19 世纪后期和 20 世纪的西欧，人们感到语言正在深刻的危机中痛苦挣扎。……最好是把结构主义视为……社会和语言危机的症候和对于这一危机的反应。①

其实，不仅结构主义，而且整个西方语言论美学，都是高度符号化时代社会和语言危机的产物。不妨说，语言论美学宛如一面神奇的、叠现着双面镜象的想象态镜子：既是高度符号化语境的显示，又是美学自身特殊境遇的显示。

作为显示当今高度符号化文化语境的镜子，语言论美学交织着两种相互拆解的乌托邦幻象：或者映现出人与符号完满同一的肯定性乌托邦远景，或者暴露出人在符号中濒临死亡的否定性乌托邦图画。一般说来，前者是语言论美学得以兴盛的巨大诱因所在，因为人类能在自己创造的语言—符号世界中安身立命，岂不是尤具诱惑力之事？相反，后者却是语言论美学走向衰败的重要缘由所在，因为，人们对语言—符号世界探究愈多，便愈发现始料不及的否定性征兆：主体在其中被颠覆。人们从这扇门

---

① ［英］伊格尔顿：《二十世纪西方文学理论》，伍晓明译，陕西师范大学出版社 1986 年版，第 76—77、175—176 页。

进来，想不到它却通向另一种境界。这"潘多拉的盒子"打开又关闭，打开的是瘟疫和灾难，关闭的却是希望。这种肯定性与否定性乌托邦幻景的交替，确实正与语言论美学的建构和解构相适应。

不过，这面想象态镜子毕竟具有魔幻般奥秘，它不会只反射两种幻景，而是能映现万花筒般奇观——语言论美学的兴衰，能使我们发现高度符号化世界所带来的种种问题，这里交织着复杂而多变的冲突、矛盾，既有同一也有异化，失望与希望并存，压抑与解放共在。历史的进程是不可逆转的，只能顺应、改革，而不能倒退、复旧。面对高度符号化所引发的困扰，倒退并无出路，不能走反文明或反符号化之路，只能力求创造性转型。

另一方面，作为美学自身在当前面临的特殊境遇的镜子，语言论美学映现出什么呢？当美学在此已变得不是理论化而是批评化、不是伸展自身而是抵制自身、悬搁起理性与感性而只问语言与意义、以半知半能弱音取代全知全能强音……时，它已不可能重返18、19世纪的黄金时代，而似乎只能日趋衰落或终结了。这衰落或终结当然主要是按认识论美学的标准而论的。因为，对认识论美学来说，由于据有绝对的、终极的理性支点，美学的完整的理论大厦是能的。相反，语言论美学却是随生命美学、象征主义和唯美主义的理性摧毁行动而兴盛的，并且它自身参与了这一反叛活动。由于推倒了这个理性支点，语言论美学也就等于推倒了美学的完整的理论大厦。这也就是为什么，德·曼会认为，美学理论的兴趣恰恰在于"其界说的不可能性"，或"理论之不可能性"，它目的正在于抵制理论本身。这样，同认识论美学时代相比，语言论美学确实已使得美学衰落了。那么，这是否意味着美学的终结？在我们看来，语言论美学所标明的终结决不是西方美学的终结，而是西方美学的转型，即是现有美学的衰落和新的美学的萌芽。当然，新的美学会有怎样的面貌，它是否会给危机四伏的西方美学带来真正生机等，却实在是有待于深入考察的问题。

五、面对语言论美学

如果以上关于20世纪西方语言论美学特征和实质的描述尚能成立，

那么，这说明，现有的西方美学研究格局是围绕西方认识论美学建立的，还没有语言论美学的一席之地，需要作出调整。即便我们对语言论美学有所容纳，也是把它装填进认识论美学研究框架之中，还缺乏把它作为语言论美学本身加以对待的相应框架。我们应该既注意加强对语言论美学的引进和研究，又重视对它与认识论美学的关系的考察。

在引进和研究的同时，不应放弃批判、评价的权利。这就要求我们以独立自主的态度去冷静地审视西方语言论美学，不仅看到它的借鉴价值，而且注重它的固有偏颇。应当承认，语言论美学顺应高度符号化时代的特定条件，以前所未有的注意力和多种有效手段探索语言，展现语言的丰富、复杂世界和惊人魅力，从而为我们追寻语言的奥秘提供了宝贵的启迪。同时，它在美学话语方面所作的变革，如论文文体、批评化、语言与意义话题等，突破了传统认识论美学的绝对化界限，打开了美学的新维度。语言论美学的这种价值是认识论美学所缺乏和无法提供的。可以说，认识论美学在探寻理性内容方面难以匹敌，而语言论美学在追索语言形式时则优势明显。因此，我们的美学在保持和伸张传统认识论美学的特长的同时，应注意借鉴语言论美学的有益方面。

值得注意的是，语言论美学的价值又是不能与其相剥离的。它诚然正确地揭示出丰富性、复杂性和神奇魅力，但却往往对此作非历史主义（如列维—斯特劳斯、卡西尔、维特根斯坦等）或相对主义（如巴尔特、德里达和拉康等）解释；即便如新历史主义和文化唯物主义那样重返"历史"土壤，这种重返并不是彻底的历史主义的，不过是后结构历史主义的；同时，它往往为语言而遗忘理性内容，甚至放弃对内容的必要探索。显然，这样的偏颇是应当加以拒斥的。

中国当代美学有自己的全然不同于西方美学的发展脉络。因此，我们研究西方语言论美学，决不是要跟在西方人后面亦步亦趋，而是想为发展中国当代美学的独立自主品格提供一个有益的参考框架。

（原载《文艺研究》1994年第4期）

异国情调与民族性幻觉

——张艺谋神话战略研究

张艺谋，90年代中国文化界的"神话"式英雄。他以近年来在西方屡获大奖的神奇经历，有理由被捧为中国第一位"世界级"导演、由"边缘"跨入"中心"的"英雄"、当代中国人自我实现的"超级偶像"等。作为当代人的幻想、想象的话语结晶，这部张艺谋神话是怎样制作出来的？这个问题正是所谓战略问题。我们已经指出，它的总导演和执行导演分别是我们的当前历史和文化。历史总导演总是于暗中驱使文化去上演张艺谋神话。这里的文化可以简括为三方会谈语境：当代自我与传统父亲和西方来客这两位"他者"展开艰难的三方会谈。张艺谋神话战略正可以由这种三方会谈语境去加以理解。[1]

我们在此不可能全面讨论三方会谈语境中的张艺谋神话战略，而只打算从三方会谈语境中当代自我与西方来客的关系入手，剖析张艺谋影片的"异国情调"的深层意义。这异国情调是按何种规范构成的？它是真正的民族性建构抑或只是民族性幻觉？西方何以对它格外青睐？通过这些问题的讨论，我们会对张艺谋神话的文化意义具有新的了解。所谓张艺谋神话战略，也正是指张艺谋神话的文化意义得以产生的那种无意识规范。我们这里讨论这种神话战略，其实不过是对张艺谋神话的一种读法而已。在当代自我—西方来客轴线上，张艺谋影片向西方观众慷慨提供了一种东方式的异国情调。而要弄清这种异国情调，又需要从求异和娱客谈起。

---

[1] 参见拙文：《谁导演了张艺谋神话？》，《创世纪》1993年第2期。

一、求异与"西方精神"

在 80 年代"寻根"热潮中，向西方"求异"是与向传统"寻根"紧密交织在一起的。按鲁迅"别求新声于异邦"的名言①，求异就是从异邦寻求有差异的东西，以便帮助振兴衰落的中国文化。求异依赖于两个前提：一是自居世界"中心"的中国文化已经山穷水尽，唯有仰仗"他者"之力才能复兴；二是这"他者"应确实被认为具有拯救中国文化的非凡实力，能够被"拿来"以后便发挥作用。鸦片战争以中国的惨败和西方的大胜而告终，有力地满足了这两个前提。于是，150 多年来，中国人始终不断地向西方"取经"，把"振兴中华"的希望寄托在求异上。这样，西方来客堂而皇之地涌进中国，但不再是如唐玄宗或乾隆时代那样来诚惶诚恐地朝拜，而是来居高临下地传经送宝，甚至反客为主。"西方"成为中国"丑小鸭"梦寐以求的"天鹅"偶像。

如果说中华民族有自己的"民族精神"，那么，裂岸涌来的西方来客也应该向我们呈现出特有的"西方精神"。尽管我们认为这样的"西方精神"同其他"民族精神"一样，并非实有而只属于现代虚构的产物，但应当看到，这种虚构物因中西交往的具体语境的差异，会交替呈现出三种幻象：

其一，西方崇尚。从鸦片战争到"五四"运动，"西方精神"主要呈现为科学、民主、自由、平等、博爱或先进等令人崇尚的幻象。在刘鹗的《老残游记》（1905）中，那艘在茫茫苦海上挣扎的破船正是衰落的中国的象征，而老残带上由西方发明的罗盘和纪限仪前去拯救，无疑披露出对西方先进技术无限崇尚的"洋务自强"理想。在这类小说中，正像在鲁迅《摩罗诗力说》以及胡适、陈独秀、李大钊等的论著中一样，"西方精神"是先进、进步的，而中国则成了蒙昧、愚昧、落后或封闭的大本营。

其二，西方厌恶。两次世界大战的爆发，向中国人暴露出西方文明的深重痼疾，一度拆穿了"西方"的迷人外衣，于是，"西方精神"被同好战、机器压制人、瘟疫、穷途末路、危机四伏等连在一起了，令人厌恶。梁漱溟在《东西文化及其哲学》（1921）中，透过三条路向的比较，说明

---

① 鲁迅：《摩罗诗力说》，《鲁迅全集》第 1 卷，人民文学出版社 1981 年版，第 65 页。

建立在西洋哲学基础上的西方文化已成末路，并将向中国之路转化，从而相信"西方精神"不足取，关键是"中国文化之复兴"。这种西方厌恶情绪，在沈从文笔下的清新、自然、与现代西方文化的影响相疏离的湘西边城风光中获得回应。

其三，西方困惑。与上述两种极端幻象相比，"西方精神"在这里显得更为错综复杂，难以归一，从而更多地是令人困惑的幻象。这主要是由于，随着西方来客的不断涌入，中西文化交汇日趋激烈，中国现实问题难以妥善解决，就迫使中国人在最初的欣喜之后，不得不冷静地再度审视西方形象，发现其多方面的、优劣并存的特征。鲁迅的一系列小说揭示出对"西方精神"的深切困惑。在《药》《阿Q正传》里，受西方思潮影响而发生的辛亥革命，只是赶跑了皇帝，却未能触及中国传统痼疾，这种痼疾在华老栓父子和阿Q身上得到典型表达。鲁迅在这里并未全盘否定"西方精神"，而是呼吁根据中国的现实症候去重新理解它，摆正它的形象。

这三种幻象自然还不能囊括全部，但已能大致显示"西方精神"的多面性和丰富复杂性。或令人崇尚、或令人厌恶、或令人困惑，这些都取决于中西交往的具体语境的特殊性。值得注意的是，即便在第二类即否定性形象中，"西方精神"也不一定被全部抛弃。例如，梁漱溟的模式，离不开西方文明这一参照系。可见，"西方精神"无论其具体幻象如何，都能给予不断求异的现代中国人以诱惑力。当中国人被西方大炮轰垮了自我中心幻觉、意识到非仰赖"他者"便无法自救时，"西方精神"就成为理想的"他者"幻象，合适的求异目标。

于是，洋务运动、维新变法、辛亥革命、"五四"运动……直至"寻根"热潮，现代中国的每次文化运动，都同向西方"他者"求异的努力密切关涉。不过，当中国人竞相诚邀西方"他者"、并进而把"他者"误当作"我"时，那真实的中华之"我"又该在哪里呢？张艺谋，正是近百年来向西方求异的中国人之一员。

二、从慕客到娱客

当张艺谋随"寻根"热潮崛起于电影界时，对西方的最初态度是慕客,即仰慕、崇尚并竭诚欢迎西方来客。慕客,是他向西方求异的一个具体姿态。

张艺谋是以《黄土地》开始走红的。而最初发现并赏识他的,正是西方。影片在国内上映时竟无人喝彩,而在香港和西方电影节放映,却赢得高度赞誉,并由此使中国电影开始受到西方瞩目。西方大师一旦给予"说法",影片在"杀"回国内时就变得身价陡涨、充满灵光了。张艺谋一举获得了成功。回顾起来,正是西方给予在冥暗中徘徊的张艺谋以一线光明,一条走向更大成功的"通天大路"。因此,他的慕客姿态是毫不让人奇怪的。

也正是从此时起,张艺谋开始琢磨在世界电影界成功的秘诀。《黄土地》意外地博得西方嘉奖并因此在国内获得成功,这给予他宝贵的启示:首先,最重要的是能在西方讨来"说法"。有了西方的认可,就等于决定了在国内的成功。这可以叫作对内以洋克土,即借西方"他者"之力而在国内确立权威地位。其次,如何才能让西方乐于给"说法"呢?这就需要分析西人的口味,看看他们喜欢什么,然后投其所好。而根据《黄土地》的成功,不难发现:西方需要并且喜好的是东方异国情调。因而要想西方给"说法",就得以异国情调去满足他们。这可以说是对外以土克洋,即以中国特有的"土"味(异国情调)去打动、取悦于西方,使其乐于给"说法"。这样,张艺谋的战略就包含相互联系的两个方面:对内以洋克土和对外以土克洋。前者是在国内成功的手段,后者则是在国外得奖的秘诀。当然,更根本的是后者,因为,只要能在国外得奖,在国内就一般毫无问题了。

于是,张艺谋的心思就紧紧落在如何让西方给"说法"上。他就不再是一般地慕客,而是特定地探求娱客了。娱客,在这里就是娱乐西方来客,取悦于他们,让他们获得心满意足的享受,然后,慷慨解囊似地给个"说法"。

娱客的"佐料"是什么?正是所谓"民族精神"或"原始情调"——对西方人来讲就叫作异国情调,具体说,即中国情调。张艺谋懂得:"我要把民族精神凝聚在作品中。只有民族文化才能超越各国的民族界线,促进彼此的了解,并改变我国电影在世界上的形象"。似乎是,愈是民族的,就愈具有国际性;而愈具有国际性,也愈证明具有民族性。民族性不是由民族自身的真实生存方式呈现的，而是靠国际性去从外面指认的，即是凭"他者"去规定的。如此才会出现本该奇怪却早已司空见惯的事：《黄土地》等中国电影的民族特色和艺术价值，不是由中国人自己去命名和推销、而是靠西方人"发现"的。这不应被简单理解为"桃李无言，下自成蹊"似的自谦，或缺乏自我意识的无知，而主要应视为如下事实的表征：西方"他者"已不可避免地成为"我"的"中心"，"我"是被西方"他者"规定的。

可以说，慕客是向西方求异的开端，而娱客则是向其求异的具体步骤。有了慕客，才会引申出娱客；而有了娱客，才使慕客深化为切实的认同行动。娱客，是张艺谋神话的重要战略之一。

问题在于，张艺谋设想以中国式异国情调去娱客，单就这一点而论，还仅仅相当于一种"单相思"；但怎么就导致西方来客一见钟情，一直发展到两情缠绵呢？除了指出张艺谋的求异与娱客姿态外，还应明白中西双方在当前世界话语格局中的不同位置，以及西方的特殊战略需要。因为，西方之"看"中张艺谋，也不会无缘无故，而有着具体实际的"利害"考虑。

三、后殖民语境中的"容纳"战略

在当前世界话语格局中，中西对话是一种趋势，也是一种现实。开放的条件使中西隔绝成为过去，而使中西对话成为可能。中国正在从与西方的交往中获得自己需要的东西。从这个角度看，中西对话是必然的，是比中西隔绝更为合理的文化交往方式。

按照巴赫金和伽达默尔从不同角度作出的相近设想，"对话"应当是双方（或多方）之间的平等切磋、协商或会谈，而不应有不平等的等级歧视。"对话"的方式应是民主的，相互尊重、相互体谅。"对话"的目的不一定就是双方达成完全一致，也不应当让一方被迫地、不情愿地归顺另一方，而是相互陈述己见，彼此理解，求同存异，在保持各自自主性的前提下尽可能达成某种暂时妥协。这就相当于哈贝马斯（J. Habermas）所说的那种"沟通"。"沟通"才是"对话"的目的。其实，中国哲人孔子、古希腊思想家苏格拉底和柏拉图,早就在他们各自的对话体著述中,显示了"对话"式交往的具体面貌和意义。平等的"对话"式交往,比不平等的"独白"式交往更具合理性。

然而,张艺谋所身处于其中的中西对话语境,却显露出某种复杂性。表面上,这种对话是平等的、彼此互利的。张艺谋想去西方得奖,是出于心甘情愿,无人胁迫;西方也是在公平竞争的体制下决定是否给奖,无人舞弊,可谓两厢情愿。张艺谋频频获奖,不正说明他是靠自身雄厚实力和平等竞争机制取胜的吗?他如今的"世界级"大导演地位,不更证明这种对话的平等性吗?但实际上,表面的平等掩盖着实质上的不平等,"对话"的外形隐去了"独白"内核。

这样说的一个重要原因是,在当今世界话语格局中,中西双方的位置迥然不同。由于经济、军事等实力的差异,西方是"中心",而中国是"边缘";西方是强势的,而中国是弱势的;前者是权威,而后者是从者。这表明中西双方地位主次分明,强弱悬殊,并不存在人们所想象的那种平等。这种地位的差异决定了当前中西交往过程中的不平等关系。其实,这种不平等对话几乎贯穿于鸦片战争以来的整个中国现代史进程中。中国人与西方人对话或向西方"求异",并不是出于单纯的好奇或虚怀若谷地学习先进的心理,而是由于一个血淋淋的事实:西方打败了一向自信天下无敌的我们,它比我们强大;而我们要反过来打败它,自身实力不济,就只能向它学习,即"师夷长技以制夷"。于是才有中西对话。不仅对话动机建立在不平等利害关系上,而且对话的方式和结果也因此都是不平等的:西方他者不断输送强势话语(科学、技术、民主、君主立宪、启蒙精神等),使自卑而求自救的中国人倾心景仰,感激不尽;结果便是尽情"拿来",让来自西方的话语入主中土,变得"中国化"了。例如,西方炮舰的威力无言地讲述着技术先进的神话,从而诱发了中国的洋务自强运动;西方技术的先进又使中国人看到其"背后"的君主立宪或共和制的权威,于是引发了维新变法或辛亥革命运动;西方发生的被压迫民族反抗强大压迫者并获成功的故事及其相应理论,教导中国人起来寻求解放;黑格尔创造的"民族精神"概念,令中国人信服并寻求重建自身的"民族精神";至于"五四"白话文运动,更是西方改造中国的一个明证。因此,中西对话的不平等性是必然的,虽然是不合理的。

但问题在于，为什么张艺谋与西方对话会显出表面上的平等呢？也就是说，张艺谋在西方屡获大奖为什么会令国人踌躇满志、沾沾自喜，以为中国电影已步入世界一流、可以同西方平等对话了呢？这就需要考虑当前世界性后殖民语境。

后殖民语境是与殖民语境相对而言的。就现代中西文化交往史来说，从 1840 年鸦片战争到本世纪 50 年代以前，西方帝国主义主要试图以赤裸裸的暴力强制征服中国，剥夺中国的政治、经济、军事上的独立自主权。这是一种殖民主义侵略方式。而所谓殖民语境，正是指中西对话所发生于其中的那种西方对中国实施暴力强制的文化环境或氛围。在这种殖民语境中发生的中西对话，就必然可能表现为不平等方式：西方是施动者，中国是受动者；西方人语气强硬，不容分辩，中国人则语调乏力，唯唯诺诺。表面看去，中国人是主人或盟主，西方人是来客，主宾身份是分明的。但实际上，西方来客是不请自来，甚至是乘炮舰强行闯入的。也就是说，西方话语借助西方强大的经济、军事与政治实力而影响中国。从而这种殖民语境中的话语征服可以说也是强制性的。

与殖民语境下的强制方式不同，后殖民语境下的征服则转换为感染方式。自 80 年代后期起、尤其是进入 90 年代以来，随着苏联和东欧阵营的解体，世界政治、经济和军事格局出现新变化，西方逐渐放弃过去殖民主义时代对"第三世界"或"边缘"国家的强制性话语征服方式，转而采用感染性话语征服方式。这就形成所谓后殖民语境。后殖民语境，指的是殖民主义战略终结之后西方对"第三世界"（如中国）实施魅力感染的文化环境或氛围。殖民语境与暴力或实力强制方式相连，而后殖民语境的特征则突出以魅力进行感染。前者是"硬"的一手，后者则是"软"性征服。确实，当过去沦为殖民地或半殖民地的"第三世界"纷纷起来追求经济与文化的高速发展以及民族独立自主性时，昔日殖民语境下那"硬"的一手便日渐失效了，这也是西方转向"软"的征服的重要原因之一。于是，我们看到，西方对"第三世界"的支配和控制目的未变，但方式变了：它以温和、平等、善解人意、富于诗意、彬彬有礼的姿态，先解除对手的武装，然后乘虚而入，令其心悦诚服，从而倾心跟从。给人的表面印象，似乎"两个世界"之间的差距和鸿沟正在这魅力感染的瞬间弥合，世界各民族大团结的"欢乐颂"幻象也在此生成。但是，不应忘记，西方在牢牢操纵着这一切：无论采取强制方式还是感染手段，主动权都在西方，或者说，主要在西方；同时，尚属表面弥合却是以"第三世界"遭受无意识压抑为代价的：它们的角色常常被规定为仅仅以"异国情调"去取悦西方。

对后殖民语境中的这种感染方式，不妨从希腊神话中宙斯化装与凡女幽会的故事去理解。善于与凡女偷情的天神宙斯（Zeus），又是雷电之神，他的真身是不能被凡女瞧见的，一旦瞧见，后者便会立刻化为灰烬，宙斯的占有欲便得不到满足。酒神狄奥尼索斯（Dionysus）之母塞墨勒（Semele）正是这样香消玉殒的。聪明的宙斯就采用化装术隐去威力强大的真身，而改以种种富于魅力的面具去巧妙地偷香窃玉：扮成公牛劫走欧罗巴（Europa），变作天鹅与勒达（Leda）亲近，化为金雨从窗口泻下同达娜厄（Danae）约会，如此等等。这种乔装改扮的面具掩去了过分威严的真身，使征服变得巧妙、温和，可谓攻无不克、战无不胜。后殖民语境中发生的"第一世界"与"第三世界"的对话、以及中西对话，西方对这些对手采取的不正是这种化装战略么？化装，为的是以表面的魅力感染隐藏实际的暴力强制，用形式上的平等掩盖实质上的不平等。

张艺谋神话，正可以看作这种后殖民语境的一部杰作。他不停地从西方获奖，很大程度是因为他适时地投合了西方后殖民主义的"容纳"战略需要。

西方话语作为位居"中心"的强势话语体系，同任何统治性话语体系一样，最关心的是自己在世界话语格局中统治权威的永世长存问题。因此，它在与任何"第三世界"或"边缘性"话语体系对话时，总是首先看其是否有利于维护和巩固自身的话语"盟主权"。对它而言，张艺谋影片可能具有如下四种作用：（1）有益，即有利于巩固自己的权威；（2）有害，即形成颠覆性威胁；（3）既无益也无害，但具有某种可容纳性；（4）无法沟通，缺乏引进价值。哪种情形更可能成真呢？张艺谋影片毕竟主要是有关中国人的特殊生存方式的话语，从而不大可能对西方话语直接产生巩固作用或构成颠覆性威胁。同时，它在西方得奖，表明不存在沟通的障碍。这样，（1）、（2）、（4）不大可能出现，唯余（3），即被"容纳"。

确实，张艺谋文本既不会直接为西方文化大厦添砖加瓦，更不会挖其墙脚，故而正是被容纳的合适对象。容纳（containment，或译遏制），指统治性话语或中心话语对被统治话语或边缘话语作包容、接纳或吸收工作，使这类"他者话语"失去固有的独特性或颠覆性因素，而按统治性话语的规范被重构（稀释、变形、移位、改装等），从而被巧妙地用来巩固西方话语的统治权威。这种"容纳"战略既可以消磨对象的棱角，为我所用；又可以借机制造双方平等对话的幻象，正适于贯彻以魅力感染的意图。因此，"容纳"成为后殖民语境中西方对付"第三世界"话语的经常性战略"诡计"。

那么，张艺谋影片是凭什么东西而获得被西方容纳的资格的呢？在我们看来，主要就是它构造的中国式异国情调。

四、西方人眼中的中国式异国情调

异国情调（exotic atmosphere），这里指对特定民族而言，艺术所虚构的能呈现他种民族国度的生活方式中那些奇异方面的审美信息或审美氛围。简单讲，异国情调就是向特定民族呈现的他种民族的生活情调。每个民族的生活方式不同，自然就形成彼此不同的异国情调。在今天这个各民族交往日益频繁的世界上，人们厌倦自己所熟悉的东西而向往异国情调，应当说是十分自然的事情。或许可以说，这主要是审美趣味上的追求新奇和差异的问题。

但对现代西方人来说，对异国情调的享受却并不是简单的审美事件。发现并欣赏异国情调，这里有殖民主义者的"功劳"。以哥伦布发现新大陆为开端，西方殖民主义者以疯狂的攫取欲和先进的武器开进非洲、美洲和亚洲等异国他乡，在那里殖民，奴役土著居民，又把掠夺的财宝源源不断地运回西方。他们发现和欣赏异国情调，不过是在证明并炫耀自己对殖民地的胜利征服。因此，对异国情调的享受固然是审美事件，但这种审美事件从来就不是"纯审美"的，而是依赖于殖民主义者的血腥屠杀、残酷掠夺等利害关系的。按照赛义德（Edward Said）在《东方主义》一书中的观点，西方国家热衷于创立并研究"东方学"，根本的和原初的动机并不在于"东方"的异国情调，而在于"东方"的殖民价值。也就是说，西方的"东方学"兴趣主要在于如何征服、奴役"东方"，而对"东方"异国情调的兴趣是其中极次要的。

在西方人眼中，中国确实曾经充满了引人入胜的"纯审美"色彩的异国情调，但那只是在中西发生真正利害接触的鸦片战争之前。1827年，德国大文豪歌德对中国式异国情调有如下感慨：

> 中国人在思想、行为和情感方面几乎和我们一样，……只是在他们那里一切都比我们这里更明朗，更纯洁，也更合乎道德。在他们那里，一切都是可以理解的，平易近人的，没有强烈的情欲和飞腾动荡的诗兴，……人和大自然是生活在一起的。你经常听到金鱼在池子里跳跃，鸟儿在枝头歌唱不停，白天总是阳光灿烂，夜晚也总是月白风清。①

自鸦片战争开始，这种单纯审美印象就被殖民主义硝烟熏黑了：要么，中国被无情地贬为蒙昧、蛮横、落后、腐朽的罪恶国度，它竟敢刺杀西方使节，因而是复仇的对象；要么，当中国的大批文化宝藏被西方"发现"和强行掠走后，中国成了殖民主义"研究"的对象，从此，西方对中国式异国情调的热忱就无法与殖民主义文化侵略分离开来了。就前一种情形说，中国式异国情调可能被当作蒙昧、腐朽等否定性价值的象征；而在后一种情形中，这种异国情调则可能是西方显示其文化优越与胜利感的符号。无论如何，西方人眷顾中国式异国情调，有意无意地都属于其殖民主义总体战略的一部分。

至于张艺谋，西方是在后殖民语境中相中他的。这种语境的改变只是导致了西方对中国的征服方式的改变，即由暴力强制转变为魅力感染，但并没有造成征服目的的改变。西方一如既往地要征服中国，只不过征服方式作了改动。张艺谋以其对中国式异国情调的卓越创造，成为西方对中国实施魅力感染的合适人选。

---

① 爱克曼辑：《歌德谈话录》，朱光潜译，人民文学出版社1982年版，第112页。

五、寓言型中国情调

张艺谋在哪些方面"合适"呢？为什么西方对他情有独钟？按理，与他同处后殖民语境中只是略早出道的"第四代"导演们，同样也有本事向西方展现中国式异国情调——简称中国情调。但是，为什么他们没有被挑中？例如，《小花》《小街》《巴山夜雨》《城南旧事》《良家妇女》《青春祭》《湘女萧萧》《邻居》和《野山》等"第四代"代表作，可以说洋溢着浓郁的中国式异国情调，然而却并未受到西方大师赏识。这里的原因比较复杂，不过有一点应当肯定：西方需要的是张艺谋那种寓言型中国情调，而不是"第四代"那种象征型中国情调。

这里的"寓言"（allegory）和"象征"（symbol）不能混同于一般文体分类。按照本雅明（Walter Benjamin）的观点，"寓言"不再指一般包含道德训义的文类，而是"世界衰微期"特有的艺术形态。它表现为意义在文本之外、含混、碎片化、阐释难有穷尽等；与此对应，"象征"也不再指一般寓意性、暗示性文类，而是世界繁盛期特有的艺术形态，它总是使意义含于文本之内，讲求完整、确定、总体化，具有历史深度等。本雅明本人是推崇"寓言"型艺术而贬低"象征"型艺术的。因为，他相信寓言型艺术具有使人同灾变或衰败的历史连续体（continuum）作彻底"决裂"的巨大功能，能完成革命"救赎"（redemption）使命。本雅明认定，"对事物的易逝性的欣赏，和对把它们救赎到永恒的关怀，乃是寓言的最强烈动力"[1]。

如果说，寓言型与象征型的区分可以从空间与时间、抽象与具体、零散与完整、含混与明晰、反常态与常态等去考虑的话，那么，由此不难见出张艺谋与"第四代"的不同，并且可以发现张艺谋那种寓言型中国情调对于西方人的特殊价值。

首先，作为寓言型艺术，张艺谋影片文本是高度空间化的。"第四代"影片悉心关注历史的时间流程，寻求过去、现在和未来的高度统一。《青春祭》《野山》《湘女萧萧》等都力图赋予纷纭繁复的历史变动以清晰的时

---

[1] 以上参阅拙著《语言乌托邦——20世纪西方语言论美学探究》，云南人民出版社1994年版，第11章。

间性,显示历史老人的时间步履。而张艺谋文本,则有意淡化、甚至仿佛遗忘历史的时间性,转而追求空间化:故事似乎在没有具体年代、缺乏确切时间标志的一块真空地带发生。《红高粱》中的十八里坡、《菊豆》中的杨家染坊、《大红灯笼高高挂》中的陈家大院,虽然都被贴上某某年代的标签,但这种标签与故事本身其实并无多大干系。重要的是使故事从中国历史的具体的时间流中抽身而出,以便对西方人显出某种普遍、永恒的意义。与中国人关心自己民族的故事的时间性不同,西方人心中的异国情调似乎总是在他们的时间流之外的某个静止、孤立的空间中存在。如果按索绪尔的"共时"(synchronie)与"历时"(diachronie)概念,这里的空间化与时间化的分别也可以理解为共时化与历时化的分野。

其次,张艺谋的寓言型文本体现出某种表达的抽象性。"第四代"追求历史的时间性,就必然偏爱历史的具体性,即可感觉、可触摸的特性。因为,历史的时间性是必须体现在可感觉、可触摸的即具体的历史事件中的。《野山》把改革给中国农村带来的巨大而复杂变化,具体化在鸡窝洼两对夫妻的生活和感情变故上,追求小中见大。而在张艺谋影片中,人物动作、场景等虽然也是具体可感的,但这种具体可感往往只是抽象的符码,很少历史具体性。"颠轿"拍得不能不算具体感人,然而这具体感人的场景可以发生在完全不同的时间中却不会失去其具体感人的力量。高粱地"野合"同样如此。它们更多地只是关于中国人的"性"生活的抽象符码。让西方人由此窥见东方"性"生活的奇异而又可理解处,这就够了,何必再管它们具有怎样的历史具体性呢?

再次,张艺谋文本总是显出零散性,这与"第四代"注重完整性不同。由于留心历史的时间性和具体性,"第四代"一般追求故事结构的完整性,即来龙去脉、因果联系、主次矛盾、多重关系等的组织显出有机整体性和自足性。《青春祭》写知识青年李纯陷入两种文化之间的冲突,《良家妇女》讲述杏仙与婆婆五娘和小丈夫之间的关系,《湘女萧萧》描绘萧萧与愚昧的传统规范的对立,都给人完整而统一的印象。张艺谋影片则总是在叙事结构上露出裂缝,并且让意义依赖于文本之外的因素。《红高粱》里,"我爷爷"与"我奶奶"的"野合"故事,同"打鬼子"的故事不存在必然的联系。"打鬼子"可以任意换成打土豪、土匪或伪军等其他故事。"颠轿"、"野合"、"尿酒"、"酒誓"、"打鬼子"等事件之间,只具有松散的联系。由于如此，文本的意义也是片断的、残损的，更多地依赖观众的"填空"。在《大红灯笼高高挂》里，主要人物之一的陈佐千竟然"只闻其声而不见其人"，或者仅以背影出场。主角颂莲进陈家前的具体背景、经历怎样，观众除了目睹笛子之外，几乎一无所知。《秋菊打官司》中，秋菊的"一根筋走到底"的固执性格是怎样形成的？"第四代"会对此尽力展示其历史必然性和完整性，但张艺谋则不愿如此刨根究底，他只满足于讲述眼前的片断。这些零散性画面，对于一直处于中国历史连续体的观众来说，会有残破与迷惑之感，甚至会不满于张艺谋的故弄玄虚、遮遮掩掩；而对习惯于把中国看作世界秩序边缘的遥远的西方观众，这些又似乎恰好满足他们的无尽的好奇心和不求甚解心理。相反，"第四代"影片通常能让中国观众获得完整印象和满足感，但在西方，那里的观众却仿佛厌倦于这种完整性，因为它总是阻碍他们随兴所至地"填空"和想象。《菊豆》《大红灯笼高高挂》和《秋菊打官司》虽然都享誉西方却在国内受普通观众冷落，部分原因正在这里。

复次，张艺谋文本偏爱意义的含混性。含混（ambiguity），或者称多义、复义、歧义或朦胧等，是说意义是多重的和不确定的，具有丰富的可能性。正由于文本是零散的，所以意义就显出难以捉摸的甚至深不可测的特征。张艺谋善于制作这种意义含混的仪式化场景和形象，如"颠轿"、"野合"、高粱地、大红灯笼、陈家大院、杨家染坊、红辣椒和笛子等。这一点尤其体现在张艺谋影片的突然逆转式结尾的设置上。"我爷爷"奉"我奶奶"之命完成了打鬼子和为罗汉报仇的壮举，但"我奶奶"却中流弹牺牲。这时，仿佛时间流停滞，日月无光，"我爸爸"唱着民间小调送别。这样突兀结尾的意义是什么？难有定说。杨天青终于苦熬过为杨金山拦棺49次，满以为可以与菊豆团聚，不想却被儿子杨天白打死，气得菊豆在道出"他是你的亲爹"的真相后，放火怒烧杨家大院。这一结局对菊豆和杨天白分别意味着什么？答案不应是封闭的而是开放的。颂莲在争宠惨败后，在三太太梅珊屋里"闹鬼"，使梅珊的歌声震荡陈家大院；随即，新的五姨太迎娶进来，颂莲在院内徘徊的身影随镜头的拉起而愈益渺小，直到隐没在阴森而严整的四合院之中。这个结尾也是多义的：解释颂莲的命运，预示五姨太的未来，暗示传统父亲秩序的永世长存，点明弑父使命的艰巨……。秋菊决定不讨"说法"而与村长和解，村长却突然被拘捕。

这时，秋菊的极度"震惊"在告诉人们什么？可能的解答有多种：秋菊不该认死理地讨"说法"，法院不识时务和不近人情，"说法"不如"活法"真实，等等。对西方观众而言，这些突然逆转式结尾可能会使让他们感兴趣的中国情调更为引人入胜和离奇、更富于刺激性，因而更值得回味、赏玩。比较起来，"第四代"影片则更喜欢意义的明晰性。明晰与含混相对，指的是意义的清楚、确定、同一和封闭等。《湘女萧萧》试图借萧萧这一反抗者形象，揭露传统伦理的愚昧和腐朽方面，呼唤真正人性的生活，这一主题是明晰的，因而也是便于概括的。但张艺谋的如上影片，其主题却很难归纳，它是含混的。

最后，这种寓言型文本的特点，还在于表达上的反常态。反常态，约略相当于俄国形式主义那种"陌生化"（defamiliarization），就是打破或偏离常规，追求新奇效果。一般说来，反常态可以看作任何艺术的明智的追求与特点，但是，张艺谋影片却使其格外突出。"颠轿"、"野合"、染坊中似无尽头的红布、大红灯笼及有关规矩、《秋菊打官司》中的偷拍镜头、巩俐这位国际影星的"土"味形象等，这些反常态镜头有效地渲染了中国情调的新奇性，给予寻找异国情调的西方观众以极大满足。相比而言，"第四代"影片总体上属于常态表达，不似这般刻意求异，而往往寻求历史的真实性。西方观众迷恋的是新奇性，而不是真实性。

总之，张艺谋影片具有空间化、抽象性、零散性、含混性和反常态特点，正是这些特点为西方观众创造出寓言型中国情调。在这种寓言型文本中，"中国"被呈现为无时间的、高度浓缩的、零散的、朦胧的或奇异的异国情调。这种异国情调由于从中国历史连续体抽离出来，就能在中西绝对差异中体现某种普遍而相对的同一性，从而能为西方观众欣赏。相反，"第四代"的象征型文本推崇时间性、具体性、完整性、明晰性和常态，力图把观众的思绪引入中国历史连续体之中，自然会招致西方观众的拒绝，因为他们并不想沉入中国历史之流中，而只想做旁观者饱览中国情调。他们需要的不是真实，而是奇观。可见，西方之"挑中"张艺谋，或者张艺谋适合了西方，正是由于张艺谋创造出寓言型中国情调。他向西方观众提供的不是"历史化"的中国，而是"稗史化"的中国，即属于逸闻趣事、乡村野史、奇风异俗意义上的中国。西方人在饶有兴味地欣赏这类中国"稗史"时，会更加满意自身的"正史"地位牢不可破。

同时，如果寓言型与象征型的差异更多地属于话语结构的差异的话，那么，正是由这种话语差异可以窥见三方会谈语境中的历史。"第四代"的象征型文本总带有书写并拯救中国历史的焦虑。这一代不满意于当代自我本身的孱弱和西方"他者"对中国的长期压抑，因而总想还原被压抑这一历史真实，渲染民族危机，目的是警醒国人，"引起疗救的注意"，因而其责任感、使命感十分强烈。《青春祭》提出两种文化的冲突与融汇问题，《良家妇女》《湘女萧萧》和《被爱情遗忘的角落》把批判传统父亲伦理和追求个性解放的问题凸现出来。而张艺谋的寓言型文本却把书写并拯救中国历史的焦虑抛诸脑后，甚至连带把与焦虑相关的感伤、痛苦、忧郁、忧患意识等"深度"都统统抛弃，而代之以好奇和无深度（平面感）。这不是张艺谋缺乏责任感和使命感，而只是说他缺乏"第四代"那种植根于历史危机与拯救焦虑中的责任感和使命感。他的这种责任感和使命感十分强烈：尽快向西方认同，被西方容纳，以此结束中国的"边缘"处境。因此，他不遗余力地以寓言型中国情调去娱客。不过，正像"第四代"以其历史焦虑重构仍无法走出历史危机一样，张艺谋以其奇异的中国寓言仍不能迈出西方为他划出的"边缘"区域。

张艺谋与陈凯歌同属"第五代"，为什么两人在西方的待遇是那么不同呢？具体说，与张艺谋在西方频频获奖、连战皆捷形成强烈反差，陈凯歌以《孩子王》和《边走边唱》两度冲击"戛纳"，却屡战屡败。原因之一就在于，陈凯歌实际上在此把"第四代"特有的书写与拯救中国历史的焦虑膨胀到极致，制造出把观众纳入中国历史连续体的强大向心力。但是，他搞错了对象。他的西方大师们厌恶和无需理解他这种焦虑。他们要的是东方异国情调。所以，法国记者有理由恶作剧式地授予《孩子王》以"金闹钟奖"，"表彰"它能以枯燥乏味而使人昏昏欲睡。不过，陈凯歌经过几年的琢磨，终于从"屈辱"中走出来，以《霸王别姬》荣享戛纳节"金棕榈"奖，这是迄今为止中国电影在西方获得的最高荣誉。

它的获奖奥秘之一在于，它一改《孩子王》和《边走边唱》那种历史焦虑，而向西方呈上张艺谋式寓言型中国情调。首先，这是有关京剧艺人和京剧艺术的故事，这一点本身就颇具东方味，对西方人具有诱惑力；其次，这涉及中国人生活中古老又常新的"背叛"问题，同样具有东方"文化"味；再次，主要人物段小楼与程蝶衣之间在手足情与同性恋上的含混，也能吸引西方观众；最后，陈凯歌在两次失利后终于"背叛"自己过去的电影美学原则，而皈依西方大师，改"邪"归正，这种"第三世界"向"第一世界"虔诚地归顺的姿态，岂不更能打动戛纳节评委们？

六、西方利益圈里的张艺谋文本

当张艺谋将寓言型中国情调呈现给西方时，西方人会从中获得什么呢？换言之，张艺谋的寓言型文本对西方有何实际意义呢？相应地，在这种西方利益圈里，这种文本会产生怎样的功能呢？这些问题我们已在前面约略和零星地涉及到了，这里只是集中谈谈。

首先，在较一般的文化人类学意义上，张艺谋的寓言型中国情调会满足西方对于中国奇风异俗的好奇心，从而它的功能表现为一种民俗奇观。对西方人来说，中国人在地理环境、种族特征、家庭关系、婚恋方式、审美趣味、语言表达、宗教信仰和政治纷争等民族文化的各方面都表现出鲜明的独特性和差异性，而正是这些独特性和差异性向他们呈现出一种民俗奇观，可以满足他们无穷的好奇心。张艺谋文本正构成这样的民俗奇观，例如，《红高粱》里的"颠轿"、"野合"、"酒誓"，《菊豆》里的中式杨家染坊、笨重的木轮、婶侄偷情、拦棺哭殡民俗，《大红灯笼高高挂》里的中式陈家大院、大红灯笼、点灯与封灯家规、京剧脸谱，《秋菊打官司》里的陕北农舍、大红辣椒、中国式年画与西方后现代文化明星像相杂糅的乡镇民风、中国农妇打官司的经历等。这是中国民俗的一次集中展览，也是西方人好奇心的一次集中满足。

其次，在比较特殊的性文化意义上，张艺谋文本可以有效地满足西方人的窥视欲，从而呈现为"锁孔"这一特殊功能。自从弗洛依德"发现"性欲、无意识与文化的特定联系以来，性欲和无意识领域与阶级、经济、世俗政治权力的公共世界之间的"严重分裂"，就一直是西方人尤其关注的重大问题①。出于这种西方传统，西方观众自然乐于发现与己不同的中国人的特殊的性政治、性文化和性生活，并从这种性差异中寻找某种可能的相通点。正是这样，"颠轿"的中国式调情方式、"野合"的中国式性解放方式、一夫多妻模式及其点灯与封灯的性生活"规矩"、"窥浴"和婶侄偷情这一东方式乱伦故事、秋菊为丈夫的生殖功能受损而执拗地打官司等，这些与"性"相关的中国情调自然受到西方观众的欢迎。相应地，饱经熏染的西方人也善于捕捉张艺谋精心设计的性隐喻：成片透着野性的挺拔的高粱秆、圆形高粱地、杨家四合院染坊、陈家四合院套四合院布局、圆柱型大红灯笼等。张艺谋执导的四部影片确实无一不涉及"性"，无一不投合西方观众的窥视欲。它们如一只只"锁孔"，导引西方人窥见中国人的一般秘不示人的隐私。

最后，就西方的后殖民战略而论，张艺谋文本被西方容纳，恰如一件件"战利品"，能满足西方人对于"第三世界"的胜利感。一次次嘉奖张艺谋，并不简单地意味着他已"走向世界"，"进入中心"或"成为世界一流"，而恰恰是一次次证明他仍在中国，在这世界"边缘"地带，仍未能真正成为"一流"。因为，颁奖权操纵在西方手中。西方人只是按自己的喜好和需要去颁奖，他们决定中国电影的命运。他们愿意奖赏张艺谋，这件事本身就表明，张艺谋处在他们的掌握之中，是他们在"第三世界"显示自己的中心权威的战利品。什么时候，当西方导演像张艺谋和陈凯歌去西天取经那样而向中国讨"说法"时，中国电影的"一流"水平就该不是自我幻觉了。

张艺谋文本在西方获奖，不仅仅成为西方显示其既往胜利的战利品，而且还是促进其下一步成功的"软性"广告。对张艺谋文本这类边缘性话语的成功容纳，可以作为一个典范向世人宣告：西方是一个虚怀若谷、自由平等的话语国度，在那里，就连这样的边缘话语也能受到如此礼遇！在这样一层温情脉脉的诗意面纱的掩隐下，西方统治就似乎不再那么威严可怖，而是显得合法、合理又合情了，从而获得一次成功的再生产。张艺谋文本被如此"容纳"，不正成为西方确证其盟主权（hegemony）的富于魅力的"软性"广告么？

---

① 杰姆逊：《处于跨国资本主义时代中的第三世界文学》，《当代电影》1989年第6期。

可见，在西方利益圈里，张艺谋文本一旦被"容纳"，就成为投合好奇心的民俗奇观、满足窥视欲的锁孔、宣扬胜利的战利品和软性广告。

当然，这种"容纳"战略与其说是有意识的，不如说更多地是无意识的，即是西方征服"他者话语"、巩固自身权威的一种无意识战略。正由于其在无意识层面暗中运作，从而即便西方人本身未必都意识到和承认，更不用说张艺谋们对此难以察觉了。统治性话语的统治"诡计"正在于，它总是散布迷离且迷人的烟幕以掩饰自身赤裸裸的真实意图，这与宙斯的化装策略是一样的。

七、民族性与他性

从上面的讨论中可以看到，当代自我面对西方来客，作出向西方求异的选择；在选择中未能找到强化自我的良策，却反而被西方"他者"乘虚而入地反客为主了，于是只能走向娱客；娱客的结果，是向西方慷慨奉上寓言型中国情调，而西方则以后殖民语境中的"容纳"战略而使之成为满足好奇心、窥视欲和胜利感的合适对象。张艺谋文本的浓郁的中国情调显示出充分的民族性，但在后殖民语境中，这种民族性却反而是被西方他者巧计构成的。民族性仅仅成为一种虚幻的摆设，它实质上是西方"他性"。于是，我们不得不目睹这样的自我境遇：愈是民族性的，却反而愈是"他性"的；同理，愈想以民族特色征服西方，却相反愈易被西方征服，从而失去其民族性。张艺谋携带"民族性"走向西方，陈凯歌又接踵而至，他们都成功地被"容纳"了，也就是被"他者化"了。似乎有一双无孔不入、无所不能而又无形的巨手，正无情地把所有民族性的东西"置换"成"他性"的东西。这双巨手正是当今后殖民语境。要使"民族性"摆脱"他者引导"而回归自身，就必须首先清理这后殖民语境。清理的办法之一，就是实施"超寓言战略"：西方竭力把中国文本挤压成"民族寓言"，那么，我们需要以"超寓言战略"去应对[①]。当然，这种清理需要一个必要的前提：坚持与西方交往，保持中国的世界性，同时努力寻求中国在世

---

① 参见拙文：《张艺谋神话与超寓言战略》，《天津社会科学》1993年第5期。

界中的真正独特的民族性。在这个意义上，我们仍寄厚望于张艺谋，期待他能利用自己被"容纳"的有利地位，为重构中国形象或中华民族性有所贡献。

（原载《东方丛刊》1993年第4辑）

历史真实的共时化变形

——"狂人"典型的修辞论阐释

笔者曾在《走向修辞论美学》一文(《天津社会科学》1994年第3期)中,提出90年代美学的"修辞论转向"问题,并就"修辞论美学"思路作了初步勾勒。这里正是想在对鲁迅《狂人日记》中的"狂人"典型的修辞论阐释中,尝试性地实践这一思路,这一尝试有待于完善,恳请方家指正。

我们将把《狂人日记》里的"狂人"纳入20世纪中国现代卡里斯马典型传统中考察。"卡里斯马"(charisma)在当代社会学中指某种具有原创性、神圣性和感召力的特殊人物、符号等,它是文化的中心价值体系赖以维系或巩固的强大的革命性力量。这里将其引进文学中,指20世纪中国文学的一种特有的正面英雄典型:具有原创性、神圣素质和感染力的主人公或帮手,他们被赋予拯救文化危机、开创新文化的重大使命。创造这种现代卡里斯马典型,是梁启超《新中国未来记》(1903)以来20世纪中国文学的一大传统。

鲁迅《狂人日记》(1918)中的"狂人",以其奇异的共时化变形,使现代卡里斯马典型在"五四"时期表现出特殊风貌。从这种共时化变形人物,我们得以窥见那时的文化战略及其症候,而这正是修辞论美学所尤其关注的。

一、"五四"时代卡里斯马典型

"五四"时期(1915—1925),不用说,是需要并成批涌现现代卡里斯马人物的特殊年代。辛亥革命推翻了清王朝,使民族的革命精神和创造力获得大解放,人们争相起而再度实施"新文化工程"。尤其是一些接受西方"他者"影响的青年知识分子,如李大钊、陈独秀、胡适、郭沫若等,把建设新文化的希望投寄到一代新型青年身上。而从他们关于新青年的理想化描绘,不难发现这时的卡里斯马典型的规范。对陈独秀来说,"青年如初春,如朝阳,如百卉之萌动,如利刃之新发于硎,人生最可宝贵之时期也"。重要的是,"青年之于社会,犹新鲜活泼细胞之在人身"。[①] 在李大钊眼里,"凡以冲决历史之桎梏,涤荡历史之积秽,新造民族之生命,挽回民族之青春者,固莫不惟其青年是望矣。"难怪他会忘情地欲告别"白首中国"而迎接"青春中国":"以青春之我,创建青春之家庭,青春之国家,青春之民族,青春之人类,青春之地球,青春之宇宙。"[②] 这些浪漫畅想无疑揭示了新型青年应具有的"卡里斯马"素质:具有原创性,神圣性,富于感召力等。具体说来,可由陈独秀所概括的"六义"予以表述:(1)"自由的而非奴隶的";(2)"进步的而非保守的";(3)"进取的而非退隐的";(4)"世界的而非锁国的";(5)"实利的而非虚文的";(6)"科学的而非想象的"。[③] 这就为"五四"时期现代卡里斯马人物制定了具体行为规范:崇尚自由,追求进步,勇于进取,向世界开放,敢于实践,掌握现代科学技术。

  这样的卡里斯马人物规范,不仅在李大钊、陈独秀等一代新文化运动主将的实践中得到集中呈现,而且也在"五四"新文学运动中获得完满的无意识镜象。郭沫若的《女神》(1916—1921)正是这种典范。"女神"、"凤凰"、"天狗"、"我"、"太阳"、"光海"等无疑可以视为"五四"时期卡里斯马规范的完满的无意识镜象。正如周扬所概括的那样:《女神》比谁都出色地表现了'五·四'战斗精神,那常用'暴躁凌厉之气'来概说的'五·四'战斗精神。在内容上,表现自我,张扬个性,完成所谓'人的自觉',在形式上,摆脱旧诗格律的镣铐而趋向自由诗,这就是当时所

[①] 陈独秀:《敬告青年》,1915年9月《青年杂志》1卷1号。
[②] 李大钊:《青春》,1916年9月《新青年》2卷1号。
[③] 陈独秀:《敬告青年》,1915年9月《青年杂志》1卷1号。

要求于新诗的。这就是'五·四'精神在文学上的爆发。"[1]还可以补充说，这就是陈独秀所谓新青年"六义"在文学上的完满表征。

但是，这并不意味着可以由此推论说，"五四"新文学都必然地醉心于如《女神》那样直接创造现代卡里斯马典型。相反，在鲁迅的小说中，现代卡里斯马典型却呈现出迥然不同的形貌。《祝福》（1924）里的祥林嫂虽多少具有反抗精神，但终究是被压迫与被剥削者典型，缺乏"五四"时代"应有"的卡里斯马素质。那位鲁姓现代知识分子，即叙述人"我"，接受新思想，愿意变革中国社会，对祥林嫂抱有现代人道主义的民主、平等观念，显然已具备现代卡里斯马意味。但是，面对祥林嫂的事关生死的灵魂询问，他只能以"我也说不清"搪塞，丧失"帮手"应有的救助能力。"五四"时期现代卡里斯马典型的这种无力与无能，也体现在《伤逝》（1925）中涓生和子君的爱情悲剧命运里。他们以"五四"特有的战斗精神反抗"旧思想"、"旧习惯"而追求恋爱自由、个性解放，很快却在失业、贫困与精神空虚、无聊的内外夹攻下归于失败。不仅如此，在鲁迅的两部小说集《呐喊》和《彷徨》里，我们几乎看不到能完整体现"五四"卡里斯马典型规范（如陈独秀规定的"六义"）的人物。[2]比较而言，这种情形的最特殊和最典范表达，当属《狂人日记》里的"狂人"。因为，"狂人"是位经过共时化变形的"五四"时代卡里斯马典型。

二、狂人、共时化变形与吃人

如何理解"狂人"之被共时化变形呢？变形，这里指原本充满"五四"精神的现代卡里斯马人物，被扭曲、畸变或挤压成反常人、疯子，准确点说，就是"狂人"。这"狂人"虽然与"疯子"一样失去理智、失去常态，但却秉有一种狂傲之气："他们这群人，又想吃人，又是鬼鬼祟祟，想法子遮掩，不敢直接下手，真要令我笑死。我忍不住，便放声大笑

---

[1] 周扬：《郭沫若和他的〈女神〉》，《国物文集》第1卷，人民文学出版社1984年版，第350页。

[2] 或许涓生该是唯一的例外。参见王富仁：《中国反封建思想革命的一面镜子》，北京师范大学出版社1986年版，第113页。

起来，十分快活。自己晓得这笑声里面，有的是义勇和正气。老头子和大哥，都失了色，被我这勇气正气镇压住了。"（鲁迅《狂人日记》）因而这"狂"正是变形了的"义勇"和"正气"，是变形了的"五四"反抗精神。正如王富仁所阐释的那样："这个'狂'字，有很强的传神力，它给人的感觉已不再有果戈理笔下的主人公那种'疯'、'傻'之气和怯弱、畏葸之感。'狂'是'狂人'狂傲之气的语感表现：无视俗见毅然呼出封建思想吃人的真理是谓'狂'，傲视封建势力的重压昂然独往是谓'狂'，无私无畏、无遮无拦、充满异常的义勇正气是谓'狂'。"[①] 可以说，在"狂人"的狂傲之气下面积压着和遮盖着的，正是"五四"时代卡里斯马人物特有的那种精神。

而这里的变形的真正独特之处不仅在于"狂"，而且更在于共时化。共时化（synchronization）一词出自索绪尔语言学术语"共时态"（synchronie），它与"历时态"（diachronie）相对立。"共时态"指事物的同时发生、同时存在状态，而"历时态"指事物的不同时期的发展、变化过程。这里的"共时化"，则是指把原本是历时发展的事件，强行挤压到同时的空间里考虑，使其变形为仿佛是无时间、无变化、无开端与结局的静止状态。"狂人"的思维正是这种共时化思维。他的失去理智而陷于迷狂的思维，如脱缰野马，在上下四千年的广阔历史空间里左奔右突，随处唤醒"吃人"和"被吃"的痛苦记忆。于是，一幅令人触目惊心的同时态"吃人"图就呈现出来："易牙蒸了他儿子，给桀纣吃，还是一直以前的事。谁晓得从盘古开辟天地以后，一直吃到易牙的儿子；从易牙的儿子，一直吃到徐锡林；从徐锡林，又一直吃到狼子村捉住的人。去年城里杀了犯人，还有一个生痨病的人，用馒头蘸血舐。"（《狂人日记》）这已不是人们通常以为的那种由古向今的纵向顺叙，而是不顾各个历史事件的具体特点和发展变化情形的横向拼贴：仿佛形形色色的"吃人"事件正同时、一齐向"狂人"挤压过来，他就置身在"绝无窗户而万难毁破"的"铁屋"的中央，无路可逃。正是运用这同一个共时化变形模式，甚至全部历史在这迷狂的刹那都仿佛突然间失去其无限丰富复杂性，而压缩或简化成一个单

[①] 王富仁：《中国反封建思想革命的一面镜子》，北京师范大学出版社1986年版，第103页。

一形象即"吃人":"我翻开历史一查,这历史没有年代,歪歪斜斜的每页上都写着'仁义道德'几个字。我横竖睡不着,仔细看了半夜,才从字缝里看出字来,满本都写着两个字是'吃人'!"(《狂人日记》)历史本是不断流动的时间之流,但"狂人"却把它共时化为"没有年代"的死水一潭。"黑漆漆的,不知是日是夜。"这显然是对通常历史观的公然冒犯。

同时,"狂人"的共时化特点还在于他的来历不明上。他的姓名被隐去;家庭背景、个人经历不得而知;日记"亦不著日月","语颇错杂无伦次,又多荒唐之言"。这就是说,无论是"狂人"的历时发展的个性特征,还是他所置身其中的时代"典型环境",似乎都被淡化甚至涂抹掉,只剩下一片静态拼贴起来的、缺乏所指的能指谜团。

同样值得注意的是,直接影响"狂人"命运的周围人际关系网络,也是高度共时化的。由于涂抹掉时代典型环境,这个人际关系网络成为似乎随意点缀在一块并不流动的黑色天幕上的几点寒星。赵贵翁、古久先生、老中医、陈老五以及"大哥",都没有具体个性特征,而可以说是类型化人物。这些类型化人物仿佛是从来如此、永无变化的。赵贵翁可以视为一切地主豪绅或其他权贵的类型;古久先生,正如字面意义所寄寓的,代表着已被共时化了的古老且悠久的历史记忆,这是传统对今天的制约力的渊薮;老中医,不妨说是鲁迅所憎恶的那些束缚看作任何"狗腿子"、"忠实奴才"、"走卒"的符号。至于"狂人"的"大哥",则值得多说几句。

"狂人"幼年丧父,"大哥"便承担起父亲的责任来。因此,"大哥"实际扮演了"代父"(surrogate father)的角色。按照中国泛家族主义传统,"代父"便是当生父死去或暂且不露面时,行使父亲职责的代理父亲;而另一方面,"孤儿"只有接受"代父"的监护才能成人,离开"代父"而独立。[①] 在《狮子吼》中,"代父"已改由现代教师(文明种)担任,他对于卡里斯马人物的狄必攘的成人,起到至关重要的帮手的积极作用。但在"狂人"的共时化思维模式里,"代父"(即"大哥")可以说已被不加区分地变形为一切"罪恶"的象征:迫害狂、吃人元凶、刽子手、教唆犯等。正是这位代理"父亲",为首纠合赵贵翁、古久先生、老中医、陈老五等社会势力,把这位具有"五四"卡里斯马素质的青年知识分子,变形为

---

① 周英雄:《比较文学与小说诠释》,北京大学出版社1990年版,第103—120页。

"狂人"。因此,"大哥"作为"代父",实际上已浓缩了那与"父亲"名字相连的摧残"狂人"的深厚的传统力量。而另一方面,当"狂人"对"大哥"作这种共时态变形时,无疑宣泄出自己内心强烈的"弑父"冲动:这位"代父"元凶,连同他的帮凶赵贵翁、古久先生等,都是"狂人"悲剧的祸源,故都在被"弑"之列。

在对历史时间流、"狂人"的来历、他的典型环境以及以"大哥"为首的人际关系网络等加以共时化变形后,"狂人"的生存态势就形成了:历史长河中的各种历时态因素被挤压到一处,交织成难以抗拒的传统魔力场,而"狂人"就被置放在这魔力辐射的中心,从而失去常态,变为"狂人"。或者可以说,几千年的漫长历史画轴,在被抽去时间因素后平行地堆砌到一起,即刻就成为沉重的历史包袱积压在"狂人"肩头:"屋里面全是黑沉沉的。横梁和椽子都在头上发抖;抖了一会,就大起来,堆在我身上。""万分沉重,动弹不得……"(《狂人日记》)关于这一"万分沉重"、令人"动弹不得"的历史层积物,鲁迅还有"绝无窗户而万难破毁"的"铁屋"以及"肩扛着黑暗的闸门"的比喻。这样黑暗而沉重的历史闸门猛压在"狂人"瘦弱的肩头,他自身怎能不变形?

那么,如上共时化变形手段的作用何在呢?显而易见的是,它使"狂人"在"读史"时,得以简捷便当地把整个中国数千年历史都仅仅读作"仁义道德"四字,并进而从这四字的"字缝"中读出掩盖着的两字:"吃人"。在"狂人"眼里,"仁义道德"只是虚假的历史表象,而"吃人"才是赤裸裸的历史真实。"狂人"的狂傲之气就表现在,他要无情地剥露出在虚假的历史表象下面掩藏着的历史真实。几千年的中国历史竟"没有年代",其实质只在"吃人",这一"历史真实"是真正的历史真实吗?显然不能简单说是,因为漫长的中国历史无论如何也不能被仅仅归结为"吃人"这一绝对的、单一的描述。应当说,这是一种被共时化地变形了的历史真实。

但是,问题不在于指出这种共时化变形的历史真实算不得真正的历史真实。因为,这个问题不是真正的问题。按雅克·拉康的见解,历史真实属于"实在界"(the Real),它本身深藏不露,令人难以捉摸,而只能转而借助一定的符号模式(即"象征界")去加以把握。这样,所谓历史真实往往只是由一定的符号模式所创造的历史真实。如果符号模式多种多样,各不相同,这历史真实也就会千奇百怪地浮现出来。"吃人"这一历史真实,正是由共时化变形这一符号模式构造出来的;它无所谓真正的历史真实,而只是对于这种符号模式来说的那种历史真实。因此,这里的真正的问题应当在于指出,"吃人"这一共时化变形的历史真实,是在何种文化语境压力驱遣下产生的?换言之,"五四"时代知识分子鲁迅,是在什么力量推动下,借"狂人"这个共时化变形人物而创造出"吃人"这一历史真实的?或者说,他何以要假"狂人"之口把中国历史如此绝对地"读"作"吃人"呢?从这里,一定可以重构出某些于理可通的缘由来。

三、在三方僵局语境中构造历史"他者"

在《狂人日记》诞生的"五四"时期,中国文化语境的特殊情形可以表述为"三方僵局"。那正在生长而尚未成形的现代主体为第一方,另两方则是两位"他者":一方是裂岸涌来的陌生的西方文化,另一方是日趋衰颓却幽灵不散的中国古代传统。刚刚从沉睡中觉醒的现代主体,急切地渴求使孱弱的自我成长为具有现代卡里斯马素质的历史主体(正如陈独秀的"六义"所要求的那样),但是,却不期而遇两位"他者"的强大夹击。三方都力图以己之力控制全局,不愿坐下来平等会谈、各有所图,胜负难分,从而形成僵持局面。正是在这种三方僵局中,现代主体与中国传统"他者"的关系情形,会影响及《狂人日记》。

先来看现代主体与西方"他者"。对20世纪初的现代主体来说,破墙而入的西方文化堪称"伟大而可怖的他者"。[1]在鸦片战争开启西方文化强行输入大潮之前,中国人的生存方式中现出自足与完满。但这种自足与完满并不如人们想象的那样是"铁屋"式的"封闭"。其实,正如梁启超关于"中国之中国"、"亚洲之中国"和"世界之中国"的三阶段所描述的那样,中国早就是一个对外开放的国度。面对外来文化的历次撞击,它都能以开放的心灵去接纳,并最终以强大而难以征服的主体性去使之"同化",从而保持了自身的自足与完满。只是面对现代高度发达的西方文化,它才

---

[1] 孟悦:《历史与叙述》,陕西人民教育出版社1991年版,第19页。

远近幽深
——艺术体验、修辞和公赏力

发觉遭遇到平生未遇的几乎难以抵御的劲敌,在几次仓促迎拒之后,便在这"伟大而可怖的他者"的打击下,丧失原有的主体性,急剧破裂了。在此情势下,西方"他者"向现代主体呈现出既伟大又可怖的双重形象:一方面,西方有着先进的工业文明、科学技术和人文理论,它令中国人在惊喜中不由发出"伟大"的赞叹,充溢着景仰之情,急欲向其认同;而另一方面,它不请自来,反客为主,倚强凌弱,蹂躏中华,确又是可怕而可憎从而需要驱逐的"他者"。鲁迅说过:"中国人对于异族,历来只有两样称呼:一样是禽兽,一样是圣上。从没有称他朋友,说他也同我们一样的。"[1]需要补充的是,这"圣上"与"禽兽"两样称呼总是彼此矛盾地交织在一起的,是解不开的死结。于是,欲迎还拒、欲拒还迎,现代主体不得不置身于矛盾境地。

在现代主体看来,要使自己摆脱这矛盾纠缠,唯一的出路是寻求自强与自立,这才能在中西对抗中立于不败之地。但是,自鸦片战争以来至"五四"的几十年间,洋务运动、变法维新、反清起义、义和团运动等,一代代人的"强国"梦相继归于破灭。中国的"落后"局面每况愈下,大有亡国危险。人们内心的这种未能实现的迫切欲望一再受阻而积压,就形成过量焦虑。这焦虑令人受情绪控制而失去理智,难以对现实采取冷静的分析态度,从而往往对"中国病"误诊误治。在辛亥革命以前,人们以为中国病的症结在于清廷异族的腐朽统治,而只要消除这种统治,中国就能顺利达成自强与自立了。然而,辛亥革命"驱除鞑虏"之后,中国的病症不仅依然如故,而且已渐入膏肓了:并未有自由之花开遍中华,而只见"悲凉之雾,遍被华林"。这时,在鲁迅等一代知识分子看来,中国的症结主要在中国人自身:正是中国几千年历史传统本身在阻碍着中国人的自强与自立。于是,这一代知识分子起而"读史",重新校正自我对历史传统的真实的认识。

也只是在此时,中国历史传统才真正被现代主体同自我区分开来,变成反思的对象而不再是主体,从而呈现为另一"他者"。那么,现代主体与传统"他者"的关系又怎样呢?在这位被过量焦虑熬煎着的现代主体眼

---

[1] 鲁迅:《热风·随感录四十八》(1919),《鲁迅全集》第1卷,人民文学出版社1981年版,第336页。

里，传统"他者"表现为更加错综复杂的双层形象：在明言的或意识的层面，它是罪魁、元凶、魔鬼、食人者，故要求现代主体以"全盘反传统主义"精神去全力拒斥，正像李大钊、陈独秀、鲁迅、胡适等在"五四"时期所做的那样；而在隐言的或无意识的层面，它却是令人依恋、认同或同情的肯定性形象，所以当上述"全盘反传统主义者"在与它剧烈对抗的同时，或多或少而又不约而同地情不自禁向它暗送秋波，两情缠绵。①我们这里的问题在于，传统"他者"何以在明言层面显现为否定性形象呢？

在我们看来，这正是由于：现代主体在过量强国焦虑驱使下，以极度忧愤和迷乱的目光"读史"，这历史传统"他者"就不得不被变形。这种极度忧愤和迷乱的目光短浅，正可以概括为一种共时代变形思维模式。这种思维模式带有浓重情绪色彩，往往舍去对象的时间、变化、多样、特殊等特点，而把它仅仅简化为某个单一的整体形象。而这个单一的整体形象，在现代主体眼中，正是历史真实之所在。这样，在这种思维模式的规范下，中国历史传统"他者"被高度浓缩、凝聚或"歪曲"为一个笼统的整体形象。于是，才有了"狂人"眼中的"吃人"这一传统"他者"形象。这个形象显然不是写实的，而是高度审意性的——即是所谓"寓言性"形象（杰姆逊）。以"吃人"这一寓言形象概括中国历史，就省去了中国历史传统中那可能尚具生命活力的方面，而单单突出、放大、夸大了其中为"五四"知识分子所痛苦地体验到并刻骨铭心的"罪恶"的一面。

鲁迅的丰富博大心灵，诚然并不局限于仅仅运用这种共时化变形思维模式，但在"五四"时期却是用之如常的。这种模式便被他说成是记"整数"方法："历史结帐，不能像数学一般精密，写下许多小数，却只能学粗人算帐的四舍五入法门，记一笔整数。"按这种记整数法，历史"他者"可能有的丰富多样的个性就被简化、删削为一个整体形象。而且，鲁迅强调，"一大堆流水帐簿，只有这一个模型"。②在这种共时化变形模式中，不仅历史"他者"，而且整个当下现实就似乎是高度共时化地"挤缩"在一起："中国社会上的状态，简直是将几十个世纪缩在一时：自油松片以至电灯，自独轮车以至飞机，自镖枪以至机关炮，自不许'妄谈法理'以

---

① 参见林毓生：《中国意识的危机》，贵州人民出版社1986年版，有关章节。
② 鲁迅：《热风·随感录五十九》（1919），《鲁迅全集》第1卷，人民文学出版社1981年版，第355页。

至护法，自'食肉寝皮'的吃人思想以至人道主义，自迎尸拜蛇以至美育代宗教，都摩肩挨背的存在。"① 这是古今中外形形色色文化现象的大交汇、大杂烩。在这个令人晕眩的社会场景中，似乎时间停止了，没有古今之别，中西之异。同时，"四面八方几乎都是二三重的事物，每重又各各自相矛盾。一切人便都在这矛盾中间，互相抱怨着过活，谁也没有好处"。总之，一切都是共时的，多重的。这样的存在方式是利还是弊？鲁迅说："这许多事物挤在一处，正如我辈约了燧人氏以前的古人，拼开饭店一般，即使竭力调和，也只能煮个半熟；伙计们既不会同心，生意也自然不能兴旺——店铺总要倒闭。"② 这个因古今杂糅、不能同心、无法兴旺而必定倒闭的"饭店"，不正是当时中国现实危机的隐喻吗？显然，在鲁迅看来，中国的共时化现实只会把中国导入绝境。需要注意，鲁迅发表这些见解时是在《狂人日记》发表后不足一年，因而这里表露的思想及其共时化变形模式应当是与"狂人"一致的，是他的脚注。而按照克里丝蒂娃的"互文本性"概念，这篇文本正与《狂人日记》构成"互文本性"关联，正是透过这篇文本，《狂人日记》得以被"缝合"为一个"完整"的文本。"狂人"把"历史"共时化地变形为"吃人"，与鲁迅认定中国现实社会"简直是将几十个世纪缩在一时"、从而势必"倒闭"一样，都是那同一种符号模式——共时化变形思维的构成物。可以说，这种"历史真实"正是共时化变形思维模式"创造"的；如果改变这个思维模式，那就必然意味着正"改变"着历史真实。这里，共时化变形无论作为思维模式，还是小说叙述模式，还是更大的文化修辞术，都是相通的，彼此并无真正意义上的分别。

至此我们应当已能回答我们一再关心的问题了。"狂人"把历史真实共时化地变形为"吃人"，这个文本现象可以看作"五四"时期三方僵局语境的压力的产物。现代主体在"伟大而可怖"的西方"他者"的威逼面前无计可施，积蓄起过量焦虑；在过量焦虑驱使下，以极度忧愤和迷乱的眼光重新一瞥历史，就往往把历史"他者"共时化地变形为罪恶的形

---

① 鲁迅：《热风·随感录五十四》(1919)，《鲁迅全集》第1卷，人民文学出版社1981年版，第344页。
② 鲁迅：《热风·随感录五十四》(1919)，《鲁迅全集》第1卷，人民文学出版社，1981年版，第344—345页。

象——"吃人"。于是,"历史就是吃人",这个借"狂人"之口道出的奇特命题,合情却不合理命题,也就被鲁迅(及其同道)既合情又合理地用作说明中国何以病状依旧的最方便答案了。试想,现代主体倘沿袭如此深重的历史原罪("四千年吃人履历"),或者肩负如此沉重的历史包袱("黑暗的闸门"),他怎能自强与自立?因此,把"吃人"视为历史真实,这不能被简单当作鲁迅的个人"偏见",而宜看作其时特殊的文化语境——三方僵局的产物。也就是说,"五四"时期文化语境出于自身的战略需要,创造了"狂人"及其眼中的"吃人"形象。文化需要这种历史真实,于是就用共时化变形术使它呈现出来。

当然,鲁迅的这篇文本的高明与深刻之处在于,它没有试图通过激烈批判历史"他者"来达到为自我开脱的目的。按常理推论,当说"历史就是吃人"时,似乎该是在把自我的责任推卸给历史老人,显示中国落后挨打的祸根不在孙辈而在祖辈。但是,《狂人日记》却是高度自我反省性的。它的历史批判的锋芒,在横扫过座座历史食人魔窟后,最终直逼正继续吃人的现代主体自身:"四千年来时时吃人的地方,今天才明白,我也在其中混了多年;大哥正管着家务,妹子恰恰死了,他未必不和在饭菜里,暗暗给我们吃。""我未必无意之中,不吃了我妹子的几片肉,现在也轮到我自己,……""有了四千年吃人履历的我,当初虽然不知道,现在明白,难见真的人!"(《狂人日记》)这里推进着三个层次:社会吃人、亲人吃人和自己吃人。焦点是在自己吃人这一惊人发现。这表明,真正重要的不是唤醒沉睡的历史记忆,而是看到这种历史记忆正作为历史梦魇而死死纠缠着现代主体,阻碍他的前行。巨大的历史包袱,事实上正巍然矗立在现代主体孱弱的肩头。所以,鲁迅构造并让人领悟"吃人"这一历史真实,旨在富于历史深度地反省、解剖和改造"五四"知识分子自我。"必须先改造了自己,再改造社会,改造世界"[①]。而世界的未来,"真的人"的生成,则是在于孩子"救救孩子"。现代主体的神圣职责,便是"自己背着因袭的重担,肩住了黑暗的闸门,放他们到宽阔光明的地方去"。鲁迅对自己的意图有清醒的概括:"中国觉醒的人,为想随顺长者解放幼者,便须一面

[①] 鲁迅:《热风·随感录六十二》(1919),《鲁迅全集》第1卷,第360页。

清结旧账，一面开辟新路"①。《狂人日记》确实凭借独特的共时化变形"法门"而实现了"清结旧帐"的愿望，但"开辟新路"的打算却依然悬空。因为，共时化变形模式对于受过量焦虑支配而"读史"的"五四"知识分子来说，不失为既发挥反传统精神又排遣郁结的权宜之计，但却不具备与上述传统决裂的足够实力。

四、狂人作为"五四"卡里斯马典型

回头看，"狂人"在何种意义上可以称作"五四"时代卡里斯马典型呢？

初看起来，"狂人"是被强大的黑暗势力摧垮了的卡里斯马人物。从这位被迫害致狂的反常人物身上，似难以直接瞥见"五四"青年追求自由、进步、进取、开放、实践和科学的勃勃英姿。但是，如果我们把"狂人"视为一个寓言性人物，一个被共时化地变形的寓言性人物，那么，我们就会从他身上重新发现"五四"青年特有的卡里斯马风采。"狂人"以狂傲之气反抗邪恶势力，揭露几千年历史的"吃人"罪恶，无疑正集中体现了全盘反传统的"五四"精神。这与郭沫若《女神》中的那些浪漫的反抗者形象，可以说具有异曲同工之妙。无独有偶，在《凤凰涅槃》中，"茫茫的宇宙"直接地就是"冷酷如铁"、"黑暗如漆"、"腥秽如血"的罪恶世界："宇宙呀，宇宙，／我要努力地把你诅咒：／你脓血污秽着的屠场呀！／你悲哀充塞着的囚牢呀！／你群鬼叫号着的坟墓呀！／你群魔跳梁着的地狱呀！／你到底为什么存在？／我们飞向西方，／西方同是一座屠场。／我们飞向东方，／东方同是一座囚牢。／我们飞向南方，／南方同是一座坟墓。／我们飞向北方，／北方同是一座地狱。／我们生在这样个世界当中，／只好学着海洋哀哭。"这样一个充满腥风血雨的宇宙难道不也是个"吃人"世界？同理，这种否定性形象的获得难道能离开共时化变形模式？显然"凤凰"同"狂人"一样，都通过运用共时化变形模式而获得历史"他者"的否定性形象，并以全盘反传统精神去奋勇反抗。正是在

---

① 鲁迅：《坟·我们现在怎样做父亲》(1919)，《鲁迅全集》第1卷，第130、140页。

这个意义上，我们可以说，"狂人"同《女神》中的反抗者形象一样，都是"五四"时代卡里斯马典型的代表。所以，说"狂人"称得上"五四"时代卡里斯马典型，主要正着眼于他的全盘反传统这一内涵。只不过，这一内涵是寄寓在共时化变形的形式中的。

但实际上，人们常常易于忽略的一点是，作为"五四"精神的一个重要方面，全盘反传统本身就需要一种共时化变形模式去支撑，或者干脆说，就是由这种共时化变形模式创造出来的。因为，被"五四"时代人们"读"作历史传统"他者"的那些东西，之所以呈现为需要加以全盘否定的单一的整体形象正是有赖于那种共时化变形模式的特殊作用。凭借共时化变形模式，人们才可能使数千年历史传统，不是以令人愉悦的形象或其他，而是仅仅以可憎的画面即"吃人"向他们自己呈现。因此，所谓全盘反传统精神，同所谓"吃人"的历史真实形象一样，都是依赖于共时化变形模式才成立的。正是这同一个共时化变形模式，一面使人们"发现"了"历史即吃人"的历史真实，一面又要求他们以全盘反传统精神去果敢抗争。无论是"吃人"的历史表象还是全盘反传统的主观精神，其实是它的双簧戏。

可以蛮有把握地说，"狂人"式的共时化变形思维模式，以及它所创造并激发出来的全盘反传统的"五四"精神，在"五四"年代是有相当涵盖面和代表性的。《狂人日记》一出，新文化运动骁将吴虞便大加击掌称快："我觉得他这日记，把吃人的内容，和仁义道德的表面，看得清清楚楚。那些戴着礼教假面具吃人的滑头伎俩，都被他把黑幕揭破了"[①]。吴虞对"狂人"眼中的"吃人"世界是如此不觉为"怪"而信以为"真"，以致他极严肃而认真地征引史实，证明小说所写"吃人"事件为真。这正是由于，这样的"历史真实"，对他和他的同时代人来说，不是我们今人所看到的审美虚构，不是寓言，而仿佛就是那日夜包围他们令他们诅咒的现实本身。是什么使得他们把寓言形象当作写实形象呢？正是共时化变形模式。在这种共时化变形模式之中，寓言与写实、内心与现实、历史与当前被无界限地拼合在一起了。

张定璜曾拿《狂人日记》同章士钊《双枰记》和苏曼殊《绛纱记》

---

① 吴虞：《吃人与礼教》，1919年11月1日《新青年》第6卷第6号。

《焚剑记》加以比较，感到读了它们再读《狂人日记》（四年后）时，"就譬如从薄暗的古庙的灯明底下骤然间走到夏日的炎光里来，我们由中世纪跨进了现代。"[①] 相隔才四年，竟有两个世界之分，"由中世纪跨进了现代"。这一"真实"感受表明，一方面，"五四"是新旧交替时期，但这不是简单地新世界取代旧世界，而是它们交互共存，反复较量胜负难分；另一方面，相信四年经历两个世界，这种体验正暗含着使两个历时世界共时地并存的共时化变形模式。由中世纪跨入现代，与其说意味着时间上的前行，历时的演进，不如说表达了空间上的横摆，共时的平移。对"五四"时代人们来说，几年间便似已由古入今，由今返古，上下悠游，中西汇通的共时体验，实已属平常。至于说到他们真的以为已告别中世纪而跨入现代，不过更说明了共时化变形模式已深入无意识之中。如此，或许我们可以大胆地说，所谓"五四人"，正是那有意识或无意识地运用共时化变形模式的"狂人"，或"狂人"式"读史者"！

五、共时化变形与文化破型

共时化变形模式是怎样产生的？应当如何从哲学、心理学等多方面去阐明它的性质和作用？这些问题头绪复杂，一时无法理清楚。但为进一步讨论"狂人"形象，我们不妨指出其中的一点：共时化变形模式同文化的破型与转型交替进程相关。

一种文化总是一个过程，这个过程自有其转型、定型和破型期。转型（transformation）指文化的基本规范正开始形成但尚未形成；随之而来的是定型（formation）指文化的基本规范已趋于完成；破型（deformation）则指这种规范正走向破裂、衰败。破型之后又该是新的文化规范的建构即转型，如此循环演进。值得注意的是，我们所谓破型与变形在西文中可以被表述为同一个词：deformation，这个词包含损坏形状、改变形式等含义。这意味着不难推想，小说中的变形与文化上的破型具有内在联系：小说变形正是文化破型的具体表征。

[①] 张定璜：《鲁迅先生》，1925年1月《现代评论》。

"五四"时期（1915—1925）可以说是中国"旧文化"的破型与"新文化"的转型相交替时期。这个交替期的特殊文化情形在于，旧的文化规范正急剧解体但又阴魂不散，新的文化规范正处难产的阵痛之中，因而新与旧、古与今、中与西等各种矛盾现象纷至沓来，交叉、重叠一处，显现为一幅奇特的共时化变形图，正像前述鲁迅所观察的那样。因此，文化破型本身就表明文化规范正在被变形，即被扭曲、挤压、撕裂、拆散或损毁等。而当文化转型因素汇入进来时，这种变形就具有了共时化特征。因为，破型与转型原本分别是历时性进程，但当两者骤然相遇而碰撞时，时间流中断，横截面成倍扩展、增大，仿佛全部历史进程都压缩到了这一瞬间，形成平面汇集。这种汇集是高度浓缩、凝练的，因而信息密度大，信息量惊人地丰富，值得注意的是，这幅文化变形图并非同一的整体，而是矛盾、冲突的场所。正如鲁迅所说，"四面八方几乎都是二三重以至多重的事物，每重又各各自相矛盾"。这种种矛盾交错一体，积蓄过量，必然要寻求解决。于是，就有小说的共时化变形模式。

　　因此，不妨说，《狂人日记》所显露的共时化变形模式，是"五四"时期文化破型与转型交替情境的小说置换。更具体地说它的出现，以及由它所创造的"狂人"形象，有力地揭示了中国"旧文化"的破型。相形之中，它对"新文化"转型趋势的揭示，要微弱得多。难怪《狂人日记》仅仅过去十年，就有人嫌它"没落"，跟不上新时代，属于"死去了的阿Q时代"[①]。这种指责自然很难站住脚，但如此匆忙地试图结束一个时代而开创新时代，不能不说正是上述共时化变形模式的写照，其实，"旧文化"破型期从来不愿轻易终结，它的濒死的触角注定了会深深地嵌入"新文化"的稚嫩的躯体里。

六、共时化变形作为修辞术

　　《狂人日记》所从事的共时化变形这一修辞实践，在美学上有不容忽视的理论意义。它直接地表明了一种新的小说修辞术的诞生。这种修辞术

---

① 钱杏邨:《死去了的阿Q时代》,《太阳月刊》1928年3月号。

的特点在于，以共时化变形文体去揭示奇异的"历史真实"给读者造成新奇而强烈的震惊效果。正如茅盾所感受的那样：它既有"痛快的刺戟"，也有"悲哀的愉快"，即震惊与共鸣交织在一起。它把历史"他者"塑造成变形了的罪恶形象，引起读者震惊；但震惊之中，他们内心相同的历史感被触动了，因而又产生"悲哀的愉快"。这种小说修辞术由于它内在地契合了"五四"新文化运动的战略需要，因而就保证了它在现代白话小说发展史上的开端的示范性意义。茅盾不无道理地看到："《狂人日记》的最大影响却在体裁上；因为这分明给青年们一个暗示，使他们抛弃了'旧酒瓶'努力用新形式，来表现自己的思想。"[①]

共时化变形作为一种修辞术，意味着按一定的文化战略而组织话语，使其能产生文化所需要的特殊感染效果。所以，这里尤其应当关注的是共时化变形的话语组织与"五四"文化战略的关系。"五四"文化需要"吃人"这"历史真实"，因而借共时化变形把它提供出来。这种"历史真实"是无法独存的，它是由共时化变形创造出来的。它与这种话语模式不可分割地联系在一起了。这表明，那真正的终极的历史真实（如果有的话）是不亲自出场的，它总是借助一定的文化形式露面。它总躲在后台于暗中操纵，而驱使演员在前台按自己的号令忙碌。

重要的是，文化形式难免多种多样。在不同的文化形式中，我们就会看到彼此不同的历史形象。即便在鲁迅的同一部《呐喊》小说集中，《狂人日记》呈现了我们的历史，就不同于《故乡》和《社戏》所呈现的，前者使人窥见历史的残酷，后者则让我们的温馨记忆被唤醒。似乎是，不同的文化形式必然创造出不同的历史面孔。各种话语形式诚然彼此不同，但都依审美法则去呈现历史，从而都有其存在理由。至于历史，它自在而令人难以捉摸，我们只能凭借一定的话语形式去试图规范它。那么，我们所能看到的究竟是历史真实还是话语变形呢？这无疑是耐人寻味的。

（原载《天津社会科学》1995 年第 5 期）

[①] 茅盾：《读呐喊》，1923 年 10 月 8 日《时事新报》副刊《文学》第 91 期。

从启蒙到沟通

——90 年代审美文化与人文精神转化论纲

进入 90 年代以来,"人文精神"已成为学界关注的一个热门话题。[①]。人们对"人文精神"的内涵理解各异,对 90 年代文化状况的描述不一,很大程度上会影响到他们的总的看法。这里不打算直接辨析各种观点,而是先简要阐述 90 年代审美文化的新近趋势,在此基础上提出我们的人文精神见解。我们的见解不过是要从审美文化这一特定角度汇入当前有关人文精神的种种思索之中,或者说从人文精神角度切入有关审美文化的争鸣里。这里不可能求得"唯一",而应允许"差异",倡导平等"对话"。

一、审美文化概念

这里说"审美文化"而不说"审美",是出于描述 90 年代情形的特殊需要。在习惯上,"审美"通常指狭义的审辨与创造美和艺术的活动,被认为独立于政治、商业、伦理、日常生活等普通"文化"过程之外,具有自身的特殊逻辑和风貌。而 90 年代的新情势在于,一方面,"审美"不断向普通"文化"领域渗透,弥漫于其各个环节;而另一方面,普通"文化"也日益向"审美"靠近,有意无意地把"审美"规范当作自身的规范,这就形成两者难以分辨的复杂局面。在此意义上不妨说,当代文化实质上就是审美的文化,同样,当代审美其实正演化为宽泛的文化。有鉴于此,我们拟采用更广义的"审美文化"概念来描述当前的"审美"活动。

[①] 参见《上海文学》1993 年第 6 期王晓明等《文学和人文精神的危机》,又 1994 年第 2 期王朔等《选择的自由和文学态势、人文精神》;《读书》1994 年第 3—4 期有关人文精神的系列讨论。

同时，也需要在当前的基点上，运用"审美文化"思路回头反省过去的"审美"活动，把"审美"看作"审美文化"的一部分，由此形成有关"审美文化"的宽广而连贯的反省言路。

这样，我们用审美文化指人们的文化生活与审美相连的那些方面。无论是读小说、吟诗、作画、听音乐和看戏等文化娱乐生活，还是看电视广告、逛商场、美容、美发、居室美化、穿自制文化衫甚至经商等日常实用活动，都涉及审美文化，或者可以被当作审美文化加以研究。可以说，审美文化与当前人们生活的几乎所有方面相关联。

如果这一审美文化概念是适用的，那么，我们可能在与80年代审美文化相比较的基点上，从性质、主潮、结构、形态和对话五方面考虑其90年代新趋势，从而发现由纯审美到泛审美、精英到大众、一体化到分流互渗、悲剧性到喜剧性和单语独白到杂语喧哗的变化脉络。需要说明的是，80年代审美文化本身具有复杂的演变过程，例如，在80年代中期出现过明显的激变，对此应作细致的分析，而我们这里只是抓主要的精神趋向或主潮。

二、从纯审美到泛审美

首先，在性质上，90年代审美文化显示出从纯审美转向泛审美的趋势。在80年代，审美被认为是纯粹性的，即是精神的、圣洁的或高雅的，与现实政治、商业和实际生活无关。一曲《边疆的泉水清又纯》响遍大江南北，暗喻着久陷文革政治旋涡的人们对清新而纯粹的审美生活的强烈渴求。小说《黑骏马》里纯洁而美丽的蒙古族姑娘索米娅和雄健有力的黑骏马，《北方的河》里只身横渡黄河的个体英雄、象征青春活力的浩荡江河以及令人心醉神迷的古老的彩陶残片，都似乎是纯审美的表征。纯审美成为这个时代人们关于真正人性的生活的理想范型。80年代初期的"美学热"正与这种纯审美幻想和冲动有关。

然而，在90年代，基于多方面的原因，纯审美圣殿日渐颓败，泛审美成为主潮。泛审美，就是前面说的审美与文化相互渗透而难以辨析的基本标志，指审美从传统的纯审美圣地播散到广泛的文化过程中，更趋于生活化、实用化、通俗化和商品化。既有狭义的内在精神性审美，也有广义的外在实用性审美，如美容、美发、美食、广告、居室美化、环境美化和选美等；不仅有令人百看不厌、回味无穷的高雅的经典性审美，而且有仰仗大众传播媒介的优势征服公众的通俗、流行的审美。纯审美总是能经得起时间的检验，如说不尽的《红楼梦》，永恒的维纳斯，而泛审美却往往与时尚相连，仅仅在短时间内流行，很快就变换新花样，如一些畅销小说、肥皂剧、流行音乐、时装、文化明星等。

　　泛审美趋势也体现在充满魔力的商业广告上。在传统上审美被认为是与商业对立的，被排斥于审美圣殿之外，但今天的广告却必须由审美来铺垫、"起兴"。公众在认识新商品之前，须先接受审美魔力的感染。当你眼见黄澄澄的戈壁沙浪扑面涌来，耳边响起雄浑有力的交响曲，一时沉入无尽的审美遐想与享受空间流连忘返时，你突然被要求认同的却是电冰箱。你与恋人虽然彼此一无所有，但两情相悦，坚信真情胜过一切。"你问我爱你有多深，我爱你有几分？我的爱也真，我的情也真，月亮代表我的心。"但祸从天降，可怕的头皮屑打乱了你平静的爱情生活，爱美胜过一切的恋人愤然弃你而去。别急，喜从天降："海飞丝"送来福音，头皮屑立时除尽。于是，恋人重新回到风度翩翩的你的怀抱。这里以审美的魔力劝诱你，生活的讲究胜过情感，商品才是你爱情的真正的忠诚守护天使。当经典性开端—发展—高潮—结局这类叙事技巧被广泛应用于商业广告时，审美难道还是人们理想中的纯审美本身吗？

三、从精英到大众

　　其次，从主潮上看，大众文化浪潮正在取代低潮中的精英文化。"精英"，西文作"Elite"，指社会上的一种特殊的少数群体，这个群体无论其整体还是其个体成员，都具有超出其他群体的权力。"精英"的种类较多，从权力范围说来，包括政治精英、经济精英、军事精英、社会事务精英和文化精英等。而我们这里所谓"精英"，主要是80年代中国的文化精英（如哲学家、历史学家、艺术家等）所崇尚和构想的少数有良知、教养、启蒙意识的优秀人物，如知识分子、干部、企业家和科学家，他们据信能在中国文化的这一重要的启蒙时期发挥启蒙者的关键作用。而所谓"精英文化",则是特指这时期以上述精英意识为主导的审美文化活动。确实,80年代审美文化,突出展示少数精英人物在历史转变过程中的中心价值和中心作用。《班主任》里的教师张俊石、《乔厂长上任记》里的厂长乔光朴、《蝴蝶》里的干部张思远、《芙蓉镇》里的知识分子秦书田、《哥德巴赫猜想》里的数学家陈景润、《新星》里的改革英雄李向南及《北方的河》里的新型个体人等,是这种精英意识的化身。另一方面,80年代初的观众在凝视油画《父亲》里那张意味深长的脸时所体验到的,是对救世主似的精英人物的崇拜与期盼。相应地,这样的艺术就被赋予了宏大的文化视角、沉厚的历史深度和广阔有序的时空自信。文学在各门艺术中扮演起主角是有道理的,因为它凭借语词的功能描摹英雄典型,更能诉诸人的启蒙意识,展示以精英人物为中心的社会乌托邦。

从80年代后期开始、尤其是进入90年代以来,精英文化的乌托邦逐渐衰落了。这种衰落诚然取决于历史与文化语境的改变,但在很大程度上也与艺术界内部的自我颠覆有关。这里有几个代表性事例。首先,青年作者王朔的文学以"痞子"、"流氓"或"顽主"式叛逆姿态出现,既切合消解精英拯救意识的社会思潮,又构成对新时期精英文学(崇高)的解构。如果说王朔只属精英文学的"不肖子孙",其事例不足为证,那么,当著名精英作家王蒙严正倡导"躲避崇高"时,不正等于宣告经营十余载的精英文学已无可挽回地走向没落了么?精英文学骁将贾平凹以大众味浓郁的《废都》率"陕军"东征,加上大批精英作家在"布老虎"统帅下集体"下海",还有六位精英作家一起接受张艺谋的《武则天》沐浴,都表明精英队伍正在自溃。尤其具有感召力的该是精英电影"前卫"的改弦易辙了。曾在80年代以《黄土地》、《红高粱》和《孩子王》震撼国内外的"第五代"导演,现在却放弃既往"前卫"立场而甘做"后卫",以《大红灯笼高高挂》和《霸王别姬》成功地汇入国际性大众文化制作潮流之中。更耐人寻味的是,如今的文学已到需要由这样的"后卫"电影来拯救了:小说一旦被张艺谋和陈凯歌相中改编为电影,立时就声誉卓著或身价倍增。这样的精英队伍,如何可能去继续履行启蒙使命呢?

精英文化的大众化与其说是一种主动选择,不如说是大势所迫:新兴的大众文化已形成排山倒海之势,一举冲垮精英文化而登上霸主地位。这里的大众文化虽与传统意义上的通俗或民间文化相通，但主要是拥有高度发达的大众传播媒介的现代消费社会的产物，是90年代中国市场经济迅速发展的必然伴随物。肥皂剧、武侠小说、言情小说、明星隐私或掌故、名人逸事、MTV、流行音乐、娱乐片等是它的主要存在样式。大众文化的兴起适应了当前中国大众的一个新需要：在基本温饱满足之后，在政治与日常私人空间分开后，他们竭力寻找属于个人的文化消费空间。正是由于这一新机遇，加上高度先进的大众传播媒介的神奇功效，大众文化在与精英文化的生死较量中平步青云，显示了无与伦比的市场优势。一般说来，精英文化是一种知识话语，大众文化则追求商品性，以市场原则为主导；精英文化崇尚永久魅力，大众文化看重瞬间快乐；精英文化强调由思想和历史深度与情感的交融形成的美感，大众文化关心感官快适即快感，或把深度平面化，变作感官刺激佐料。

当然，大众文化并未也不可能一手遮天，它不得不面对审美文化中其它因素的拆解。

四、从一体化到分流互渗

在当前条件下，审美文化的结构不可能铁板一块，而是多种因素共存。也就是说，大众文化虽呈汪洋大海之势，却远不可能垄断审美文化的全部领域。现实点看，如果说80年代是以精英文化为中心的文化一体化时代，那么，90年代则是以大众文化为中心的文化分流和互渗时代。这里不仅有位居中心的大众文化，而且存在退居边缘的精英文化和主流文化。精英文化和主流文化决不甘于边缘命运，而全力谋求重返中心。从而往往实际上构成大众文化、精英文化和主流文化三足鼎立格局。三者之间的冲突与融合即互渗关系尤其耐人寻味。

与高度普及、新奇、刺激、快适和多变的大众文化不同，精英文化崇尚高雅、朴实、深刻和持久，或者从事先锋性探索与实验，或者展开不妥协的拒绝与批判。但由于它不愿顺应或迁就大众趣味及时尚，力图保持自身的独立品格，就只能被挤压到狭小的文化圈中，远离大众。雅则雅矣，却难免被视作缺乏生活根基的无病呻吟，故作高深的空洞、艰涩，或者贵族式的傲慢无礼，所以启蒙音调虽高却曲高和寡，鲜有响应，一时难于实现重返中心之壮举。在这种情况下，精英文化内部就不得不发生分裂，一部分继续信守精英承诺，一部分则走向大众化。

主流文化的情形略有不同。它以维护现实社会的和睦与安定的名义，注重教化、规劝、训导，强调秩序、服从和统一。由于社会稳定的需要，和政府机构的倡导与扶持，它总是显示出中心权威，仿佛能撼倒大众文化而位居主潮，从而不无道理地被称作主流文化。然而，仔细观察，它却总是处于大众文化的强有力冲击之下。在与大众文化对抗时，精英文化当居于下风时，可以退回自守，洁身自好，保持一块内在精神空间。但主流文化却没有这样的退路可走，它必须面向大众，极力赢得他们，以便加以感染。这就会出现如下情形：大众当其面对极具诱惑力的大众文化和威严的主流文化时，却总是乐意选择前者而冷落后者。主流文化遭遇这样的打击，不得不静思良策：与其继续威严可畏而失去大众，不如退而求其次，适当采用大众文化的魔术，使教化意图一改威势而显得和蔼可亲，即借大众文化之力去重新赢回大众。这时，主流文化就与精英文化殊途同归了——大众化。

于是，我们看到，在文化分流的情势下，出现了三种文化之间的相互渗透即互渗。这里主要是两种情况：精英文化与大众文化的互渗，和主流文化与大众文化的互渗。"陕军东征"、精英作家竞相等待张艺谋改编或甘愿入"布老虎"口中，集中代表着精英文化的大众化；反过来说也一样，当《废都》被誉为90年代《红楼梦》、"布老虎"自称为"严肃小说"、以及汪国真以俗诗硬充雅诗时，就有大众文化的精英化。影响更大而易受忽略的可能是主流文化与大众文化间的互渗了。主流影片《蒋筑英》为了使观众耐住性子看完，以便接受这位知识分子典型，不惜破例大量借鉴娱乐片的惊险和悬念技巧；《中国人》则以赏心悦目的群众请愿、游行、现场电视直播等娱乐场面吸引观众，更刻意效法现代流行娱乐片的"非英雄化"手段，让中心英雄、市长钟强显出平民本色，甚至命他向不愿让出土地的倔强老农下跪，这无疑属于主流文化的大众化，或称中心话语的边缘化[①]。至于创造近年空前收视率的《北京人在纽约》，十分懂得既要以"美

---

① 拙文《中心的边缘化》，《中国电影周报》1993年7月15日。

国梦"、"痞子味"、现代时髦生活方式满足大众俗趣,又要以浪子回归的循循善诱传达主流意识形态,从而堪称主流文化与大众文化互渗的难得的"杰作"。不难预料,它将在今后几年中发挥"榜样"的强大影响效果。除此之外,精英文化与主流文化的互渗也应受到关注。

这种既分流又互渗的情形表明,90年代审美文化不会是一体化的,而总会呈现三种、甚至多种文化形态之间的错综复杂的局面。每种文化都可能力求独领风骚,却又不得不正视他种文化的实力。尽管大众文化已占据中心,但主流和精英的反击也不可低估,在特定的有利形势下还可能暂时享受中心的荣耀。在我们看来,这些文化之间不应有简单或一成不变的等级划分,它们应共处于一个平等的文化结构网络之中。重要的不是使各方消融个性以变得整齐划一,而是一方面尊重各自的独特逻辑,建立其价值系统,将自身可能性充分展示出来,另一方面寻求确立他们之间的能形成平等对话的良性循环机制。

五、从悲剧性到喜剧性

90年代审美文化在美感形态上表现为以喜剧性为主导。80年代的审美文化尽管形态不失多样,但毕竟悲剧性占了上风。在这时期的各种艺术如"伤痕"、"改革"、"反思"、"寻根"及"新写实"小说中,在第四、第五代电影中,在"新潮"美术及音乐中,弥漫着一种人生悲剧感。这种悲剧感虽含程度不同的悲痛或悲伤成分,但或多或少显示出悲观中的乐观色彩。因为它相信:过去的岁月不堪回首,现在的生活存在缺憾,未来晦暗不明,不过,只要执著人生、不断进取,就能达到生活的自由境界。《巴山夜雨》《青春祭》《湘女萧萧》《良家妇女》《人生》《老井》《野山》等影片,《伤痕》《人到中年》《芙蓉镇》《杂色》和《黑骏马》等小说,从各自的角度显现了这种悲剧感。这些悲剧艺术显示了艺术家们高度的责任感、使命感,严肃的创作态度,反映历史真实的决心;同时,在文本中蕴蓄了深厚的历史深度,流溢着浪漫时代艺术特有的"灵韵"。到了80年代后期,一种转变征兆逐渐鲜明起来。这种整体的悲剧感受到"新写实"特有的泛悲剧感的有力拆解。在《烦恼人生》《风景》和《单位》等小说中,

远近幽深
——艺术体验、修辞和公赏力

一种无形而无所不在的悲剧氛围笼罩着主人公，使他在日常生活中总是遭遇先在性的失败，被"一地鸡毛"之类琐事淹没。随着 90 年代的来临，这种悲剧性艺术就不得不逊位了。

我们看到，以电视剧《渴望》（1990）为开端，《编辑部的故事》（1991）继起，喜剧感取代了悲剧感。在创作态度上，出乎普通观众的习惯心理，催人泪下的《渴望》却不是来自实际生活体验，而是"侃"出来的；它悉心考虑的并不是显示历史真实，而是"赚取"观众的眼泪。以游戏态度去凭空虚构也能取得成功、甚至是令人艳羡的空前成功，这无疑轰毁了建立在悲剧感之上的使命感和严肃创作态度，为喜剧性艺术的广泛潮流开了先河。从故事内容看，《编辑部的故事》让喜剧"反英雄"的嘲讽性对话取代悲剧"英雄"的严肃行动。观众看到的是李冬宝、戈玲和余德利这一群"顽主"式编辑，他们嘲弄他人、历史和自我，作践纯情、真诚，总之，以喜剧的方式向过去的正统权威形象开战。他们本身似乎是无所事事、百无聊赖的说话巨人而行动矮子。但是，从观众的轻松愉快的笑声里，不难看到对他们的新的顽主偶像的无意识认同。确实，在观众眼里，原来的正统权威代表陈主编，相反日渐显示其无能，连刊物也无法办下去；而看来是无能的顽主的李冬宝和戈玲，却善于适应新变化，提出新对策，从而成为《人间指南》的新救主。需要看到，这种新旧权威更替的必然趋势，不是通过 80 年代那种悲剧式奋争得来的，而是在喜剧式笑声里显现的。

作为当代艺术新霸主的电视既已如此，文学和音乐自然竞相效法。不过，仿效的结果却是产生了这种喜剧感的无节制的复制或无深度的播散。例如，武侠、言情、惊险、恐怖、奇闻、逸事等小说摆满大小书摊，引来大量读者。这些小说的共通点就是以一种宽泛而平面化的喜剧感去抚慰读者，在虚构的情境里暂时满足他们的欲望，随后又立即关闭它，从而使这种消费欲不断地再生产下去。它们虽然不乏精英文化特有的感伤、同情、放逐感或历史深度一类悲剧成分，但这些悲剧成分仅仅作为烹制喜剧感的佐料而存在。"布老虎"丛书第一部《苦界》以"严肃"小说为标榜，某些精英小说的"灵韵"也被用来催化读者，但其实主要是中国武侠、气功、琼瑶式言情与西方流行的 007 系列、希尔顿小说的杂揉的产物。而在以通俗音乐为主流的音乐界，感伤、浪漫情调、民族特色等不过成为"为赋新词强说愁"的恰当媒介。歌迷们深知人生无常，聚散有时，索性在这令人沉醉的喜剧氛围中"潇洒走一回"，或者"过把瘾就死"。

由此可以见到这样一连串对比：悲剧性艺术要求严肃的创作态度，而喜剧性艺术采用游戏式态度；一个刻划悲剧英雄的艰难的抗争行动，另一个则编写喜剧角色的轻松有趣的笑谈、逗乐；前者精心建构历史深度，后者有意使这种深度平面化；当前者力求令观众启迪、觉悟时，后者却极力让他们畅快、沉酣。其实，按我们前面的分析，从悲剧性艺术到喜剧性艺术，不过是从精英艺术到大众艺术的另一种说法而已。因为，在今天的观点看来，悲剧性艺术以充满正义感的悲剧英雄为中心，实质上正是一种精英意识；而喜剧性艺术改以平常的人物入替，正传达出大众意识。当然，在喜剧性（大众）艺术占主导地位的情势下，也会有悲剧性（精英）艺术起而寻求新的自我拯救。所以，审美文化领域不可能只有一种声音，而应看到两种乃至多种声音。

六、从单语独白到杂语喧哗

审美文化活动可以被视为不同个体之间的对话过程。个人不可能自己定义自己，而只能通过与他者的对话来实现。因而对话是人与人之间关系的具体解决方式。对话作为一种对谈，要求有说话者和受话者两方、甚至多方，他们都可以看作说话主体。说话主体通过相互对谈，是要建构起新的主体——被说主体。说话主体是实际存在的主体，而被说主体则是在对话中、通过对话建构起来的新的虚拟主体。不过，在具体而实际的审美文化过程中，对话情形并不是简单的和易于把握的。这里有几个重要因素值得考虑。首先，说话者和受话者总有自己的特殊的现实需要，这常常是因人、因时、因事而异的；其次，他们各自的传统规定着他们这样说话而不是那样说话；最后，此时此地的具体文化语境（即能在语言模型中把握的现实社会经济、政治、历史、艺术、风俗等的基本状况）对他们有更直接的影响。这些因素交织在对话过程中，使其呈现复杂的局面，或者是单语独白，或者又转为杂语喧哗。

例如，在80年代，表面上存在着精英与大众的对话。但细究起来，这里精英是主导，而大众不过是被动的受话者；精英居高临下地按自己的意志下达指令，大众则被要求竭力去领会、实行。因此，说到底，这时的对话实质上属于假象，主要还是精英人物自己的单一语言的独白——单语独白。大众似乎在张口说话，其实不过是精英的"代言人"而已。那时，"伤痕"文学、"反思"文学、"朦胧"诗、"寻根"小说等，总是以精英人物的单纯和整一的独白打动我们，严肃、深沉，悲剧主调辅以正剧与喜剧伴奏，既启蒙又呼唤改革，富于启迪效果。其间虽然杂有一些杂音，然而上述单语独白却是强有力的和支配性的。

从80年代后期起，尤其是进入90年代以来，这种单语独白日渐支离破碎了。取而代之，我们发现自己置身在庞杂、异质和难以归一的多种话语并存的"混乱"场面中。难道说，我们已进入杂语喧哗的时代？杂语喧哗，这里指这样一种话语格局：多种异质话语并存，相互争鸣，没有固定的中心与边缘、主调与副调之分，也缺乏普遍有效的共通游戏规则。杂语喧哗就是杂乱无序的多语争鸣格局。在当前，尽管说泛审美、大众文化和喜剧性已成为显赫主调，但其它声音决不愿轻易退场，而是积极地加入对话，造成杂语喧哗局面。不妨信手拈来如下一些事例。

雅语与俗语。高雅文化与通俗文化的分流日趋明显。长期以来的雅俗不分、雅俗共赏局面被打破，而代之以雅俗分流、雅俗分赏。"后朦胧"诗满足雅趣，而汪国真、席慕蓉则争夺俗趣。贝多芬与克莱德曼、《红楼梦》与琼瑶、汪曾祺与梁凤仪等，雅俗各行其事，难以简单地断定孰优孰劣。

悲语与喜语。既有《渴望》《北京人在纽约》《围城》和《霸王别姬》一类悲剧语言，也有《编辑部的故事》和《戏说乾隆》等喜剧语言。如果说《半边楼》等多少以悲语感人，那么大量的电视晚会（小品、相声、流行音乐）则以喜语娱人。悲语似乎依旧在追寻历史真实，而喜语却善于在轻松、调侃的"戏说"中把历史真实给稀释了。我们如何在两者间划定谁更真实呢？其实，无论悲语还是喜语，如今都正按大众文化的商业运作方式成批制作出来，从而它们实质上都是喜语。当然也有真正的悲语出现（如某些先锋小说、美术和电影），但毕竟声音微弱。

正语与奇语。正语指合乎现成规范、维护中心权威或注重社会教化的话语，奇语则是那些反常、新奇或陌生话语的统称。影片《蒋筑英》《中国人》属正语,《三毛从军记》是奇语。曾写出《浮躁》《古堡》等精英正语的贾平凹,眼下推出一代奇书《废都》。张艺谋的《红高粱》多少带有正语意味,然而《菊豆》《大红灯笼高高挂》和《秋菊打官司》就索性以奇语争宠于西方人了。正语与奇语间也是难分伯仲。

土语与洋语。这里的土语概指传统文化,洋语则代表外来文化。人们在倡导属于自身的方言土语、民间小调及古朴民风时,也沉迷于摇滚、MTV、卡拉OK等洋语之中。耐人寻味的是,当上述土语的规范实出自洋语、需要洋人充当权威鉴赏家时,这种土语往往不过是一种土语——民族性幻觉。民族性更多地只是他性的化装。

旧语与新语。"土"与"洋"之别常常不过是"旧"与"新"之别。我们的话语早已渗透西方的影响,只是时间的早晚而已。"现实主义"、"典型"和"时代精神"等被认为属于旧语或土语的东西,其实是入我东土稍早的洋语。而当这些旧语仍被当作土语频频使用时,新洋语如"解构"、"后现代"及"后殖民"等开始大红大紫。用惯旧语的人们难免嘲笑用新语者的盲目追新或食洋不化,但容易忘记五十步笑一百步的古训。在这个由先进的大众传播媒介创造成的"地球村"里,新语的流行及其沦为旧语的频率将比以往任何时候都高,从而更难以简单地以旧与新、土与洋论优劣短长。

刚语与柔语。摇滚乐的不妥协地抗诉的刚性语言,同流行音乐的浅唱低吟、轻歌曼舞的柔性语言,恰好形成强烈反差和相互化解。然而,当摇滚乐以外资赞助、外商包装,现场听众多为轿车出入、西装革履的白领阶层时,其刚性不过是时髦的作派而已,与柔语已相差无几了。

苦语与蜜语。流行音乐、言情小说或言情剧常以凄清、哀怨的苦语催人泪下,而电视和电台广告总以甜言蜜语幻化出日常生活的商品乌托邦。这是当今公众无法逃避的两种语言"暴力"。苦语满足他们想象地体验往昔或他人苦痛的要求,蜜语则以温馨的语言抚慰他们,但最终要证明的却是商品逢凶化吉的神奇魔力。

丑语与美语。丑语就是那些粗鄙语言,如脏话、粗话等,美语则指相对合乎礼仪的或文质彬彬的话语。相声、小品、电视剧可谓丑语的农贸市场,应有尽有。《北京人在纽约》只是其中的一个摊点:北京人在纽约聚会时竟国骂屡次出现,有艺术家身份的主角王起明更粗话不绝于耳,一身

从启蒙到沟通

205

痞气。与丑语充斥艺术圣殿形成鲜明对比，原来专属艺术的美语，却被驱赶或自动下嫁到昔日铜臭熏天的商品领域：诗情画意、深幽意境、温言款语或精英艺术圣洁的审美追求，竟变成推销商品的妙术。丑语登堂入室，美语成为兜售商品的美女，这种激变能告诉我们什么？是浪漫美学的世俗化理想正在实现，还是这种理想已归于失败？或许问题更复杂些。

捧语与骂语。在公众鉴赏和专家批评领域，一件怪事如今已见惯不怪了：一部作品如有人捧，就不会一片捧语，而必有骂语。而且捧得越高，骂得就越绝。王朔小说、张艺谋影片、《爱你没商量》《废都》及《北京人在纽约》等莫不如此。不存在80年代那种一边倒情形，失去共通的美学标准，价值体系似已分崩离析。

这种杂语喧哗现象的产生原因复杂，这里只说一点：那组织我们的审美文化活动的更基本的中心话语体系已经支离破碎。80年代话语、甚至可以说鸦片战争以来的中国现代性话语的根本战略，就是以西方文化为参照系寻求中国的中心化，即重建中国的中心话语体系。这种中心话语体系笃信单纯、整一、深度或和谐。但在90年代，由于作为参照系的西方后现代话语已无法如常供给营养，更重要的是，由于中国现代性话语本身的能量正在耗竭，所以，这种中心话语就轰然坍塌为无中心的碎片话语。审美文化中的杂语喧哗，不正是这种碎片话语的修辞性表征么？当中心播散、整体破碎，我们就只能谛听杂语喧哗了。

至于这种杂语喧哗现象是一时景观还是时代旨趣，是末日嬉戏抑或革命性拯救的福音，恐怕是很难简单断言的，较为明智的应是充分正视其错综复杂情形。

七、什么是人文精神？

从上述讨论已可以见出90年代审美文化的大体风貌：性质上的泛审美、主潮上的大众文化、结构上的分流互渗、类型上的喜剧性和对话上的杂语喧哗。而这些与80年代恰好形成明显对比：纯审美、精英文化、一体化、悲剧性和单语独白。如何进一步说明这些差异及其原因？人文精神不失为一个合适的观察角度。

首先需要为"人文精神"下一个工作性定义。我们所谓"人文精神"，主要指一种追求人生意义或价值的理性态度，即关怀个体的自我实现和自由、人与人的平等、社会的和谐和进步、人与自然的同一等。[①] 这种精神并不能仅仅停留在心理领域，而必须从具体而客观的文化过程体现出来。也就是说，"人文精神"应当体现在追求人生意义的具体而客观的文化过程中。这种过程涉及人类生活的几乎一切方面，当其被仅仅看作显现人生意义的场所时，就被称为"人文领域"。专门研究这种"人文领域"的学科一向被称作"人文学科"，包括哲学、历史学、伦理学、语言学、修辞学、艺术、宗教等。但是，"人文精神"虽然被"人文学科"研究着，却无法与它相等同。正像波普尔在论述属于"世界三"的"价值理论"时所说的那样，"价值理论是一组所谓价值学科的共同问题的名称"，这些学科包括伦理学、美学、知识理论和逻辑学的某些方面，以及经济学、政治学、人类学和社会学。由于专门化，这些学科彼此之间日益分离了。"价值理论作为与这种分离趋向相反的运动，要从这些学科中抽取出共同的问题和核心。"[②] 同理，我们所谓"人文精神"，正是从各门"人文学科"中抽取出来的"人文领域"的共同问题和核心方面——对人生意义的追求。

"人文精神"往往是与"科学精神"不同的。由数学、物理学、化学、天文学、地理学、生物学、生理学等自然科学共同分享的"科学精神"，竭力排除人文因素的参与，追求纯粹的客观性、确定性、严密性和精确性。而"人文精神"则恰好要把为这种"科学精神"所排斥的人生意义抢救出来。当代诗人任洪渊写道："我从不把一个汉字／抛进行星椭圆的轨道／寻找人的失落／佣／蛹／在遥远的梦中 蝶化／一个古汉字／咬穿了天空 也咬穿了坟墓／飞出 轻轻扑落地球／扇着文字／旋转／在另一种时间／在另一种空间／我的每一个汉字 互相吸引着／拒绝牛顿定律"(《没有一个汉字抛进行星椭圆的轨道》)。

在这首诗里，"人文精神"不仅拒绝以"行星轨道"、"牛顿定律"为标志的"科学精神"，而且也具有鲜明的民族特征。中国的"人文精神"属于"汉字"所标明的中华文化传统。它尽管具有世界各民族的某些共通

---

① 参见林毓生：《中国传统的创造性转化》，三联书店1988年版，第3—5页。
② ［英］波普尔：《价值的源泉》，1958年英文版，第7页。转引自袁贵仁：《价值学引论》，北京师范大学出版社1991年版，第24页。

性,但根本上是"拒绝"以"牛顿定律"为标志的西方文化传统的。

当然,不仅"牛顿定律",而且以追问背后的"终极"为根本使命的基督教精神也属于西方传统。正是由这种传统出发,西方"人文精神"总是强调探寻人生的"终极意义"或"终极价值"。这种西方"终极"传统诚然在一定程度上值得中国文化借鉴,但从总体上看难以在重实用理性的华夏土壤里扎根。因此,一些论者把"人文精神"仅仅理解为对人生"终极价值"的"形而上的"追求,这种描述如果不是用语欠周详、忽略其原来的西方含义,就是不切实际地把西方指标应用于甚至强加于中国[①]。如果属于后者,那就可能把"人文精神"高度神学化或神秘化,高则高矣,令人晕眩,虽在某些方面有所价值,却无助于处理根本的现实人生意义问题。

更为重要的是,"人文精神"并不是恒定不变的或始终如一的,相反,它应当被视为一个历史性概念。"人文精神"诚然存在某些一致方面,但即便是这些一致方面,在不同民族或时代的特殊历史条件下,都可能呈现出自身的独特风貌,从而显示"人文精神"的变化、多样、丰富和复杂性,即所谓历史性。而按照这种历史性概念,就我们的论题来讲,如果说90年代具有不同于80年代的相当特殊方面,那么,"人文精神"也就应当具有相当不同的风貌。如此,固守于一成不变的"人文精神",就必然无视新的历史变化。

总之,在我们看来,人文精神是从具体文化过程中体现出来的追求人生意义的理性态度,它区别于人文领域、人文学科和科学精神,具有民族性和历史性。如果这种分析是能成立的,那么,问题在于,应当如何把握90年代审美文化中的人文精神呢?

八、90年代人文精神:继承还是转化?

一个首先需要考虑的问题是,在90年代,人文精神将以何种面貌存在?时下的一些流行观点认为,最大的问题在于人文精神"失落"(或被

[①] 参见高瑞泉等:《人文精神寻踪录》,《读书》1994年第4期。

"遮蔽")了，应当把它拾掇起来，加以"继承"。这一观点假定人文精神是一如既往地不变的和现成的，需要的只是使之重放异彩。这显然是一种非历史的人文精神概念，忽略了特殊历史条件下的变化因素，难以恰当地说明当前审美文化的发展状况。

在我们看来，90年代人文精神的迫切问题，不是"失落"后的"继承"，而是"衰落"中的"转化"。过去的人文精神已经衰落了，而新的人文精神还没有生成。因为，正像前面已经说明的那样，审美文化从80年代到90年代已发生明显变化，这种变化必然意味着人文精神的相应改变。在90年代新的文化语境中，那由80年代审美文化支撑起来的人文精神，必然失去其固有土壤，变得水土不适，从而不可避免地走向衰落。而另一方面，与这新的审美文化相适应的新的人文精神，还没有生成。这种生成不是出于自无而有的创造，而是来自对旧的人文精神的扬弃——即创造性转化。这里的转化意味着，80年代人文精神虽然已衰落，但正在演变成不容忽视的传统；这种传统不可能被原封不动地承续下来，而是不得不依照90年代审美文化语境的新内涵，而做出创造性改变。这里的关键在于如何按新的需要对旧的人文精神加以改造，虽然有所承接，然而主要还是新的创造。因此，与其说"继承"80年代旧的人文精神，不如说让90年代新的人文精神获得创造性"转化"。

由此看来，人文精神在90年代确实面临困境，但这种困境不在于它的失落—继承，而在于其衰落—转化。

九、80年代启蒙精神及其衰落

要把握90年代人文精神，应当力求理解80年代人文精神，在两者间作出比较。按我们的理解，简单说来，人文精神在80年代主要体现为启蒙，而在90年代则表现为沟通。

"启蒙"，西文作"Enlighten"，本义为以光芒把事物照亮，引申为使蒙昧者变得有知识、教养和理性。以此为词根而有"启蒙运动"（the Enlightenment）一词，指18世纪欧洲以反对传统社会、宗教和政治观念为标志，崇尚理性主义的哲学运动。由此看，所谓"启蒙精神"，一般地说，就是以理性去开启蒙昧的大众，使之具有知识、教养和理性的精神。但在中国，"启蒙精神"却有着特殊内涵。自1840年鸦片战争以来，尤其是"五四"以来，直到本世纪80年代末，它都意味着以西方先进的科学—理性精神去开启蒙昧的中国心智，使被抛出中心轨道而在边缘处挣扎的中华文化重新具有中心权威和魅力。这就必然地隐含了一种等级制假定：中国大众尚处于蒙昧之中，这是中国落后挨打的关键；重要的是依靠一些知识精英，向大众灌输西方先进的科学—理性精神，使其觉悟起来。以鲁迅、胡适和陈独秀为代表的一代代知识分子精英，自觉地承担起这一神圣而艰难的启蒙使命。在鲁迅的小说人物如"狂人"、华老栓、祥林嫂、子君和涓生及阿Q等身上，启蒙的这种神圣与艰难性得到深刻的揭示。十年文革结束，中国知识分子感到了继承"五四"传统、重新履行"启蒙"使命的充分的必要和艰难。而这一点由《班主任》率先触及，自此成为整个80年代人文精神的核心内容。

我们已经知道，80年代审美文化以纯审美、精英文化、一体化、悲剧和单语独白为主要特征。具有这种特征的审美文化，往往服务于呈现启蒙精神。首先，它在创作上以少数知识精英为主体。他们的动力来源于如下自觉的历史意识：中国现实社会的症结在于大众的缺乏科学知识和不觉悟即"蒙昧"，从而审美文化创造的中心任务，是以"美"的光芒去开启他们的"蒙昧"即"启蒙"；与此同时，知识精英自己的人生意义正是通过这种"照亮"大众的过程才获得实现。相应地，审美文化文本表现为以启蒙为主的精英意识和趣味的集中展现：以纯审美去提升大众的审美情操；以富于魅力的中心英雄典型来"唤起民众"；以悲剧性既显示启蒙的艰难性和必要性，又展示其乐观前景；以单语独白含蓄地披露精英与大众间的启蒙者／被启蒙者、中心／边缘的等级意识。至于大众，则被要求尽可能按精英品味体验作品的美的光辉，从而接受启蒙。

被誉为80年代新时期文学的"第一声呐喊"的《班主任》，为我们理解这种启蒙精神提供了一个合适的文本。班主任张俊石老师，带着强烈的精英意识，对失足者宋宝琦和谢惠敏进行启蒙教育。他中等年纪，平凡，朴实，"从这对厚嘴唇里进出的话语，总是那么热情、生动、流利，像一架永不生锈的播种机，不断在学生们的心田上播下革命思想和知识的种子，又像一把大笤帚，不停息地把学生心田上的灰尘无情地扫去"。小说还写了尹老师。他有着同样的启蒙热诚，只是方法简单，而由于张老师的感染，他终于积极行动起来。这样的刻画无疑突出了这位精英人物的中心魅力。张老师在石红家里被学生们众星拱月般地环绕这一场面，尤其值得回味。"张老师坐在桌边，石红和那几个小姑娘围住他，师生一起无拘无束地谈了起来，从《表》里的流浪儿谈到宋宝琦；从应当怎样改造小流氓谈到大多数小流氓是能够教育好的，最后渐渐谈到明天以后班里面临的新形势……"。张老师终于富于魅力地开启了身边的学生们的蒙昧心灵。当他胜利地走出石红家的时候，"满天的星斗正在宝蓝色的夜空中熠熠闪光"。这种中心—边缘设置和明星闪光隐喻，显然是启蒙意识的自然流露。精英人物，被奉为那个启蒙时代的真正"明星"。对张老师而言，自己人生的意义就在于全心全意地履行启蒙使命，"救救被'四人帮'坑害了的孩子"，使他们尽快擦亮蒙昧的眼睛，自觉去追求真正富于人性的生活。这些孩子们都获得拯救，正意味着他个人的人生价值的完满实现。

我们还看到，叙述者的启蒙热情是如此强烈，以致禁不住直接向读者陈述起来："请不要在张老师对宋宝琦的这种剖析面前闭上你的眼睛，塞上你的耳朵，这是事实！而且，很遗憾，如果你热爱我们的祖国，为我们可爱的祖国的未来操心的话，那么，你还要承认，宋宝琦身上所反映出的这种问题，在一定程度上还不是极个别的！请抱着解决实际问题、治疗我们祖国健壮躯体上的局部痈疽的态度，同我们的张老师一起，来考虑考虑如何教育、转变宋宝琦这类青少年吧！"

张老师的有效的启蒙工作和叙述者的急切的现身说法，宛如黑夜中的一束光芒，照亮这些失足者、从而也照亮尚在文革黑暗中徘徊的广大读者的枯竭的心灵。

作者刘心武还在其他小说中显示了同样的启蒙意识。《醒来吧，弟弟》（1978）里，作为中学教师的"我"，以启蒙者的急切心情对弟弟展开启蒙攻势。他们的爸爸在文革中被打成"走资派"并被迫害死去，从此，充满才华的弟弟逐渐看破红尘，即便在粉碎"四人帮"以后，仍然对一切都"满不再乎"。显然，弟弟成了愚昧者的典型。为了开启他的心灵，一群启蒙者在他四周紧急行动了起来：母亲一再劝导他；同厂的女友朱瑞芹和党委卢书记先后来动员他加入改革事业；"我"更是以长子"如父"和"如母"的责任感和威严，去做不厌其烦的开导工作。但是，这些努力都迟迟不见成功。"我"痛切地感到,"治愈这部分人受了伤的心灵,恢复他们对真理的信仰,该是多么紧迫、多么崇高的任务"!于是,"我"不仅以父母和兄长的名义,而且更主要以启蒙者的名义,向弟弟发出满含情感的理性呼唤:"弟弟啊,你心灵中的青春火焰,真的就这样熄灭了吗?""弟弟,我的好弟弟,你若爱我们的祖国,你若要她繁荣富强,你怎能继续这般消极地生活?!""醒来吧,弟弟!"

如果说在这篇小说里启蒙者的启蒙不得不遭遇巨大阻碍的话,那么,在《爱情的位置》(1978)里,启蒙者冯姨对孟小羽的启蒙则大获成功。面对男女爱情在生活中找不到"位置"的局面,以及为革命而牺牲爱情这一错误认识,老革命冯姨对孟小羽现身说法,陈述了爱情在革命中享有崇高地位的道理:"当一个人觉得爱情促使他更加热情地投入工作时,那便是把爱情放到了恰当的位置上,这时候便能体会到最大的幸福。总之,爱情在革命者的生活中应当占据一席重要的位置"。从孟小羽投向她怀抱的倾心臣服姿态,不难领略启蒙者的中心地位及其辉煌胜利。

更多的小说则不是直接让启蒙者亮相,而是把启蒙意识置换成困难情境中的中心意象。这种意象往往是中心人物,如高加林(《人生》)、孙旺泉(《老井》)、金狗(《浮躁》)、白音宝力格(《黑骏马》)、研究生(《北方的河》)等。这些人物总是在艰难的环境中执著地"寻找"人生的意义,他们的"寻找"足迹被灌注了悲剧的光辉。读者由此可以体味到真正的人生在何处。这种意象还可以是自然事物、文物等,如《黑骏马》里溢满阳刚之气的黑骏马和生机勃勃的蒙古大草原、《北方的河》里奔腾呼啸的黄河和释放出远古灵韵的彩陶残片。无论是人物意象还是事物意象,都分享有了启蒙意识,都具有人生启迪意义。

当然,80年代审美文化并不是铁板一块,而应看作变化的过程。如果说在前期启蒙精神尚处于生成阶段,那么,在后期启蒙精神则逐渐地走向衰落。被称为"新写实"的那些小说,较为集中地展示了80年代启蒙精神的失败。《烦恼人生》,仅就标题而言,可以说已构成《人生》的拆解。这里的"人生"不再是希望无限的和意义充满的,而是无望的和意义匮乏的。印家厚不乏纯正的人生理想和美好的憧憬,但洗脸排队、厕所满员、奖金扣发、师徒纠葛等一系列日常生活琐事,却使之无声地磨蚀了。显然,与前期的英雄们总是参与重大历史性实践不同,这里的主人公转而在日常琐事的唠叨与闲聊中无所事事。仿佛有某种难以名状的悲剧感无形地弥漫在日常生活中，先在地决定了他们的失败。无论印家厚如何奋斗，都很难摆脱这种无所不在的悲剧感。小林在《单位》（1989）时对未来人生充满幻想，不几年就意志逐渐消沉，失去进取心，感到置身在毫无意义的《一地鸡毛》（1991）之中。他和老婆小李都是大学毕业生，"谁也不是没有事业心，大家都奋斗过，发愤过，挑灯夜读过，有过一番宏伟的理想"。这种"宏伟的理想"，不难理解为"启蒙"。然而，"哪里会想到几年之后，他们也跟大家一样，很快淹没在千篇一律千人一面的人群之中呢：你也无非是买豆腐、上班下班、吃饭睡觉洗衣服、对付保姆弄孩子，到了晚上你一页书也不想翻，什么宏图大志，什么事业理想，狗屁，那是年轻时候的事，大家都这么混，不也活了一辈子？"若在80年代前期，小林或许会是一位张俊石式的启蒙者，以自身的理性的光芒去把大众照亮。但毕竟年代不同了。如今，他一天中的念念不忘的头等大事，不过是早六点起床到公家豆腐店前排队买豆腐。他老婆小李也一样，"到了这时候，还说什么志气不志气，谁有志气，有志气顶他妈屁用，管他妈嫁给谁，咱只管每天有班车坐就够了"。没有了启蒙者所必具的追求人生意义的"志气"，启蒙者本身就必然中心无主，丧失行动的勇气和能力。印家厚、小林和小李的失败，透视出80年代启蒙精神的无可挽回的衰落命运。

十、无法回避的新境遇：分化

在90年代，从纯审美到泛审美、精英到大众、一体化到分流互渗、悲剧性到喜剧性及单语独白到杂语喧哗，审美文化的这种变迁从根本上披露了启蒙精神衰萎的必然性。首先，与纯审美利于激发大众的理性沉思不同，泛审美往往让他们在五光十色的审美幻象中乐而忘忧。断臂维纳斯、蒙拉丽莎微笑、《红楼梦》意境以及《北方的河》里的彩陶残片等，总能唤起公众的美感和觉醒；而当前由大众传播媒介成批制作的广告、MTV、"快餐文化"等，供给的却是消遣的快适或缺少理性的沉溺。其次，在过去，精英与大众间形成启蒙—被启蒙的"共谋"关系，享有一呼百应的高度权威；而今，大众已对精英权威置若罔闻，自信比他们更能生存，而精英自身也丧失了启蒙大众的能力和自信，从而导致启蒙精神的必然衰落。再次，与一体化文化结构相适应的是精英启蒙意识，而在文化分流与互渗条件下，这种意识往往遭遇其它文化形态如大众文化的有力拆解。复次，当悲剧意象以其哀婉动听或悲壮有力而深深地撼动观众、有效地传达启蒙意图时，喜剧意象则容易让他们在享乐的满足中遗忘存在。最后，单语独白文化中的独白者（精英）向大众辐射出一种中心魅力，利于启蒙工程的实施；而在杂语喧哗时代，虽然表面上有大众文化处于中心位置，却没有真正具备中心魅力的话语，从而启蒙意识难以输入大众。这些情形表明，当着文化语境发生转换后，启蒙精神势必失去自身的沃土。

随着启蒙精神的衰落，在当前，分化成为尤其普遍的文化新境遇。分化，就是由一到多、由纯变杂、由雅向俗的进程。经济形态上的多元化（国营、集体、个体及合资经济）和社会构成上的分层化（工人、农民、军人、商人、名人等的阶层分野趋于明显），宣告了那支撑80年代审美文化及启蒙精神的经济形态一元化（国营为主）和社会构成平均化的瓦解，从而为审美文化的分化奠定了物质基础。今天，与上述经济形态多元化和社会构成分层化相应，在审美文化领域，人们不得不面对的是雅与俗，悲剧与喜剧，沉思与消闲，大众文化与主流文化和精英文化等之间的明显的分化。

对审美文化领域的这种分化，人们自可以从不同角度或立场做出分析。在我们看来，一般地说，审美文化的分化意味着一体化人文精神的分化，这就必然引发新的问题。

在80年代一体化的审美文化"场"中，人文精神基本上也是一体化的。这种一体化的人文精神集中体现在，所有的审美文化创造（无论文学还是其它艺术，不管高雅的还是通俗的等等）都必须一律服从于对大众蒙昧心智的启迪。也就是说，把中国广大民众从"封建"或"愚昧"中解放出来，获得自由、平等和泛爱意识，被视为审美文化领域里人文精神的最大实现。在精英作家王蒙的心目中，文学的唯一和最高使命，正是富于魅力地创造并传播作为启蒙精神的人文精神。他在1980年明确主张："文学追求光明，向往真理，渴望发展和进步，因为文学是人学，它以人为中心，它追求人成为真正的人……所以它要与一切剥削制度作战，要与黑暗，与愚昧，与一切反动和保守的势力和思想，与一切虚伪和谎言作战。"① 这里，作家对"真正的人"的关怀与追求，借助于"光明"与"愚昧"、"真理"与"虚伪"等的鲜明对比，显示了高昂的启蒙精神。在同一年，王蒙还指出，"文学的首要作用是塑造人类灵魂，培养社会主义新人，治愈人们灵魂上的创伤"；由于如此，文学的特殊"力量"就在于"激动人心"、"打动人心"和"震撼人心"；要达到这一点，作家和诗人就必须具备如下素质："忠于"人民、生活和真理，独立"思考"，独立地对人民、生活和社会"负责"②。显然，这一切都意味着，对大众的充满责任感和爱心的灵魂深处的启蒙，成为文学乃至所有审美文化创造的唯一和最高标准。

然而，当80年代一体化的审美文化已成支离破碎之势时，同样具有一体化面貌的人文精神，也就不得不被分解了。也就是说，当单一的精英文化主潮分裂为大众文化、主流文化和精英文化三大支流，并走向杂语喧哗新格局时，那曾有过的一体化的人文精神，也就不得不发生破裂。

在大众文化中，人文精神主要显现为对日常生活的审美快乐的追求。大众文化确实可能追求人生的意义，但这种意义在这里却往往是以趋附时尚、寻求刺激或取得瞬间快乐相连的。例如，它自如地把浪漫主义的人生哲学俗化为流行音乐中的感伤或潇洒，使公众通过享受这种感伤或潇洒而获得沉酣，诸如"好人一生平安"、"谁也不知人间多少的忧伤，何不潇洒走一回"之类。显然，在这里，同80年代相比，人文精神已经不"纯"了。当公众沉浸在MTV或卡拉OK的激动中、仿佛感到人生的意义又回来了时，这种仿佛其实常常是一种秋菊式错觉。所以，当代大众文化中人文精神诚然可能有，但毕竟已很微弱或淡薄了。美学对此应当负起什么的责任来呢？

人文精神在主流艺术中又是如何存在的？需要说明，主流艺术并不是铁板一块的，它有种种复杂情况。我们这里所说主要指其中的具有一定独立意识的主流艺术。它从艺术家个人的独立立场出发，提出敏感的现实社会问题，呼唤社会的良知，或探索改革的良策等。纪实报告文学（如《无

---

① 王蒙：《我在寻找什么？》(1980)，《漫话小说创作》，上海文艺出版社1983年版，第21页。

② 王蒙：《文学的力量在于打动人心》，《漫话小说创作》，上海文艺出版社1983年版，第238—241页。

极之路》和《以人民的名义》等）成了这种主流艺术的合适体裁。在这里，人文精神主要体现在对现实社会问题的关注或同情之中。这种艺术的基本功能是认同和维护现成秩序，相应地，它的批判或拒绝力量要弱些。

至于精英文化，它在90年代条件下如何显示人文精神呢？这里可以发现新的分裂情况。粗略说来，起码有三种，应区别对待。

首先，大众化的精英文化，如"布老虎"丛书、张艺谋电影等，其人文精神同一般大众文化已变得基本一致了，即已显得十分微薄，这可以参照上面关于大众文化的论述，不必重复。

其次，另一种精英文化，它的人文精神主要体现在独立的自我意识和社会批判意识上，代表了作为社会的清醒的理智力量的知识分子，对待个体人生价值和社会现实的立场，或者显示他们对内在精神空间的始终不渝的追求，这可以称为人文化的精英文化。属于这种情况的有王蒙的一些随笔或杂文，任洪渊的诗《女娲的语言》，刘震云的小说（如《一地鸡毛》）等。人文精神在这里体现得相对充分些。但由于它们的读者群已大大萎缩，所以其影响是有限的。

还有一种精英文化——不妨称为先锋性精英文化。它属于"先锋"或"前卫"艺术，以激进的艺术实验为己任，探索艺术的未来前景。孙甘露和刘恪的部分小说（如《漂泊与岸，或梦的深处》），于坚、伊沙的诗（如《O档案》《饿死诗人》）可归入这一类。这里的人文精神虽然显示出执著和一贯，但由于以审美形式历险为基本标志，即借艺术法则上的突破曲折地显示出来，从而不免为"圈"外更多的普通公众甚至专业艺术家和批评家所不解，难以保持其人文威慑力。

同时，还必须看到，分化正在不断设置自己的修正面：互渗。正如前面所说，三种文化形态（大众文化、主流文化和精英文化）之间既有分流，又有互渗（如大众文化的主流化，主流文化和精英文化的大众化）。但互渗往往不是水乳交融地和谐或融合，而是出于实用考虑的拼贴。这实际上等于加重了分化的复杂后果。

比较起来，前面说的杂语喧哗更能贴近这种分化情形，也就是说，多种话语的众声喧哗典范地体现了审美文化及相应的人文精神的内部分裂局面。

显而易见，审美文化和人文精神都走向无法回避的分化进程。由此看，单纯指出人文精神"失落"或"被遮蔽"了，意图虽然明白，问题虽然有意义，但并没有搔着问题的痒处。重要的是看到这种分化并寻求相应的解决途径。

十一、沟通及沟通修辞学

作为一种人文精神的启蒙精神衰落了，但人文精神本身并没有衰落。永恒而历史的人文精神正在"沟通"中寻求新的生成。面对90年代审美文化的分化境遇，人文精神需要呈现新的面貌，这就是沟通。有分化，就需要有沟通。不再是蒙昧与启蒙、而是分化与沟通成为当代迫切而重要的文化问题。

"沟通"一词，在先秦就已出现。"沟"，意即田间水道，也指一般通水道或护城河。以"沟"使水道相连，就有"沟通"。《左传·哀公九年》："秋，吴城邗，沟通江淮。"可见，"沟通"的本义是开沟而使两水相通，泛指彼此相通。但"沟"本身还有另一含义：划断，即使两水分离。《左传·定公元年》："季孙使役如阚公氏，将沟焉。"杜预注："阚，鲁群公墓所在也。季孙恶昭公，欲沟绝其兆域，不使与先君同。""沟"一方面指彼此融通，另一方面又指彼此疏隔，既融通又疏隔。由此看来，"沟通"既承认疏隔，彼此存在鸿沟，又寻求融通，使原本疏隔的两方或多方相互贯通。显然，"沟通"可以用来描述某种内部各方彼此存在疏隔而需要融通、并可能融通的文化状况，这正与我们理解的90年代审美文化的分化状况相契合。

分化在这里可以理解为话语疏隔问题。原来操同一种启蒙话语的人们，如今已分化成操若干不同话语的"圈"了。维特根斯坦在30年代分析西方话语状况时指出："语言给所有的人设置了相同的迷宫。这是一个宏大的、布满迷径错途的网状系统"。[1] 过了十多年，他敏锐地发现，在这座语言迷宫的老城四周，又形成新的语言郊区，例如，化学符号和微积

---

[1] ［奥］维特根斯坦：《文化和价值》，黄正东、唐少杰译，清华大学出版社1987年版，第24页。

分符号。"我们的语言可以被看作一座古老的城市：迷宫般的小街道和广场，新旧房屋，以及不同时期新建的房屋。这座古城被新扩展的郊区以及笔直的街道和整齐的房屋包围着。"① 到了 80 年代，话语的迷乱成为更突出的大问题。列奥塔顺着维特根斯坦的思路进发，又发现若干新语言："机器语言，游戏理论图谱，音乐标码的新系统，逻辑的非指示性形式坐标系统（时态逻辑，伦理逻辑与形式逻辑），遗传密码语言，音位学结构图示，等等。"如此多的新旧语言交织在一起，导致了更深重的语言危机。"社会主体看来正在语言游戏的扩展中瓦解自己。……如今无人能够运用所有这些语言，人们也不再拥有普遍通用的元语言，而那项系统——主体工程业已失败，解放目标同科学毫无关系，我们全都陷入了这种或那种知识的相对主义之中，渊博的学者变成了科学家，科研任务日益细碎的分割致使无人能够把握全部。"② 人们创造多种语言为的是把握自身与世界，但意想不到地却相反使它们变得无法控制，成为破坏或颠覆性力量。

中国当前的具体情形与西方自然有许多不同，不过，这一点却是相近的：不存在统一的语言，语言已大大丰富和复杂了。例如，既有启蒙话语圈，更有娱乐、消闲、实验、归隐、苦行、自守、超脱、神性寻求等等话语圈。在这些话语圈里，启蒙话语仍有其地位，但毕竟不再处于中心，不再享有"独尊"地位，而不过是众多话语圈之一。在这片杂语喧哗的芳草地上，启蒙话语以其激越语调诚然有时会穿越话语圈的屏障而使"圈"外人们驻足，但他们常常仿佛听而不闻，兀自沉浸在卡拉 OK 的自娱和明星幻觉中。更多的时候，启蒙话语自身往往自顾不暇，不得不全力抵御其它话语的强音干扰。而各种话语圈之间，由于缺乏通用而明晰的公共信号库，所以往往无法融通。读琼瑶和席慕蓉的人，大抵不会喜读孙甘露；欣赏畅销书《苦界》者，未必能接受作家先前的先锋小说《极地之侧》。

面对这种话语疏隔或分化，需要从事话语沟通。沟通，或称话语沟通，是人文精神在 90 年代的具体体现。如果说，人文精神意味着人与人之间的相互尊重、同情、理解和泛爱，那么，沟通正是这种人文精神的实现。分化与沟通，理应成为当前审美文化研究的中心问题。相应地，美学

---

① ［奥］维特根斯坦：《哲学研究》，汤潮、范光棣译，三联书店 1992 年版，第 14—15 页。
② ［法］列奥塔：《后现代状况——知识的报告》，王岳川、尚水编：《后现代主义文化与美学》，北京大学出版社 1992 年版，第 37—38 页。

应当具有话语修辞学或修辞论美学的特点。这意味着，美学把具体文化语境中的话语修辞当作中心问题，由此寻求人与人或话语圈与话语圈之间的沟通。也就是说，美学被视为透过具体文化语境中的话语修辞而寻求人与人或话语圈与话语圈之间的沟通的生活智慧。[①] 一般说来，沟通在这里包含彼此既独立又联系的四个方面：对话、仲裁、释评和体认。

作为对话，沟通显示了不同话语圈之间跨越屏障而寻求交往的共同努力进程。但沟通不等于简单融合，更不能等同于一致，而是差异的对话。也就是说，沟通意味着首先承认不同话语圈之间的差异，并以这种差异为基础，从这种差异出发，展开彼此对话。对话的过程可能充满漠视、冲撞甚至敌意，但这不要紧，要紧的是愿意并能够从事对话。双方在对话中将自身的特点和愿望摆出来，力求让对方明白。不过，这种对话的目的不是要消融差异以达成彼此同一，而是形成彼此差异中的尊重、理解或宽容。在这个意义上不妨说，对话本身就是目的。在今天这个杂语喧哗的时代，相互差异的各方还能够走到一起彼此对话，不正是人文精神的一种具体展现么？

沟通还意味着仲裁。为协助和保障对话顺利进行，需要建立相应而有效的仲裁或裁判机制。这个时代充满了话语游戏，如文艺论战和评奖、体育竞赛和裁判、商业谈判和竞争、政治竞选和监督、宗教纷争和仲裁、民族矛盾和和解、人际或国际冲突和调解等等。这些话语游戏的顺利进行，离不开具体而有效的仲裁机制。仲裁，就是依据一定的话语规则去判决对话各方的成败得失，以保障话语游戏在公平中进行。80年代的启蒙精神表现为代言，代替理性立法和说话，由少数知识精英居高临下地向大众独白；而仲裁则是面对不同的话语圈和对话角色，建立可行的话语游戏规则，运用这套规则去裁决。这套话语规则应包括对话条例，描述构架，以及口头批评、"黄牌警告"或"红牌罚下"等细则。这意味着一方面尊重各个话语圈自身的规则，另一方面督促它们按共同规则去展开平等、公正和友好的对话。在审美文化领域，大众文化、主流文化和精英文化各有其话语规则，按各自的逻辑生长、壮大；但同时，又需要在共同的话语规则监督下友好地对话，互通有无。正是借助这种仲裁，各种话语组成一个良

---

① 参见拙文《走向修辞论美学》，《天津社会科学》1994年第3期。

性循环机制，彼此独立而相安无事地和健康地发展，共同促进中国文化的丰富与繁荣。这一点无疑也是人文精神的在场的表征。

单有仲裁还不够，还需要释评。作为新的人文精神形态，沟通意味着在各个话语圈内部和之间开展释评。释评就是阐释和评价。阐释要求基于人生意义立场、在具体文化语境中去描述和理解话语过程，把握其基本特点。这种阐释既在单个话语圈内、也在多个话语圈之间进行，既是社会性阐释也是自我阐释。沟通不能满足于阐释，更重要的是，如果可能的话，还应包含评价。评价是在阐释的基础上，依人生意义尺度去对话语活动作出价值评判，即表露肯定或否定、赞成或反对、喜爱或厌恶、或更加复杂难言的态度。对于1993年出现的种种文坛奇观，如"倒王（朔）风潮"、"陕军东征"及其捧骂、"布老虎"畅销等，批评界应当作出清醒而理智的阐释与评价，不应使人文精神出现令人忧虑的"虚位"情形。

沟通不仅包含对话、仲裁和释评，还应有属于90年代中国文化语境的特殊内容：体认。"体"即体验，"认"指认同。体验是个人对自我、社会或某种超验本体的深层瞬间直觉，或者说是人生意义的瞬间生成。在体验中，通过体验，人们感到人生的意义实现了。无论在古代美学家庄子、司空图、叶燮等那里，还是在现代美学大师宗白华那里，体验都是人获取人生意义的理想而可行的途径。80年代的许多作品（精英作品），可以激发人们的这种体验（如《蝴蝶》《杂色》《黑骏马》和《北方的河》等等）。然而，在当前文化分流与互渗或杂语喧哗这种分化情境中，真正的体验已变得愈益困难了。大众传播媒介以其令人惊叹的虚构能力，正把面临消失危机的往昔"灵韵"（aura）成批复制或仿拟出来。处于畅销小说、卡拉OK、MTV或电视广告所造就的浪漫情境中，人们会恍然觉得人生意义又回来了。"审美主义"（aestheticism）的浓艳与华丽成为时尚。在这种感官幻象的反复震扰中，人们已难于弄清体验的真伪。显然，人生意义的获得本来应是一种生活必需，现在反倒成了可望而不可即的奢想。但是，也正由于如此，体验的重要性大大增加了。当代审美文化创造若能激发真正的体验，无疑是人文精神现形的标志。

如果说体验侧重于人的普遍的自由价值的实现，那么，认同则突出作为特殊民族的中国人的特殊自由价值的实现。也就是说，自由价值既是世界普遍的，也是民族特殊的。在当今世界，各民族有着共同的自由价值尺度，同时，每个民族也有自己的独特的自由体验，独特的追求与创造自由的方式。80年代启蒙精神的价值和失误，都可以从追求普遍的世界一体化方面见出（如"走向世界"、"走向世界文学"等口号）。这种追求不妨视为中国摆脱蒙昧和落后困境的一条必由之路，从而有其历史必然性和意义。但在今天的情形下，它却显出了局限：不得不以失落中华民族性或称"中华性"为代价。当前，中国文化进入一个重要的转型时期，如何反省近百年来师法西方文化的曲折历程，并利用这种外来文化的成果，在此基础上追求中华文化的独特品格，正在成为一个大问题。①

中华民族既能吸收世界各种文化的精华，又能突出自身的独特而优良的文化性格，在多中心的世界格局中取得一个中心地位，这应是人文精神在这转型时期的特殊显现方式。需要说明，这里的"中心"只是多中心之一，决不应也不可能是古代中国人所自以为是的那种唯一中心。因此，在90年代，沟通将体现在对中华性的认同上。认同在这里就是对中华民族性格的创造性复归。认同不是复旧（即不是如时下学者们设想的那样复兴儒家或道家理想），也不意味着要重新谋求中国的唯一中心地位（如论者构想的下世纪中国取代美国而成为世界头号强国的宏图），而不过是立足于现在，面向未来，以西方文化（当然还有其它外来文化）这一"他者"为参照系，对既往传统加以"创造性转化"②，以便创造出一种既属于这时代而又能不断地从传统啜饮源头活水的新的中华文化。

一般说来，以上四个方面没有先后之分或深浅之别，而是针对具体对象而言。有的对象只适合于对话，不一定达到释评；而有的可以仲裁，却不能体认，如此等等。当然，在某种特定情况下，对话→仲裁→释评→体认的演进线索，也确实能体现出由浅入深的层次递进关系。对话是最为普遍的人际话语关系；它充满差异、冲突和疏隔，因而只是某些部分可以满足仲裁条件；在仲裁基础上，有可能出现进一步的释评；最后，如果可能，则有至高的体认发生，表明沟通达到极高境界。这些不同情况正好显示了沟通概念的宽泛性、多样性和包容性，由此可见出新的人文精神的独特风貌。

---

① 参见与张法和张颐武合作：《从现代性到中华性——新知识型的探寻》，《文艺争鸣》1994年第2期。

② 参见林毓生：《中国传统的创造性转化》，三联书店1989年版。

总之，审美文化在 90 年代具有不同于 80 年代的鲜明特征。从纯审美到泛审美、精英文化到大众文化、文化一体化到文化分流与互渗、悲剧性到喜剧性、单语独白到杂语喧哗，这是一个历史性演变进程。相应地，人文精神也应呈现新的面貌：从启蒙到沟通。这也意味着，美学向着沟通修辞学转变。限于篇幅，这里还只是提出有待于进一步阐发的初步论纲，以就教于方家。

（原载《文艺争鸣》1994 年第 5 期）

第三辑

艺术理论与艺术史

论艺术公赏力
——艺术学与美学的一个新关键词

随着艺术在当前我国公众生活中的角色不断发生变化，艺术学与美学需要及时跨越已有的研究范式，尝试探索建立适应于当前艺术新角色及其新问题的新范式，也就是适应于艺术素养时代需要的新的艺术研究范式。范式原是指"一个科学集体所共有的全部规定"或"一个科学共同体成员所共有的东西"[①]，在这里则借用来指特定艺术研究共同体成员所共有的艺术知识系统，正是这种艺术知识系统构成特定的艺术赖以创作、生产、鉴赏、消费及批评等的主体基础。在这时，我想特别提出来加以探讨和运用的一个新概念或新关键词，就是艺术公赏力。当然这只是我个人的一种初步提议而已。但艺术公赏力概念据以出场的缘由、意义及其内涵，还需要予以阐明。

一、通向艺术素养论范式

这里提出艺术公赏力概念，决非出于一时冲动，而是经过了几年来的艰苦摸索。这样做首先来自一种迫切的需要：艺术研究范式如何顺应当前我国艺术的新的存在方式及其必然要求而做出改变。

一般地说，特定的艺术研究范式的选择和建构，是服从于特定的艺术存在方式的需要的。这里的艺术存在方式，是指艺术在特定社会生活中的地位和功能。简要归纳，在过去三十年时间里，我们陆续经历过艺术存在

---

① ［美］库恩：《必要的张力》，纪树立、范岱年、罗慧生等译，福建人民出版社1981年版，第290—291页。

方式的如下嬗变：在艺术的性质上，从个人的独特创造到文化产业的批量产品，从审美性到商品性；在艺术的主体方面，从艺术家个人创造性到公众创造性；在艺术的客体方面，从艺术作品的精神性到物质性；在艺术的价值取向上，从艺术的高雅性到通俗性。面对这些变化，我们曾经经历过大约五种艺术研究范式的持续的和交叉的影响。第一种范式可称为艺术传记论范式，它强调艺术的魅力归根结底来自艺术家及其心灵，因而艺术研究的关键在于追溯艺术家的生平、情感、想象、天才、理想等心灵状况及其在艺术品中的投射。第二种是艺术社会论范式，认为艺术的力量来自它对于社会现实生活的再现以及评价，从而把艺术研究的重心对准艺术所反映的社会生活。第三种是艺术符号论范式，主张艺术文本的表层符号系统中蕴藏着更深隐的深层意义系统，需要借助20世纪初以来的语言学、符号学、心理分析学、结构主义、现象学等方法去透视。第四种是艺术接受论范式，倡导艺术的效果在于公众的接受，要求运用20世纪后期的阐释学、接受美学、读者反应理论等去分析。第五种是艺术文化论范式，注重艺术过程与特定个人、社群、民族、国家等的文化语境的复杂关联，主张运用解构主义、后现代主义、后殖民主义、女性主义等方法去阐释。这些研究范式诚然各有其学理背景及特质，也都曾经在艺术研究中起过特定的作用，但是，当新的艺术方式起来发起有力的挑战时，它们还能稳如泰山吗？

　　对现有艺术研究范式的新挑战，来自当前新的艺术方式的现实。按我的初步观察，历经30年改革开放风雨冲刷的当前我国艺术，并不简单地和线性地表现为新的取代旧的，而是更特殊地呈现为新旧要素之间的复杂多样的相互并存、交融、渗透状况。对于这种复杂状况，如果硬要用一个极具概括性的术语来表述，那可以说就是纯泛审美互渗，简称纯泛互渗。纯泛互渗是说艺术中纯审美与泛审美相互渗透而难以分离的状况，具体地是指艺术的审美性与商品性、个人创造性与公众创造性、精神性与物质性、高雅性与通俗性等共时呈现并相互渗透的情形。第一，从艺术的性质看，艺术既是个人的独特创造，又是文化产业的批量产品，兼具审美性与商品性。当许多人还沉浸在德国古典美学所倡导的艺术纯审美及个性化理想的时候，殊不知许多看来纯审美和个性化的艺术作品恰恰来自文化产业的批量生产和包装，这种批量生产和包装往往把纯审美和个性化作为商业营销的制胜法宝。第二，从艺术的主体看，艺术既以艺术家创造力及人格为重心，又以普通公众的心理满足为重心，兼有个人创造性与公众创造性。过去把艺术美的秘密归结为艺术家的独特人格和神秘的创造力，而今看重普通公众日常心理期待的满足和无意识欲望的投射，这两方面的重心变换显示了艺术在社会生活中的角色的重要转变。第三，从艺术的客体看，艺术品既蕴藉着人的精神生活内涵，又可以唤起人的物质生活欲望的满足，导致精神性与物质性的复杂的交融。当德国古典美学代表的精神美学传统竭力贬低和压抑艺术的物质享受内涵时，当今后现代美学则发现填平雅俗鸿沟已经成为艺术的新趋势。第四，从艺术的价值取向看，艺术既突出"百看不厌"的经典性，又顾及诸如"过把瘾就死"的日常快餐式趣味满足，兼及高雅性与通俗性。重要的是，在当前文化产业的生产与消费体制中，高雅性往往成了赢得公众的原料或佐料，例如古代经典作品《红楼梦》《三国演义》《西游记》《水浒》等相继被予以图像化、影视化以及其他样式的通俗阐释。即使不再继续演绎和论证也可知，当前艺术已经呈现出与往昔艺术不同的新方式——我们已悄然间同以往的纯审美艺术年代诀别，置身在纯泛审美互渗的特殊年代。

面对这种纯泛互渗的艺术新方式，现有艺术研究范式表现出其固有局限（尽管它们都还有着各自特定的存在理由）。首先应看到，艺术传记论范式在看重艺术家及其心灵的作用时，容易忽略其现实人格与艺术人格的分离以及文化产业体制对艺术家的制约作用；其次，艺术社会论范式在承认艺术对社会现实的依赖关系时，无法充分认识社会现实已被泛审美潮流予以"艺术化"的状况；再有，艺术符号论范式诚然具有洞悉艺术文本双重性的超强眼力，但不懂得需要把这种超强眼力普及到普通公众中；同理，艺术接受论范式虽然正确地发现了普通公众在艺术中的主体地位和作用，不过未能进一步揭示公众素养在认识艺术的新方式中的作用；最后，艺术文化论范式在追究艺术的复杂的生产与消费机制方面成效卓著，但面对公众的艺术素养时缺少有效的措施。当这些现有艺术研究范式不能满足新的艺术方式的研究需要时，做出及时的调整或转变就势在必行了。

当然，进一步看，这种纯泛互渗的艺术新方式，其实是植根于更基本的媒介社会及其变化的。这里的媒介社会，是指我们置身在一种大众传播媒介在其中扮演重要角色的社会关联域里。传播学家施拉姆早就指出，大众传媒对西方社会来说是"改变我们的生活方式"的力量；而对发展中地区来说，则使得整个社会革命的过程大大缩短："信息媒介促进了一场雄心勃勃的革命，而信息媒介自身也在这些雄心勃勃的目标之中"。这正有力地证明了大众传播的强大的变革力量："媒介一经出现，就参与了一切意义重大的社会变革——智力革命、政治革命、工业革命，以及兴趣爱好、愿望抱负和道德观念的革命。这些革命教会我们一条基本格言：由于传播是根本的社会过程，由于人类首先是处理信息的动物，因此，信息状况的重大变化，传播的重大牵连，总是伴随着任何一次重大社会变革的。"[①] 在当前世界，媒介与社会的互动是这样经常和有效，以致我们仿佛就生活在一个媒介社会里。而正是在这种媒介社会中，艺术符号的生产和消费受制于经济利益的驱动和主导，审美与艺术已经被置于整个生活世界进程的标志或主角的地位，乃至出现"日常生活审美化"[②]或"全球审美化"等现象。关于"全球审美化"，德国当代美学家韦尔施指出："我们生活在一个前所未闻的被美化的真实世界里，装饰与时尚随处可见。它们从个人的外表延伸到城市和公共场所，从经济延伸到生态学。"[③]全球审美化意味着全球趋同地把审美或非审美的各种事物都制造或理解成审美之物。这种所谓全球审美化或全球艺术化，当是全球经济、媒介、文化和社会等的互动发展所导致的必然结果。问题在于，当日常生活中的一切所有物都以艺术或审美的名义呈现、我们不得不成天面对纯泛互渗的生活现实时，它们还能如传统美学所追求的那样，随处唤起我们期待的人生意义的瞬间生成吗？

为了回应当代纯泛互渗的艺术新方式的挑战，需要开拓新的艺术研究范式。面对纯泛审美互渗艺术方式，艺术研究的重心转变是必然的：艺术对人来说首要的东西，不再是过去时代所设定的它如何提升公众的审美精

---

① 施拉姆和波特合著《传播学概论》，陈亮等译，新华出版社1984年版，第18—19页。

② 费瑟斯通认为"日常生活审美化"（the aestheticization of everyday life）概念有三层内涵：第一是指"那些艺术的亚文化"，如达达主义、超现实主义等艺术运动，"他们追求的就是消解艺术和生活之间的界限"，而以日常生活中的"现成物"取代艺术；第二是指"将生活转化为艺术作品的谋划"，"这种既关注审美消费的生活、又关注如何把生活融入到（以及把生活塑造为）艺术与知识反文化的审美愉悦之整体中的双重性"；第三是指"充斥于当代社会日常生活之经纬的迅捷的符号与影像之流"，这属于"消费文化发展的中心"。参见［英］迈克·费瑟斯通：《消费文化与后现代主义》，刘精明译，译林出版社2000年版，第95—99页。

③ ［德］韦尔施：《重构美学》，陆扬、张岩冰译，上海译文出版社2002年版，第109页。

神品质,尽管这一点并非不重要;而变成了公众如何具备识别和享受艺术的素养。也就是说,对于当今艺术研究来说最要紧的事情,不再是重复以往的公众审美精神如何提升和普及等旧思路,而是洞悉公众的艺术素养在艺术活动中的新的主导地位和新的主导功能。[①]

  由于如此,我们需要开拓和建构新的艺术素养论研究范式。这种艺术研究新范式把研究的焦点对准公众或国民的艺术素养,认为正是这种艺术素养有助于公众识别和享受越来越纷纭繁复的艺术的纯泛审美互渗状况。如果说,以往的五种艺术研究范式都不约而同地把焦点投寄到艺术家或艺术批评家身上,即使是热心关注读者接受的艺术接受论也只是表明专业研究者的重心转变而已,那么,正是艺术素养论才得以把研究焦点真正置放到公众的艺术素养及其培育和提升上,而这种素养得以让公众识别什么是纯泛审美互渗,并且在此基础上对它产生自身的体验和估价。作为一种新的艺术研究范式,艺术素养论首要地关注的是国民或公众所具备的感知艺术的素养,特别是如下两方面的艺术素养:一是在剩余信息的狂轰滥炸中清醒地辨识真假优劣的素养,二是在辨识基础上合理吸纳真善美价值的素养。

二、新知识论假定与艺术公赏力

  既然艺术素养论首要地关注的是国民或公众所具备的在剩余信息的狂轰滥炸中清醒地辨识真假优劣的素养,以及在辨识基础上合理吸纳真善美价值的素养,那么,对于艺术在社会生活中的地位和功能就有了一个与过去判然有别的新的知识论假定:艺术的符号表意世界诚然可以激发个体想象与幻想,但需要履行公共伦理责任。这应当属于公民社会中一种美学与伦理学结合的新型知识论假定,具体地体现为一种新型的公共伦理的形成。在这种社会条件下,审美与艺术已经不再只是一种由低级到高级的审美启蒙的途径,而是成为共同体中个体与个体、个体与整体之间实现平等

[①] 对此,我提出文艺理论的"素养论转向"的主张,参见我的《从启蒙思想者到素养教育者——改革开放 30 年文艺理论的三次转向》,《当代文坛》2008 年第 3 期。

协调的文化机制。艺术鉴赏在这里不仅是一个真假或信疑问题，而更是一种公共责任问题。也就是说，当下艺术学与美学中最为重要的问题，与其说是理性意义上的真假或信疑问题，不如说是伦理学意义上的可赏与否问题。可赏，是说艺术不能只是求美，还需要求善，要美且善，就是既美又有用，即美的东西要有利于共同体公共伦理的建立。这样，颇为关键的问题就在于，我们这个时代的审美与艺术，通过其富有感染力的象征符号系统，还能提供什么样的公共责任或担当？

这样，根据上述新的知识论假定，不再是艺术的审美品质而是艺术的公赏力，成为新的艺术素养论范式的研究重心或关键概念。艺术公赏力，是我经过多年思考，参照传播学中的"媒介公信力"（public trust of media）或"媒介可信度"（media credibility）概念①，根据对于艺术素养的研究需要，而尝试新造的概念。与传播学把媒介是否可信或可靠作为优先的价值标准从而提出媒介公信力不同，当今艺术对于公众来说，诚然需要辨识其可信度，但最终需要的却不仅是可信度，而且更是建立于可信度基础上的可予以共通地鉴赏的审美品质，或者简称为可赏质。如果说传播学通过媒介公信力概念而突出媒介的信疑问题，那么，艺术学与美学则需要通过艺术公赏力概念而强调艺术的可赏与否问题。可以说，可信度基础上的可赏质才是当今艺术至关重要的品质。但这种可信度基础上的可赏质靠谁去判定和估价呢？显然不再是仅仅依靠以往艺术学与美学所崇尚的艺术家、理论家或批评家，而是那些具备特定的艺术素养的独立自主的公众，正是他们才拥有艺术识别力和鉴赏力。由于如此，艺术研究需首先考虑的正是艺术的满足公众鉴赏需求的品质和相应的主体能力，这就是艺术公赏力。艺术公赏力，在我的初步界定中，是指艺术的可供公众鉴赏的品质和相应的公众能力，包括可感、可思、可玩、可信、可悲、可想象、可幻想、可同情、可实行等在内的可供公众鉴赏的综合品质以及相应的公众素养。②

艺术公赏力，在我看来，其实质在于如何通过富于感染力的象征符号系统去建立一种共同体内部个体与个体、个体与整体之间以及不同共同体

---

① 参见喻国明教授主编、张洪忠著：《大众媒介公信力理论研究》，人民出版社 2006 年版。
② 参见我去年年底前写成的《建国 60 年艺术学重心位移及国民艺术素养研究》，载《天津社会科学》2009 年第 3 期。此次新写的相关部分略有调整和改动。

之间的关系得以和谐的机制。在今天这个充满风险和冲突而和谐诉求越来越强烈的世界上，艺术的公共责任问题显得更加重要。艺术公赏力概念的目标，应该是帮助公众在若信若疑的艺术观赏中实现自身的文化认同、建构公民在其中平等共生的和谐社会。正像《孟子》倡导的"老吾老以及人之老，幼吾幼以及人之幼"一样，艺术公赏力的目标则应是"美吾美以及人之美"，这就是不仅要以个人之美为美，而且更要以他人之美为美，达成"美吾美"与"美人美"相协调的艺术境界。人类学家费孝通先生晚年提出十六字审美理想："各美其美，美人之美，美美与共，天下大同。"其实正精辟地诠释了这一理念。这十六字方针恰是对于艺术公赏力概念所追求的公民社会审美与艺术理想的一种绝妙阐释，在当前有着特殊的意义。在今天，"各美其美"容易，"美人之美"难；"美人之美"容易，"美美与共"难。不如说，这十六个字组成的四项语义单元依次代表当今时代审美与艺术理想的四个阶段或四种状态：第一阶段是"各美其美"，即每个人都可以有自己的独特审美取向，这应是我国社会改革开放30年来发生进步的一个鲜明标志，特别是同"文革"社会剥夺或扭曲个人审美趣味的极端情形相比。第二阶段是"美人之美"，即每个人都尊重别人的审美取向并把它当作自己的审美取向来爱护，也就是不仅"美吾美"而且也同时"美人之美"。这是我国社会已经和正在改进、但需要更坚韧付出的目标。"美人之美"并非说个人抹煞自己趣味而盲从他人趣味，而只是说每个人把别人的趣味当作自己的趣味一样去加以尊重和维护。第三阶段是"美美与共"，即不同个人的审美取向之间建立共通感、达成和谐，这是我国社会为之奋斗的一个高级的理想目标。第四阶段是"天下大同"，即艺术与审美的共通感终于促成天下和谐的公共伦理的形成，这是我国社会努力的终极目标。这样，艺术公赏力所达成的境界应该是"美吾美以及人之美"或"各美其美，美人之美"基础上的"美美与共，天下大同"，这是一种审美与伦理相互交融的至高境界。可以说，"美美与共"正包蕴和凝聚了艺术公赏力概念的核心目标：社会共同体内外固然存在多种不同的美或审美价值观，但它们之间毕竟可以求得平等共存、共生和共通。说到底，艺术公赏力的可以依托的更基本的社会伦理学境界，则应是北宋张载所谓

"民胞物与"①的世界,在今天也就是公民社会中爱一切人如同爱同胞手足、爱一切事物如同爱自己同类的境界。

三、艺术公赏力的内涵

艺术公赏力作为一个有关艺术的可供公众鉴赏的品质和相应的公众能力的概念,有何具体内涵?我想,要为艺术公赏力给出精确的定义是不可能的、也是不必要的,但确实有必要就它的基本内涵做出阐明。在它的基本内涵方面,我的考虑是,与其求得其形而上意义的性质或属性界定,不如参照"语言论转向"以来的通常做法,寻找其基本要素,并在要素基础上梳理出一些基本原则。就我对艺术公赏力的理解而言,它至少可以包括如下要素:可信度、可赏质、辨识力、鉴赏力和公共性。而由这五要素,可以引申出艺术公赏力的五条基本原则。

从社会对艺术的基本要求看,艺术公赏力表现为艺术品所具备的满足公众信赖的可信度。艺术可信度是指艺术品的可被特定共同体的公众予以信赖的程度。在当前,艺术的想象、幻想、包装、劝慰乃至蛊惑等作用越来越突出,那么,艺术在多大程度上还是可信的?这是当越来越多的艺术习惯于运用媒体营销手段和宣传策略去征服公众时,必然遭遇的强力反弹的问题。同时,这也是当前市场经济时代及泛艺术、泛审美或全球化审美语境条件下,公众必然会产生的问题。当现实生活中似乎什么都是艺术或者甚至都以艺术的名义呈现时,公众的可疑心难道还不应该不可遏止地增长?例如,连关乎公众身家性命的药品的销售也需影视明星去艺术地"代言"时,这样的艺术连同它所代言的商品本身可信、可靠吗?文化产业为了收回艺术品开发与制作成本及赢取利润,总会竭尽营销宣传之能事。当这种营销宣传与艺术品本身的实际情况大体符合时,艺术可信度在公众眼里一般不会成为问题;但是,当这种营销宣传的品质或声誉远远优于或高于艺术品本身实际时,艺术可信度必然就成为问题呈现出来了。由此可见出艺术公赏力的第一条原则:艺术在当今媒介社会风光无限,但毕竟应具

---

① 张载《西铭》:"民吾同胞,物吾与也。"

可信度。

　　从社会对艺术的审美需求看，标举艺术公赏力意味着，艺术需要具备满足公众鉴赏的可赏质。艺术可赏质，主要是指艺术品的可被公众鉴赏的品质。这种可赏质可分两种不同情形看：一种情形是分赏，是指艺术品分别被不同身份如阶层、性别、年龄等的公众群体所欣赏，其中不同身份的群体之间可能在欣赏趣味上相互排斥；另一种情形是合赏，是跨越不同身份的欣赏趣味上的融合。例如，电视剧《奋斗》可能拥有更多的青年观众而非中老年观众，体现分赏精神；而《潜伏》则具有跨越众多公众群、填补彼此鸿沟的合赏品质。传统美学通常是从"人民群众"的立场出发，在真善美与假恶丑、正确与错误、先进与落后等的对立与和谐意义上要求艺术，而今天，当"人民"或"人民群众"这一政治身份在具体的现实中变得越来越难以甄别时，我们更经常地打交道的就变成是公众概念及其不同的群体了。这时，"人民"年代要求的那种"雅俗共赏"的艺术品质，就必然转而被雅俗分赏与合赏、公众分赏与合赏等新要求所取代。当然，更具体而复杂的情形可能是，合赏中有分赏（我们都看同一部电视剧，但不同群体的兴奋点是不一样的），分赏中有合赏（看不同的影视剧但从中寻找和欣赏的东西彼此间有一定的共通性）。如此，公众对于艺术品的分众与分赏、合众与合赏，就变成艺术公赏力的基本问题了。艺术学与美学需要大力开展这种艺术可赏质研究。这样可见出艺术公赏力的第二条原则：艺术必须具备对于公众来说的可赏质。进一步说，不能只具有个体独赏品质，而应具备公众分赏与合赏品质。

　　从公众的信任素养看，艺术公赏力的高低很大程度上还取决于公众对艺术是否可信所具备的主体辨识力。正是由于艺术在社会上风光无限并几乎无所不在，那艺术的对于公众来说的可疑度增强了，从而更加依赖于公众的相应的主体素养——对艺术的真假、优劣、高低、美丑等的辨别力。这一点同第一条原则其实是同一个问题的不同侧面的表现：艺术品的可信度也同时依赖于公众的辨别力。没有公众实施的可信性辨别，艺术如何具有可信度？在这方面，美国媒介素养中心（The Center for Media Literacy，简称 CML）所提媒介素养五要素（Five Core Concepts of Media Literacy）是可供参考的：一是所有媒介都是建构起来的，即建构原则；二是媒介讯息是运用创造性语言及其规则建构的，即编码与规约原则；三是不同的人对同一媒介讯息可有不同的体验，即受众解码原则；四是媒介含有价值和观点，即内容性原则；五是多数媒介讯息被组织旨在获利或获权，即动机原则。①这五要素或五条原则同我国通行的媒介角色定位是颇不相同的：我国媒介历来被要求向人民群众传达真实可信的讯息，承担舆论导向的任务。但这五要素却对媒体做了相反的不信任判断，试图以专业化的媒介研究概念系统去帮助公众增强对媒体说谎的免疫力或辨别力，让他们不致被其精心建构的幻象所迷惑，而是直入其表层以下去冷静地鉴别和判断，从而提升媒介素养。其实，这五原则也大体适用于艺术：当今艺术越来越善于利用媒体去包装和传输，而媒体也越来越善于利用艺术去充当营销工具，因而公众需要培育自身的可以甄别艺术品真伪、优劣、高低等品质的艺术素养。借鉴来自媒介素养论的上述成果及其方法去提升公众的艺术素养，显然是必要的。简要地看，公众的艺术辨识力应涉及如下方面：从生活事实与艺术虚构的比较中发现艺术真实的能力，从艺术真实中吸取人生启迪与审美陶冶的能力等。这样，我们可以获得艺术公赏力的第三条原则：艺术需要公众具备辨识力。

从公众的审美素养看，艺术公赏力还表现为公众对艺术是否美所具备的鉴赏力。这一条同第二条原则紧密联系，也代表了同一问题的不同方面：艺术品的可赏质也依赖于公众的鉴赏力。特别要指出的是，这里的艺术是否美，已经同传统美学的艺术美概念有了明显的区别：传统美学的艺术美主要是指那种纯审美意义上的审美对象或审美价值，例如美与崇高、悲剧与喜剧、阳刚与阴柔、典雅与自然等范畴；而这里的艺术美则是在纯泛审美互渗的意义上说的，更多地关注当今影响公众的那些新的艺术美形态，如反艺术、反审美、审美的商品化、审美的无意识化、日常生活审美化、全球化审美、后情感等。当今时代考察艺术公赏力，重要的是看到，公众提升艺术鉴赏力对艺术活动来说是必不可少的环节和目标。作为必不可少的环节，公众的艺术鉴赏力正是艺术之可赏质得以确认的重要的主体要素和条件。而作为必不可少的目标，公众的艺术鉴赏力正代表了艺术活动的重要的目的，即培育既有优良审美与艺术素养又能履行公民责任的公众。这样就有艺术公赏力的第四条原则：艺术需要公众具备鉴赏力。

---

① http://www.medialit.org/bp_mlk.html.

从艺术的生存语境看，艺术公赏力概念力图揭示如下现实：艺术不再是传统美学所标举的那种独立个体的纯审美体验，而是在纯审美与泛审美的互渗中呈现出越来越突出的公共性。如果前者主要表明个人的由低到高的精神提升，那么后者则主要显示个人与个人之间、个人与共同体之间以及不同共同体之间达成相互共在、共生和互动。这种艺术公共性主要是指艺术在社会中所处的由社会关系网络和媒介网络等组成的公众共通性与交互性。艺术的公众共通性，是说艺术在今天总是处在人与人之间、人与社会之间的一种相互沟通语境中，并受到其制约；而艺术的公众交互性，是说艺术在上述共通性实现过程中始终伴随着公众之间的人际信息交汇、互动、分享或共享。确实，在当今社会，由于信息技术和公共沟通领域的发达，一方面，任何私人的东西都可能被公共化，成为公众共知或共通的东西，不再有传统意义上的"隐私"可言，即便是"藏之名山"、隐身密室或匿影于电脑等，都可能被轻易地公之于众，昭示于光天化日之下。另一方面，任何公共的东西也可能被私人化，例如越来越高超的广告艺术善于在其幻觉作用下让公众把公共的东西误作个人或个性的东西而接收和留存下来，了无痕迹地翻转成无法抹去的私人记忆。如今已不再存在任何"世外桃源"式的隔绝的个人生活场域了，所有个人或私人的东西都可能被公共化。艺术尤其如此：不少艺术作品最初总会体现或多或少的艺术独创性或独特的艺术个性，但一旦被大批量地产业化，成为公众竞相追捧、其他文化产业竞相仿制的文化畅销商品（在这一点上同普通的畅销商品并无两样），那就容易走向公共化。当然，说到底，艺术公共性还有着如下更深层次的内涵：艺术要为当今社会中面临分化、冲突、裂变等困境的个体与个体之间、个体与共同体之间以及不同共同体之间架设起相互沟通、实现"大同"的桥梁。这样，可以见出艺术公赏力的第五条原则：艺术离不开个人但却是公共的，具有不容置疑的公共性。

艺术公赏力，就是这样在艺术可信度与辨识力、艺术可赏质与鉴赏力、艺术公共性等概念的交汇中生成并产生作用。比较而言，在上述五原则中，第一条与第三条、第二条与第四条原则之间分别相互依存，互为条件，通过共同协商而发生作用。艺术品的可信度与公众的辨识力之间，艺术品的可赏质与公众的鉴赏力之间，其实不再是先有谁后有谁的关系，不存在鸡生蛋还是蛋生鸡的问题，而是相互之间谁都离不开谁、缺了谁都不行的问题。第五条原则是艺术公赏力的社会语境基础以及追求的目标，因为公民社会中一种公共性或共通性的建立，既是艺术公赏力的基础条件，更是它所诉求的审美与伦理交融的境界。

以上对于艺术公赏力这个新概念，只是做了初步探讨，相关的许多问题还有待于进一步研究。[①] 尽管如此，我相信，艺术公赏力作为艺术学与美学的一个新关键词，将有助于对当前新的艺术与美学问题的探究，也有助于对相关的美学与社会伦理问题的深入思考。

（原载《当代文坛》2009年第4期）

[①] 文本撰写过程中参考了何浩、罗成、冯雪峰、唐宏峰、何博超、张新赞等的建议，特此说明并致谢。

建国 60 年艺术学重心位移及国民艺术素养研究

考察建国 60 年来我国艺术学发展状况及当前新取向，可以有多重视角，这里不妨首先聚焦到艺术学所经历的研究重心位移状况，再由此进而就当前艺术学新取向作点分析。需要说明的是，艺术学在这里主要是在宽泛和灵活的意义上使用的，它不仅专指 20 世纪 90 年代以来通行的作为一级和二级学科的艺术学（此用法通行时间并不长），而且也扩展地和回溯地指称建国以来同美学、文艺学、艺术理论等概念未加严格区分的一整套有关审美和艺术的观念和方法体系，及相关学术运行体制（此用法由来已久）。

一、建国 60 年艺术学的五次重心位移

中华人民共和国的建立为艺术学的发展提供了新机遇，这就是从基本国策角度把艺术和相应的艺术学提升到国家需求这一前所未有的新高度，置于国家发展这一新的基点上，从而为基于国家需求并统合全体学者及研究资源的艺术学研究开辟了新的可能性。而这种国家统合性艺术学研究恰是晚清以来中国审美现代性工程所经历的种种困扰的一种解决方式。这种种困扰之一在于，此前的民族主义知识分子、自由主义知识分子等多是从各自的不同立场去追究艺术与审美现代性问题，而缺乏举国体制的强大合力的支持。正是人民共和国的建立，得以化解上述困扰，为国家统合性艺术学研究提供了新的体制与机制支撑。1949 年 7 月 2 日至 7 月 19 日第一届文代会在当时的北平召开，来自解放区和国统区的文艺界代表 600 余人与会，成立了"中华全国文学艺术界联合会"。毛泽东在会上提出了做

"人民的文学家、人民的艺术家或者是人民的文学艺术工作者的组织者"[①]这一新要求。毛泽东代表中央的贺电讲得更为明确:"全中国一切爱国的文艺工作者,必能进一步团结起来,进一步联系人民群众,广泛地发展为人民服务的文艺工作,使人民的文艺运动大大发展起来,借以配合人民的其他文化工作和人民的教育工作,借以配合人民的经济建设工作。"[②]全国文艺工作者统合起来的目的,既是要发展人民的文艺运动,更是要"配合"整个国家的"文化"、"教育"和"经济建设"工作。"配合"概念把艺术和艺术学在新的国家体制中的具体位置和功能确定了下来:不属于国家发展的中心,但也不能独立于国家发展,而是必须"配合"国家发展。这就明确了文艺运动和艺术学研究在新的国家体制中的不可或缺的"配合"地位和任务。这次会议的历史性意义在于,为后来的国家统合性艺术学研究的开展做出了理念与制度预设,提出了明确的任务规定。

由于建国以来国家发展一直处在不断的变动状况中,因而具有"配合"角色的艺术学不得不随着国家发展状况的变化而发生改变,从而形成不同的和错综复杂的演变状况。以极简化的方式去观察,可以见出具有较为明显特征的大致四个演变时段,目前应处在新的第五个时段中。

1949至1965年间为第一时段,属于工农兵的艺术整合时段。这时的艺术界被统称为"文艺战线",体现了一种特殊的传统和"配合"角色。这个时段虽然把文艺服务的对象主要规定为人民,但人民在此是特指国家确认的以工农兵为主体的各阶层群众联合体(有时称为"工农兵学商"),并不包括"地富反坏右"等"黑五类"。此时的艺术学还是在美学和文艺学的统摄下运行,服务于一个统一的目标——以工农兵为主体的人民群众通过艺术而实现政治整合和情感整合,这样做正是要给予新民主主义及随后的社会主义建设以有力的"配合"。由于是以初等文化或无文化的工农兵群众为主体,这种艺术整合和"配合"工作的重心,显然就不能不是艺术普及或艺术俗化(而非艺术提升),也就是把国家的整合意志通过通俗易懂的艺术活动传达给工农兵。而承担这种艺术俗化任务的艺术理论家面

[①] 毛泽东:《在全国文学艺术工作者代表大会上的讲话》,《毛泽东文艺论集》,中央文献出版社2002年版,第131页。
[②] 毛泽东:《中共中央给中华全国文学艺术工作者代表大会的贺电》,《毛泽东文艺论集》,中央文献出版社2002年版,第130页。

对两种不同情形：在解放区成长和伴随新中国生长的艺术理论家，可以合法地全力履行上述使命；而来自国统区的老一辈艺术理论家，面临的首要任务则是改造自我以适应新角色和新使命，而只有改造完成才能获得投身艺术整合使命的合法性。前者如周扬、何其芳、王朝闻、李希凡等，后者如朱光潜、宗白华等。建国前早已名扬天下的美学家朱光潜这样回忆说：建国以来"有五六年时间我没有写一篇学术性的文章，没有读一部像样的美学书籍，或是就美学里某个问题认真地作一番思考。其所以如此，并非由于我不愿，而是由于我不敢。我听到说马克思列宁主义是共产党的指导思想，为着要建立马克思列宁主义的思想，就要先肃清唯心主义的思想，而我过去的美学思想正是主观唯心主义，正是在应彻底肃清的思想之列。在'群起而攻之'的形势之下，我心里日渐形成很深的罪孽感觉，抬不起头来，当然也就张不开口，不敢说话，当然也就用不着思想，也用不着读书或进行研究。"①

第二时段则在1966至1976年间，为阶级的艺术分疏时段。特殊的"文化大革命"形势虽然基本上延续上一时段的艺术俗化重心，但又从不同阶级有不同审美与艺术趣味这一极端化立场出发，把以往17年的艺术进一步分疏成"无产阶级文艺红线"和"资产阶级文化黑线"两条泾渭分明的战线，由此而对更久远的艺术传统做出阶级分析，从而非同一般地突出艺术趣味的阶级分隔、疏离和尖锐对立。这时段的艺术和艺术学主要演变为政党政治斗争的工具。从江青的《林彪同志委托江青同志召开的部队文艺工作座谈会纪要》（1966）发布，到八部样板戏（革命现代京剧《红灯记》《智取威虎山》《沙家浜》《海港》和《奇袭白虎团》，革命现代芭蕾舞剧《红色娘子军》和《白毛女》及革命交响音乐《沙家浜》）"独尊"局面的形成，再到红卫兵和造反派在"文革"中的文艺活动展开方式，都可以看到其时艺术学的重心所在：不是知识分子孤芳自赏的高雅文艺，而是工农兵群众容易接受的通俗的革命文艺，被视为无产阶级革命斗争的工具而被推崇和风行。

1977至1989年为第三时段，可称人民的艺术启蒙时段。这个时段是

---

① 朱光潜：《从切身的经验谈百家争鸣》，《朱光潜全集》第10卷，安徽教育出版社1993年版，第79页。

对上述两时段加以改革的结果。由于知识分子被确认为工人阶级的一部分而享有与工农兵同等的历史主体地位,"右派"被予以平反,这使得人民概念的范围同上述两个时段相比都远为扩大了。扩大了的人民中,无论是昔日历史主体工农兵还是新的历史主体知识分子,都被要求接受改革开放时代艺术的启蒙教育,以便顺利投身到新时期以经济建设为中心的改革开放大潮中。因而艺术在此时段扮演的,就不再是建国 17 年的工农兵整合、也不再是"文革"中的阶级分疏角色,而是人民的艺术启蒙角色。艺术启蒙,意味着艺术界需要运用以高雅艺术为主的艺术手段,把处在蒙昧状态的人民(包括知识分子自身)提升到理性高度,所以艺术的雅化成为此时段大趋势(当然,通俗艺术也受到应有的重视)。敏感到新的"解放"和"开放"精神的八旬老人朱光潜,在《文艺研究》1979 年第 3 期发表《关于人性、人道主义、人情味和共同美问题》,明确提出马克思主义是一种人道主义:"马克思正是从人性论出发来论证无产阶级革命的必要性和必然性,论证要使人的本质、力量得到充分的自由发展,就必须消灭私有制。"他甚至发出这样的强劲呐喊:"冲破他们设置的禁区,解放思想,恢复文艺应有的创作自由,现在正是时候了!"解放被禁锢的文艺创作自由和创造活力,创造出新的富于美感的艺术,满足新时代人民的艺术与文化启蒙需求,成为这时段艺术学的重心。这种解放效果突出地表现在,各艺术专业院校恢复招生,使得一批批富于艺术专长的"知识青年"得以进入大学深造,成为高层次艺术专门人才。张洁的小说《从森林里来的孩子》正生动地讲述了林区少年孙长宁被新时期高校破例选拔为音乐学子的艰难而可喜的故事。而张艺谋被北京电影学院破格录取并由此在国内国际走向成功的故事,更是以小说虚构所难以比拟的真实性和生动性揭示了此时段的艺术学重心:长期处于蒙昧状态的艺术人才渴望艺术启蒙。四川美术学院青年学生罗中立、程丛林在 1979 年分别创作的《父亲》《1968 年 × 月 × 日雪》等作品,被誉为"伤痕美术"的代表作,在全国产生了极大的艺术与文化启蒙效果。而 1985 和 1989 年的两次大规模的全国美展及其传播效果表明,激进的艺术实验、艺术社团及其推动的艺术文化反思潮已席卷全国。中央音乐学院青年学生谭盾、瞿小松、叶小钢、郭文景等引领了"85 新音乐"风潮。而在电影界,陈凯歌、张艺谋、张军钊、田壮壮等凭借《一个和八个》《黄土地》《红高粱》《喋血黑谷》《猎场扎撒》等影片崛起,被称为中国导演"第五代",在国内外电影界产生很大影响。这些青年艺术人才起初是被启蒙者,学成后又通过新的艺术创作而成为启蒙他人的启蒙者。

1990至2000年为第四时段即学者的艺术专业化时段。艺术学借助上一时段的艺术启蒙成果,在此时段进而向艺术学科的专业化层次进军,在专业化领域取得如下几方面实绩:一是各艺术专业院校纷纷提升艺术人才培养层次,力争获得硕士和博士学位授予权;二是综合性研究型大学纷纷恢复、扩充或新设艺术专业及艺术院系(如北京师范大学于1992年恢复并重组艺术系);三是由于艺术学科专业发展势头愈益迅猛、独立呼声越来越强劲,一向依附于美学和文艺学的艺术学终于独立出来,获得自身的学术家园,其鲜明的标志性成果便是:在国家学术体制和教育体制中建立起独立的艺术学一级学科和二级学科体系(东南大学率先在1994年设立艺术学系,1996和1998年先后获得艺术学硕士和博士学位授予权)。这为此后全国艺术学科的新的高速发展奠定了学术体制与教育体制基础。

2001年至今,我以为当属于目前尚未被清晰认识和重视的第五时段,即国民的艺术素养时段。随着国家进入"全面建设小康社会"和"和谐社会"建设阶段,以往的"工农兵"、"无产阶级"、"人民"等概念在此时段扩大为更广泛的全体性概念——"国民"。艺术的最基本任务就应当是服务于全体国民的愈益增长的安定与和谐生活需求,这种需求中包含着艺术素质的涵养即艺术素养。于是,国民艺术素养(包括普通公众的艺术素养普及和专门人才的艺术素养提升)都成为此时段艺术学的新的重心。这一重心转移有若干显著标志加以支撑:一是艺术学者运用电子媒体向大量普通公众宣讲中国文化传统获得成功。二是面向各年龄段人群的各种通俗的艺术欣赏品、艺术学讲演录、艺术学读本、艺术教学参考读物等大量畅销,体现了公众的旺盛的艺术素养养成需求。三是高校艺术学科博士点在国家指导下从2005年起纷纷办起艺术硕士专业学位授权点(MFA),从而让一批批艺术从业者(包括知名主持人、明星演员及高校艺术专业教师等)获得在职提升专业素养的机会。这几方面事例都表明,不再是过去的艺术整合、艺术分疏、艺术启蒙、艺术专业化,而是新的国民艺术素养成为当前艺术学的主要课题。

上述五时段之分诚然是大致的,其间也存在某些连续性或关联性,但可以看到，面向"全面建设小康社会"时代的国民艺术素养，已经必然地成为艺术学的新的重心。

二、当前国民艺术素养问题

上面的描述表明，建国60年间，我国已从工农兵的艺术整合、阶级的艺术分疏、人民的艺术启蒙、学者的艺术专业化诸时代，而渐次转向今日的国民艺术素养时代。随着昔日的革命和启蒙这类时代最强音被代之以"经济建设、政治建设、文化建设、社会建设"四大建设并举的新国策，艺术已转变成国民生活必备的综合素养之一——可归属于其中的审美与艺术素养，正像国民同时需要饮食与衣着素养、安全素养、文字与文化素养、道德素养、情感素养、理智素养、社会尊重素养、自我实现素养等诸种素养一样。艺术素养作为国民的文化素养的一个组成部分，是国民对于艺术和相关文化活动的认知、体验、思考等素质及其养成。如果说，艺术启蒙一词更多地是指向艺术的认识现实、改造现实的功能，重在让人们借助艺术的特殊光芒去洞烛现实的规律以便改造它，那么，艺术素养一词则侧重于体现艺术对个体素质的养成功能，着眼于艺术如何服务于国民的自幼至长乃至终身的人格塑造和涵养。

对今天一心一意奔"全面小康"的国民来说，艺术固然仍会有着传统意义上的现实反射与现实照亮功能，这一点毋庸讳言，但却可能更多地体现出其对于个体人生的熏染或涵养功能。这时，国民艺术素养就可能会受到艺术学的更多关注。在这个意义上，艺术学或艺术理论可以实际地成为一种国民艺术素养学，即研究国民艺术素养的学科，其研究重心在于国民艺术素养的养成规律。

三、艺术素养概念及国民艺术素养研究

要研究国民艺术素养，需要对艺术素养概念本身作认真的辨析，进而开展国民艺术素养的实证意义上的测评研究工作。这个看似再简单不过

的问题,其实一直未曾获得认真的回答。在西方,美国媒介素养研究中心1992年对媒介素养作过如下界说:媒介素养是人们面对各种媒介信息时的选择能力、理解能力、质疑能力、评估能力、创造和生产能力、思维上的反应能力。[①]有媒介学者则认为媒介素养有七个要素:批判性思维技能、了解大众传播的过程、懂得媒介对个人乃至社会的影响、建立分析讨论媒介信息对策、透视媒介文本、研究和欣赏媒介传播内容、动手制作媒介产品。[②]这个定义和分析构架彼此相通,都有其合理因素,但毕竟只是针对一般媒介素养而并未专谈艺术素养。心理学在研究相近问题时,常常从人的特殊能力角度看待艺术能力,着眼于具有特殊艺术才能的人的能力或素质测评,或为残障人群的艺术治疗而开展艺术测评研究,但少见针对普通人群艺术素养而设计的分析构架。我国美学家李泽厚曾提出人的审美能力形态三层次说:悦耳悦目、悦心悦意、悦志悦神。"悦耳悦目"指的是"人的耳目感到快乐",这个层面虽然看来属于"非常单纯的感官愉快",但"积淀"了社会性;"悦心悦意"指的是"通过耳目,愉快走向内心"的状态,是"审美经验最常见、最大量、最普遍的形态",比"悦耳悦目"具有更"突出"的"精神性"和"社会性";"悦志悦神"则是"人类所具有的最高等级的审美能力",属于"在道德的基础上达到某种超道德的人生感性境界"。[③]这里的审美能力其实就可以视为艺术素养。这三层次说考虑到艺术对人所产生的由外在感官到内在心理及其纵深层次的层层深入的愉悦效果,颇富启发价值,但无法直接落实到具体测评研究实践中。近年国内有学者把大学生素养分为科学素养、艺术素养、人文素养、心理素养四种。其中,艺术被视为社会生活的反映和主体生命的审美创造,而艺术素养主要是指人的三种能力:艺术观察力、艺术想象力和艺术创造思维能力。[④]这三种艺术能力的区分仍然主要着眼于艺术家能力而非普通国民艺术素养,而且同样无法诉诸具体测评过程。

今天来考察国民艺术素养,应当从一开始就从理论辨析与测评贯通的

---

① Elizabeth Thoman, *Skills and Strategies for Media Education*, Center for Media Literacy of USA.

② Art Silverblatt, *Media Literacy: Key to Interpreting Media Messages*, Second Edition, Preager Publishers, 2001.

③ 李泽厚:《美学四讲》,三联书店1989年版,第154—171页。

④ 袁正光、陆莉娜编著:《大学生综合素养导论》,协和医科大学出版社2004年版。

远近幽深
——艺术体验、修辞和公赏力

角度,对艺术素养概念做出不再是纯理论的而是具有可测评性的界说,进而由此在国民中开展具体的测评与研究工作。国民艺术素养是指国民面对艺术时展现的选择、理解、质疑、评估和创造等个体素质和涵养,由媒介素养、形式素养及其它相关素养的总和构成。但对这个问题可以换一种方式去提问:国民艺术素养表现在哪些方面?

不妨拆解成三个关键词去分析:国民、艺术、素养。国民:就年龄来看可以有婴幼儿、少年、青年、中年、老年等,就身份来看可以有幼儿园学生、小学生、中学生、大学生等,就职业来看可以有工人、农民、商人、军人、管理人员等。还可以从性别、阶层、民族、信仰、教育等去分类。艺术:就通常分类来说可以有文学、音乐、舞蹈、戏剧、美术、建筑、书法、电影、电视、时装、广告等门类形态,当前也扩展到日常生活中的美食、美容、美发、美体、家居美化、环境美化等过程。素养:就这个词语的通常含义来看,可以有素质、能力、才能、技能、修养、禀赋、涵养、风度、风采、风范等多种彼此相近的理解。

把国民、艺术、素养这三个概念合起来理解,则可以见出国民艺术素养的如下内涵:国民艺术素养是指个体在面对文学、音乐、舞蹈、戏剧、美术、建筑、书法、电影、电视、时装、广告等艺术门类形态时以及在美食、美容、美发、美体、家居美化、环境美化等艺术生活过程中所展现的素质、能力、才能、修养、禀赋、涵养、风度、风采或风范等。对这样意义上的艺术素养,很难做出它同非艺术素养存在清晰区别的判断,因为这里列举的"艺术"显然体现了艺术门类形态和日常艺术生活过程相互渗透的特定状况。

而从具体层面来看,国民艺术素养可以包含如下层面(由外层向内层、再由内层向外层):一是媒介体认力及感官快适,二是形式感知力及形式快适,三是意象体验力及情思快适,四是蕴藉品味力及心神快适,五是生活应用素养及身心快适。相应地,如果用我习惯采用的以感兴为基座的概念构架来表述,那么,这种艺术素养就应包含如下层面:媒介触兴、形式起兴、兴象体验、兴味品鉴、生活移兴。此外,从具体要素来看,国民艺术素养可以包含如下能力(平行地看):艺术感知力、艺术理解力、艺术判断力、艺术想象力、艺术鉴赏力、艺术行动力等。当然这样的列举还可以增加。

四、国民艺术素养研究的当代意义

研究国民艺术素养，在建国 60 周年的当前具有迫切而重要的意义，对此可从国家意识、国民需求、当代艺术活动新方式、艺术研究者意识等层面去看。就国家意识层面来看，十七大报告围绕"确保到二〇二〇年实现全面建成小康社会的奋斗目标"，就艺术与文化工作做出了如下判断："当今时代，文化越来越成为民族凝聚力和创造力的重要源泉、越来越成为综合国力竞争的重要因素，丰富精神文化生活越来越成为我国人民的热切愿望。要坚持社会主义先进文化前进方向，兴起社会主义文化建设新高潮，激发全民族文化创造活力，提高国家文化软实力，使人民基本文化权益得到更好保障，使社会文化生活更加丰富多彩，使人民精神风貌更加昂扬向上。"国家所关注的重心，已不再是像过去那样仅仅要求艺术家以高雅艺术去感染、整合或教育人民，而是要求艺术文化产业和文化管理部门同艺术家一道合力创作出使人民的"精神文化生活"或"社会文化生活""更加丰富多彩"的艺术作品，形成"适应人民需要的文化产品更加丰富"的局面。可以说，这种出自国家意识的文化艺术政策的落实，迫切需要来自国民艺术素养研究的有力配合和支持。

从国民需求层面看，研究国民艺术素养，正可以为弄清国民的艺术需求提供可靠的数据支持。这是因为，来自国民的艺术需要不是凭空产生的，实际上是同他们的特定艺术素养密不可分的。有什么样的艺术素养，就会产生什么样的艺术需要；相应地，有什么样的艺术需要，就会呈现出什么样的艺术素养。国民现有艺术素养状况如何，目前正在以何种趋势演变，这种状况及其演变对具体城乡社会建设有着何种影响和意义，都是值得认真考察和深入研究的。

推进国民艺术素养研究，其实正是出于适应当代艺术活动新方式的必然要求。今天的艺术活动的新方式在于，首先，它不再作为单纯的个人创造，而是更多地作为文化产业机构的批量产品而出现；其次，它不再以艺术家本人的创造力及人格为重心，而是以公众消费、公众接受和公众行为为重心；再次，它不再仅仅以"百看不厌"的经典标准为最高追求，而总是顾及国民日常生活中丰富而多样趣味的适时满足以及个体亲身体验；最后，它不再仅仅作为高雅的精神享受而存在，而是高雅精神享受常常深嵌

远近幽深
——艺术体验、修辞和公赏力

入通俗的物质生活过程中，形成精神生活与物质生活的更复杂的交融。在这里，艺术家个人的创造力固然重要，但公众的审美能力或艺术素养或许更有价值。确切点说，我们正置身在艺术不再是超脱于生活之上的纯精神享受，而是精神享受同日常生活的物质过程相互渗透的时代，也就是人们把艺术不再仅仅当作单纯的个性化创作和鉴赏而是同文化产业制作、媒体包装、讯息轰炸、消费者炫耀、个体亲身体验等密切相联的时代。在这样的艺术与审美广泛地渗透到日常生活的各个角落的泛艺术与泛审美时代，国民现有艺术素养还能同原来理解的单纯精神素养一样吗？正像美国学者波兹曼在《娱乐至死》和《童年的消逝》中先后指出的那样，在这个"娱乐至死"的时代，我们的儿童的纯真童年已经消逝，成为"成人化的儿童"、"正在消失的儿童"。

面对这种新的艺术生活方式，艺术学研究者的意识需要做出变通或调整。这表现在，原有的以艺术家为重心的艺术心理学视野、以艺术品为重心的艺术符号学视野及以公众艺术接受为重心的艺术接受美学视野，在这里需要转换为新的以艺术公赏力为重心的艺术素养学视野。艺术学的艺术素养学视野，是指艺术学把公众或国民的艺术审美能力作为艺术研究的主要对象。而艺术公赏力，是我参照传播学中的"媒介公信力"（public trust of media）或"媒介可信度"（media credibility）概念（参见喻国明教授、张洪忠博士等的有关论述），根据艺术素养研究需要而尝试造出来的。与传播学把媒介是否可信或可靠作为优先的价值标准从而提出媒介公信力不同，艺术素养学需要首先考虑艺术的满足公众鉴赏需求的品质和能力即艺术公赏力，这是包括可感、可思、可玩、可信、可悲、可想象、可幻想、可同情、可实行等在内的艺术的可供公众鉴赏的综合品质，以及公众的相应的素养。这样理解的艺术公赏力可以包含大约两层含义：一是指艺术品所具有的可供公众鉴赏的客体品质；二是指公众面对艺术时所具备的主体鉴赏能力或鉴赏素质。这两个层面当然是紧密渗透在一起的。就特定城乡的经济建设、政治建设、文化建设和社会建设来说，主体艺术素养层面显然具有更为关键的意义。国民艺术素养研究在目前面临两大任务：一是如何让艺术品真正具有可供国民鉴赏的优质品质？二是如何让国民具备艺术"慧眼"以便真正获得优质的艺术享受和精神提升？对城乡建设来说，第二个任务更为重要和迫切，因为它涉及大量的和广泛的国民素养问题。对此我想到一首流行歌曲《雾里看花》："雾里看花 水中望月／你能分辨这变幻莫测的世界／你能把握这摇曳多姿的季节／烦恼最是无情夜／笑语欢颜难道说那就是亲热／温存未必就是体贴／你知哪句是真 哪句是假／哪一句是情丝凝结／借我借我一双慧眼吧／让我把这纷扰 让我把这纷扰 看得清清楚楚明明白白真真切切"。拥有"艺术慧眼"，也就是拥有高度的艺术公赏力，而这也正是艺术软实力的一个组成部分，有必要成为当代艺术学研究的新的重要课题。这基本上应当属于一个新的未知领域，需要我们采取实证调查、理论描述、个案分析等多种研究手段去探测和衡量。现在距离2020年、也就是建国71周年实现"全面建成小康社会"奋斗目标只有十来年时间。国民艺术素养的提升虽然不足以构成其关键指标，但却是不可或缺的重要指标之一。

（原载《天津社会科学》2009年第3期）

"从游"传统与重建本科艺术专业教育

两千五百多年前,孔子首创弟子跟从教师四处游学的"从游"式教育传统,并孜孜不倦于"莫春者,春服既成,冠者五六人,童子六七人,浴乎沂,风乎舞雩,咏而归"[①]的"从游"境界。在21世纪综合性研究型大学的艺术专业教育中,这种古老教育传统是否仍有其生命力?如何在新的全球化时代开展艺术专业本科人才培养,是各国面临的一个共同课题。我认为,建立一种扎根本土教育传统而又顺应世界创新人才培养改革趋势的艺术专业教育方式,是中国大陆高等艺术教育的一种合适的选择。文本在笔者此前的论文《对研究型大学提高本科人才培养质量的思考》[②]基础上予以调整和拓展,尝试重新追溯"从游"式教育传统,并将其同美国研究型大学《博伊报告》所倡导的重建本科教育主张加以比较,进而提出中国高等艺术专业教育方式的一种可供选择的方案。

一、艺术专业教育需要植根本土传统

随着"全球化"趋势的加速演变和计算机技术的发展,综合性研究型大学(以下也简称研究型大学)艺术创新人才培养面临的压力越来越大。以开放的心态去吸收、借鉴国际一流大学艺术专业教育的经验,固然是我国高等艺术教育的不变的选择,这一点应当毋庸置疑。但是,这种选择的基点却是需要重新确认的。这种基点不应当定为全球同一的艺术创新趋

[①] 孔子:《论语·先进篇第十一》,杨伯峻译注:《论语译注》,中华书局1980年版,第119页。

[②] 载《高等教育研究》2007年第7期。那时提的"从游分享式教育"现在改为更简明的"从游式教育"。

势，而应当定为全球化趋势下民族文化与艺术传统的再生。高等艺术教育被置于全球化趋势中，这是各国都无法回避的共同的历史命运；但同时，在此大趋势下，各国却可以而且应当探索本土艺术教育传统的再生可能性。这就是说，高等艺术专业教育应当是全球化时代民族文化与艺术传统的再生教育。正是在这样的基点上，孔子创立的"从游"式教育传统具有无可否认的当代价值。

二、"从游"式教育传统回溯

孔子创立的"从游"式教育传统，包括"志于道，据于德，依于仁，游于艺"、"启发"、"教学相长"等教育教学思想及相应的具体措施。这些就来自孔子自己的教学经验的总结和提炼。这种教学总是在弟子跟从老师从游的过程中开展和完成，包含着弟子提问与教师回答、教师反问以及教师的身体力行等环节，其中渗透着孔子倡导的"启发"式教学、体验式教学等内涵。这种教育方式的核心精神在于，学生在实际地跟从教师四处游学的过程中，亲身体验并分享其治学经验、探究精神和人格风范，从而逐步地成长为创新人才。

这一传统遗产在现代美学家王国维、教育家梅贻琦等那里先后获得高度共鸣。王国维大力加以阐发："孔子欲完成人格以使之有德，故于欲知情意融和之前，先涵养美情，渐与知情合而锻炼意志，以造作品性。……诗，动美感的；礼，知的又意志的；乐，则所以融和此二者。"[①] 他认为孔子的教育方式根本上是"美感"的或"涵养美情"的，也就是说，孔子的教育在实质上就是"始于美育，终于美育"。对此他充满神往之情："且孔子之教人，于诗乐外，尤使人玩天然之美。故习礼于树下，言志于农山，游于舞雩，叹于川上，使门弟子言志，独与曾点。点之言曰：'莫春者，春服既成，冠者五六人，童子六七人，浴乎沂，风乎舞雩，咏而归。'由此观之，则平日所以涵养其审美之情者可知矣。之人也，之境也，固将磅礴万物以

---

① 王国维：《孔子之学说》，《王国维文集》第3卷，中国文史出版社1997年版，第147页。

为一，我即宇宙，宇宙即我也。"①

重要的是，孔子的这种教育方式既是美育的又同时是从游的，是在从游过程中实施的美育，是在美育结果中完成的从游。对这种古典从游式教育传统，清华大学原校长梅贻琦在20世纪40年代曾给予有力的回应："学校犹水也，师生犹鱼也，其行动犹游泳也，大鱼前导，小鱼尾随，是从游也，从游既久，其濡染观摩之效，自不求而至，不为而成。"②这一见解体现了我国现代大学教育家对古典从游式教育传统的创造性继承与现代性转化。

三、从游式教育与探究式教育

这种从游式教育传统同美国上世纪90年代著名的《博伊报告》即《重新构建本科教育——美国研究型大学的一份蓝图》所倡导的探究式教育实际上存在着一种相互发明的关联。该报告认为，美国"研究型大学的本科教育处于一种危机状态之中，是一个巨大而具有变更性的问题，大学必须对此做出反应。美国的研究型大学历来以创造和提炼知识为己任，在这方面他们的确取得了极大的成功，他们是国家地位和成就的源泉，他们做出的贡献是无法估量的。但是在本科教育方面非但没有什么成就可言，甚至是失败的。在现在的环境中，压力越来越大：政府支持减少、花销增加、外界批评增多、学生和家长要求保护消费利益的情绪日增，大学往往继续对本科生这一支最重要的支持力量表现出自以为是、漠不关心和健忘疏忽的态度。本科生就好像是被要求纳税却被禁止投票的二等公民，更像是参加宴会的客人，付了自己的账单，得到的却是剩饭。"③这个有关美国研究型大学本科教育归于"失败"的断言，至今仍具有令人警醒的力量。该报告对此考虑的解决方向是，"把本科生纳入整体考虑，揭示研究型大

---

① 王国维：《孔子之美育主义》，《王国维文集》第3卷，中国文史出版社1997年版，第157页。
② 梅贻琦：《大学一解》，《清华学报》第13卷第1期，1941年4月出版。
③ Reinventing Undergraduate Education: A Blueprint for America's Research Universities. http://naples.cc.sunysb.edu/pres/boyer.nsf（中译参见北京师范大学信息科学学院叶青、姚力、居来提、裴留庆、殷庆杰译文未刊稿《重新构建本科教育——博伊报告集》，下同）。

学应当提供什么样的教育,使之符合大学本身的教学又能充分发挥其资源优势。"经过调研和分析,报告得出如下结论:"本科生应该受益于研究型大学提供的得天独厚的机遇和资源;生搬硬套自由主义的人文学院的教育模式将是不合适的。研究型大学应该能给学生一类他们在别的环境不可能得到的经验和能力,一种真正的有意义的研究体验。他们的毕业生应当成为成熟的学者,能够在自己选择的专业领域驾驭技术和方法,能够应对职业生涯或研究生阶段学习的挑战,研究型大学具有得天独厚的能力和资源,它们对培养学生从事创造性工作负有责任。"

可以说,这个报告所认为的重建本科教育的关键在于,一种探究性教育环境的形成和基于探究的学习能力的培育。这一点让人无法不联想到孔子确立的"从游"式教育传统。下面不妨从教育的目的、方式和措施三方面,就"从游"式教育传统与《博伊报告》倡导的探究式教育作简要比较。

首先,从教育的目的看。从游式教育的目的,不在于仅仅培养学生的知识积累和技能掌握,而是着眼于学生的创造力的濡染与自由精神的涵养。濡的本义是浸渍、湿润,也指光泽;染的本义则是使布帛等物品着色,也指沾上、感受等。濡染的本义是指沾染、感染,也指染湿。它与耳濡目染一词相通,就是指人的言行的相互沾染、感染。濡染一词本来就应该包含着特定时间长度内具体行动的稳定而徐缓的持续及生效过程。孔子开创并亲身实践的诸如树下习礼、农山言志、杏坛休坐、游于舞雩、叹于川上、诵诗奏乐等教学方式,既是艺术创造力的持续濡染过程,又是艺术自由精神的长期涵养过程。这种濡染和涵养,是跨越了低级的知识积累和技能掌握的更高级的艺术人格教育。孔子喜欢观水,每逢大水必观,特别是常带领弟子观水。有次正带弟子观赏"东流之水",子贡问他:"君子所见大水,必观焉何也?"孔子回答说:"以其不息,且遍与诸生而不为也,夫水似乎德;其流也,则卑下倨邑必修其理,似义;浩浩乎无屈尽之期,此似道;流行赴百仞之嵘而不惧,此似勇;至量必平之,此似法;盛而不求概,此似正;绰约微达,此似察;发源必东,此似志;以出以入,万物就以化洁,此似善化也。水之德有若此,是故君子见必观焉。"[①] 这是说,

---

① 参见《孔子家语》卷2《三恕第九》,王德明主编:《孔子家语译注》,广西师范大学出版社1998年版,第97—98页。

水奔流不息地给予万物以生命却又不视为自己的功劳,就像德;它在高低曲直的地上流动,必遵循一定的道理,就像义;它广大无边而无穷尽,就像道;它流向百仞深的山谷而无所畏惧,就像勇士;用它作标准衡量别的东西必定公平合理,就像法;它盈满时不必用概来刮平,就像正人君子;它虽然自己柔弱却又注重细微处,就像明察之士;它一旦发源必定流向东方,就像有志者;它通过洗涤而让万物洁净,就像善于教化者。由于水具有这样的品德,君子当然逢水必观。孔子把本来没有任何思想意志的水比作德行高尚的圣人,这种"比德"之法既体现了他的"从游"式教学的艺术,更显示了这种教学所遵循的培育理念——教育的目的正在于培养人格高尚的人。

《博伊报告》则注重建设一种学生与教师共同参与的以探究为中心的教育生态环境——"大学作为生态系统"(the university as ecosystem)。它认为,"大学生态学依赖于一种深刻而持之以恒的理解,那就是,探究、调查和发现是大学的核心使命(The ecology of the university depends on a deep and abiding understanding that inquiry, investigation, and discovery are the heart of the enterprise)。无论是在有经费支持的研究项目上,还是在本科生的课堂里或是在研究生的培养期,这都是大学精神的核心。大学里的每一个人都应该是一个发现者、学习者,共同的使命把大学校园里的一切都凝聚到了一起。大学的教育责任就是使所有的学生都参与到这一使命中来,而学生的任务就是以坚实的'通才'教育投身于研究事业,学会团结自己的同伴、教师和其他社会成员。"这种当代大学探究性人才培养的生态学观念,同中国古代孔子所倡导的师生"从游"环境具有神奇的精神相通性。

其次,从教育的方式看。"从游"式教育方式的核心在于,让学生不是固守在书斋里闭门读书或苦修,而是在读书的同时注意跟从教师四处游学,在游学过程中分享教师的研究兴趣和经验,以及学会如何面对新的问题情境而创造性地运用知识或产生新知识。正是在"从游"过程中,孔子"发明"了著名的"启发"式教学方法:"不愤不启,不悱不发。"这是说,不到学生想求明白而不得的时候,不去开导他;不到他想说又说不出的时候，不去启发他。①可以说，从游式教育方式的精华，就在于一种师生相互启发的学术环境或机制的形成。孔子有次对弟子说：我死之后，商（子夏）的学问会逐渐增加，赐（子贡）的学问会逐渐减少。曾参问原因，孔子这样回答说："商也好与贤己者处，赐也好说不若己者。不知其子，视其父；不知其人，视其友；不知其君，视其所使；不知其地，视其草木。故曰：与善人居，如入芝兰之室，久而不闻其香，即与之化矣。与不善人居，如入鲍鱼之肆，久而不闻其臭，亦与之化矣。丹之所藏者赤，漆之所藏者黑，是以君子必慎其所与处者焉。"孔子的这个判断说明，人对生活和学习环境的个体主动选择十分重要：与好人相处会"如入芝兰之室"，受到其潜移默化的感化；而与不好的人相处会"如入鲍鱼之肆，久而不闻其臭"，自己就被带坏了。②对孔子来说，学习环境的营造是人成长的一个根本保障。

《博伊报告》也提出，大学应该最大限度地为学生的智力和创新能力的发展提供机会。这些包括：一是给学生提供探究式学习的有利环境，而不是简单地向学生灌输知识；二是训练必要的口头和书面交流的能力，满足学生在校期间和研究生毕业后走上工作岗位乃至终身生活的需要；三是重视文科、人文科学、自然科学和社会科学，让学生在合适的深度和强度中体验这些学科；四是对学生毕业后的方方面面应有周全的考虑，使学生不论升入研究生院还是进入专业学院或第一份专业的职位，都能从中受益。同时，对于进入研究型大学的学生，《博伊报告》还强调给学生提供以下机会：一是有权获得和有才华的高级研究人员共事并得到其帮助和指导的机会；二是有权使用从事研究工作所需的最好的设备和设施；三是学习领域间的多种选择和在领域中转移的指导；四是有与背景、文化、经历全然不同的人交流的机会，以及有与在知识的追求上处于各种层次的人接触的机会。这正是要为学生建构一种"完整的教育"环境，以便让学习的各个环节相互关联，让高级学者也就是教授成为学生的伙伴和引路人。这样做正是要把学生培养成为"与众不同的，具有探究精神并热衷于解决问题"的创新人才。

---

① 孔子：《论语·述而篇第七》，杨伯峻译注：《论语译注》，中华书局1980年版，第68页。
② 参见《孔子家语》卷4《六本第十五》，王德明主编：《孔子家语译注》，广西师范大学出版社1998年版，第188—189页。

最后，从教育的具体措施看。孔子在教学中实施的树下习礼、农山言志、杏坛休坐、游于舞雩、叹于川上、诵诗奏乐等教学方式，正体现了师生"从游"的精神。孔子以欹器为例阐发"中庸之道"的故事就颇能说明问题。他带领学生到鲁桓公的庙参观，看见一个容易倾覆的容器即欹器。孔子发挥说："吾闻宥坐之器，虚则欹，中则正，满则覆，明君以为至诫，故常置之于坐侧。"他让弟子亲自动手试验，发现灌水后"水中则正，满则覆"，也就是灌水不多不少时欹器就端正，一灌满就翻倒了。孔子随即感叹说："呜呼！夫物恶有满而不覆哉？"哪有东西盈满了不倒下的呢？子路问他："敢问持满有道乎？"孔子回答说："聪明睿智，守之以愚；功被天下，守之以让；勇力振世，守之以怯；富有四海，守之以谦。此所谓损之又损之之道也。"[①]聪慧者反显愚笨、功劳盖世者十分谦让、勇冠天下者以胆小护身、富有四海者以谦卑守护，这就是所谓后退一步再退一步之道。根据具体的问题情境及实物状况加以诱导，抓住机会启发学生，正体现了孔子的从游式教育的特点。

《博伊报告》中提出了改革本科教育的诸种方法，主要有：建立基于研究的学习规范（Make Research-Based Learning the Standard）、建设基于探究的大学一年级教学（Construct an Inquiry-based Freshman Year）、构建新生基础（Build on the Freshman Foundation）、清除跨学科教育的藩篱（Remove Barriers to Interdisciplinary Education）、交流技能与课程学习结合（Link Communication Skills and Course Work）、绝顶体验（Culminate With a Capstone Experience）、把研究生培养成实习教师（Educate Graduate Students as Apprentice Teachers）等。还制定了相应的长期导师制（Long-term Mentorship）、研讨课（seminar）、新生研讨课（fresh seminar）等教学支持机制。

当然，孔子的"从游"式教育同美国《博伊报告》所主张的探究式教育毕竟产生于不同时代的异质文化土壤中，各有其不同的文化支撑。但是，这不应妨碍我们在今天的基点上实施比较与转化工作，让其效力于当前艺术专业教育。

---

① 参见《孔子家语》卷2《三恕第九》，王德明主编：《孔子家语译注》，广西师范大学出版社1998年版，第95—96页。

四、当前艺术专业教育的问题与对策建议

可以在"从游"式教育理念主导下加以变通和改造,成为今天重新构建中国艺术本科专业教育体系的基础。

研究型大学的艺术专业教育在今天面临一些问题。这首先与它所处的特定教育环境有关。我国高等艺术专业教育目前有三种基本类型。第一类是单科艺术院校的艺术专业教育,例如中央美术学院、中央戏剧学院、北京电影学院等,其人才培养具有一种完整的单科专业教育环境。第二类是综合艺术院校的艺术专业教育,例如南京艺术学院、山东艺术学院、云南艺术学院等,其人才培养处在一种综合的艺术专业教育环境中。第三类就是综合性研究型大学的艺术专业教育,例如北京大学艺术学院、中国人民大学艺术学院和北京师范大学艺术与传媒学院等,其人才培养则处在综合性研究型大学特有的学科综合、科研优先和研究生教育主导的环境中。这种文理多学科综合的培养体系,不仅缺失上述两类艺术院校所拥有的艺术专业教育的整体氛围和宽松机制,而且使得艺术专业教育实际上在全校教育体系中处在边缘和弱势地位。学校为艺术专业教育诚然提供了优良的探究性教学环境(这一点应高度重视),但同时又在无论是政策与经费投入还是科研考核与教师职务晋升措施等方面,都远远弱于其他文理学科,这在一定程度上制约着艺术专业教育的发展。特别致命的一点是,学校向着科研和研究生教育的整体的倾斜性发展,包括经费倾斜和知名教授的精力倾斜等,已经和正在严重制约着艺术专业教育的发展。一个司空见惯的平常例子就是,当知名艺术教育专家纷纷把主要精力倾注到个人项目研究和研究生指导上,谁来管数量如此众多而让人费神的本科生?这一点可能正是当前制约研究型大学艺术专业教育发展的一个瓶颈性问题。

面对上述问题的挑战,研究型大学艺术专业本科教育可以采取的对策很多,这里主要谈一点初步的改革建议:利用研究型大学的学科综合、科研和研究生教育资源去重建艺术专业本科教育。研究型大学的富于优势和特色的学科综合环境和发达的科研与研究生教育非但不是艺术专业本科教育的阻力,反而恰恰就是其取之不竭的优质资源和环境。要善于化"敌"为"友",把学科综合、科研和研究生教育都看作自身发展的资源和环境。应善于利用这种优质资源和环境,大力推进富于综合性研究型大学优势和

特色的艺术专业本科教育,保障和提高艺术创新人才培养质量。要实现这一目标,就需要改革现行的人才培养体系,积极推进从游式本科教育,着力培养知识的探究者。

我所设想的从游式本科教育,来自孔子创立的"从游"是教育传统与美国大学的探究式教育等当代成果的一种综合和转化。这应是一种让本科生在跟从导师和学长游学中分享学术体验、激活研究兴趣并培育创新能力的教育方式。这种教育方式旨在合理而充分地利用研究型大学的学科综合、科研和研究生教育的优质资源,让本科生在与导师和研究生及高年级学长的学术濡染中成才,逐渐地由知识的被动接受者转变为知识的探究者,不断提高学习能力、实践能力和创新能力,全面增强综合素质。这意味着要以从游式教学为中心重建综合性研究型大学艺术专业本科人才培养体系。这要求我们弘扬我国古代从游式教育的优秀传统,借鉴当代国际国内研究型大学重建本科教育的先进经验,合理而充分地利用研究型大学科研和研究生教育的优质资源,让本科生在分享学术传统中走向创新。

实施从游式艺术本科教育,作为"大鱼"的教师是关键角色。正像梅贻琦以"大鱼"和"小鱼"的关系所比喻的那样,教师对本科生的引领和示范作用十分重要。应采取有效措施促进教师特别是知名教授回归本科生课堂及课余学习环境中,重现"大鱼前导,小鱼尾随"的"从游"景观。还应在保障教师的基本权益的前提下,进一步对教师加强培训和提高,保障其本身的研究素质与教学能力不仅不致中断、萎缩,而且处在不断提升的过程中。他们只有这样才能有效地亲身带领学生从事从游式学习。

同时,我在教学实践中发现,同样重要的是被我称为"中鱼"的学长角色的传感、中介作用。作为介乎"大鱼"和"小鱼"之间的"中鱼",可以是研究生学长,也可以是高年级学长,甚至还可以是同年级同学。凡是在某方面比我强、比我有优势或特长的同学,都可以成为我随之从游、供我学习的"中鱼"。孔子有关"三人行必有我师焉:择其善者而从之,其不善者而改之"[1]的主张,其实早已蕴含这个道理。在研究型大学,本科生都应当树立这样的教学观念:他人就是我的"中鱼"。与早已著书立说、成名成家的教授"大鱼"有时可能高不可攀不同,"中鱼"正处在知识、

---

[1] 孔子:《论语·述而篇第七》,杨伯峻译注:《论语译注》,中华书局1980年版,第72页。

技能、想象力等的发展过程中，或者是正在某方面初显其特长，它仿佛在年龄和经历上距离"小鱼"更近或者遭遇的问题与"小鱼"相似，因而可以成为"大鱼"教学过程中的传感、中介环节。

除了高度重视教师"大鱼"的引领和学长"中鱼"的传感作用外，学校还应积极探索灵活多样的从游式本科教育机制和措施。各艺术学科专业需要根据本学科特点和实际情况，自主探索和选择探究性本科教育的具体措施。在这方面，《博伊报告》提供的多种现代大学培养方法值得借鉴，可以为研究型大学从游式教育提供多种有效的具体途径。下面是几点具体建议：（1）开设研讨课；（2）参加导师指导下的科研训练；（3）举办学术讲座；（4）通过读书报告会、学位论文开题会和答辩会等方式与研究生和高年级学长分享学术体验；（5）实行导师制、助教制和导生制。同时，鼓励开设综合性、开放性、研究性和设计性实验，构建立体化实验教学体系，引导学生着手设计实验；或深入校内外社会实践与实习基地从事学术实践或社会实践，开展形式多样的探究活动，形成有利于艺术专业本科生成长的实践教学环境。总之，建立学生与教师、学长共同参加的基于特定情境和实践课题的从游式教学环境，也就是形成本科生"小鱼"与教师"大鱼"和学长"中鱼"相谐"从游"的优质学术环境，对艺术专业人才培养十分重要。

在研究型大学开展从游式本科艺术专业教育，可以产生一种综合优势效应，即不仅把学科综合、科研和研究生教育资源有效地整合到艺术专业本科人才培养中，同时也反过来有利于各学科、科研和研究生教育加强其优质人才储备和实现可持续发展，开创本科教育与科研和研究生教育之间互动与共赢式发展新格局，因而应成为研究型大学提高艺术人才培养质量、促进艺术专业教育教学改革的一项基础性工程。孔子说"教学相长"，在这种从游式教学环境中，无论是承担引领使命的教师、起到传感作用的学长还是被引领和传感的学生，都能通过相互学习、激励与分享而让自己获得更好的发展。

结 语

以上所论，仅仅是有关中国"从游"式教育传统的现代性变革的一种初步尝试。大学是从游的故乡，大学是人在从游中濡染生活技艺并想象完整人的故乡。大学至少有三大功能：一是让青年、中年和老年在这片精神的故土亲密从游，就像小鱼在与大鱼和中鱼的自由戏水中成长；二是濡染生活技艺，具备专业素养和能力；三是开阔学术视野，想象未来完整人的生活。在这方面，综合性研究型大学更有其特殊优势。孔子曾为弟子设计出"志于道，据于德，依于仁，游于艺"的成长生涯规划，注重的是远大开阔的志向、扎实的道德依存、宽厚的仁爱之心及自由的游学心态的养成。英国哲学家、教育家怀特海（Alfred North Whitehead，1861—1947）在《教育的目的》中说过："大学存在的理由是，它使青年人和老年人融为一体，对学术进行充满想象力的探索，从而在知识和追求生命的热情之间架起桥梁。大学确实传授知识，但它以充满想象力的方式传授知识。"注意，大学是要以"充满想象力的方式传授知识"，想象力对大学生特别重要。这个西方观点可以同孔子的"从游"理念及其设计相互发明。我相信，艺术专业本科生只要懂得并善于利用大学的从游式教学环境和条件，就能在这新的自由的海洋中如鱼得水，在跟从"大鱼"、"中鱼"游学的过程中，顺利成长为想象的"大鱼"。

（原载《北京师范大学学报（社会科学版）》2010 年第 1 期）

艺术史的可能性及其路径

提出艺术史的可能性及其路径问题，不是由于我一时心血来潮或胆大妄为，而恰恰是出于一种迫不得已：一方面是新生的艺术史学科正陷入似乎难以走出的质疑漩涡中，另一方面则是我所服务的学术机构又偏偏正在建设它。由于这涉及我和同事们及其他同行工作的学术合法性及学术前景问题，因而不得不认真思考和辨析。我诚然尽力想做到旁观者那样的中立性和冷峻性，但毕竟很难与切身的学科体制环境和发展诉求分离开来。因此，这里只能暂且提出有关艺术史及中国式艺术史学科的一些不成熟、也不够客观的初步思考了。[①]

一、遭遇质疑的新生艺术史学科

首先应当提到我的一次个人亲历：2012年岁末的一天，在一个国家级学术课题选题论证会上，艺术学理论学科下属的艺术史学科初拟选题受到两三位美术史专家的尖锐质疑。他们提出的理由是，这些选题并非艺术学理论学科下面的艺术史学科能做的，而只有具体的艺术类型史学科如美术史、音乐史、电影史等才能做。那么，艺术史学科可以做什么呢？他们的言下之意是清晰可辨的：只有具体的艺术类型史学科，而不存在所谓普遍的艺术史学科。这里的艺术史，是指不同于具体艺术类型史的普通艺术史或一般艺术史，也就是指从理论上说能涵盖所有艺术类型历史的那种总

---

① 文本初稿为笔者在2013年9月8日北京大学艺术学院主办的"艺术史研究进路与前瞻"学术研讨会上的发言，随后陆续作了增补及修订。也曾在2013年11月2日清华大学美术学院艺术史论系建系30周年学术论坛及2013年12月21日南京大学艺术研究院艺术理论高峰论坛作过交流。特向主办方及与会同行致谢。

体艺术史。这样的艺术史概念是在2011年伴随艺术学成为独立学科门类、艺术学理论也随之升级为一级学科的状况下成为令人瞩目的热点现象的。从近两年来国内艺术学理论界的学术会议和论著中可以获知，人们已倾向于同意，艺术学理论学科下面应设艺术理论、艺术史、艺术批评、艺术管理与文化产业等二级学科或二级学科方向。但这种同意还多限于艺术学理论学科内部（尽管也存在质疑的声音），而一旦扩大到艺术学门所属的其它四个一级学科即音乐与舞蹈学、戏剧与影视学、美术学和设计学平台上，那么，质疑就相当激烈了。

如果说，这里提及的艺术学理论下面的其它二级学科或学科方向目前暂且还没引来多大争议的话，那么，争议最为激烈而又难以调和的，恐怕就数艺术史了。因为，与艺术理论、艺术批评、艺术管理与文化产业等二级学科本来就具有一种综合性、跨类型性或自由度，一般不会引来多少质疑相比，艺术史学科却应当被视为一门以具体的艺术类型史学科、特别是美术史学科为范本而兴起的新兴学科，它试图对若干具体的艺术类型史研究展开宏大的整合性研究，以期获取一种涵盖全部艺术类型史的宏阔的总体艺术史视野。果真如此的话，它的问题就显而易见了：一旦跨越其具体艺术类型史范本后该如何独立生长，确实有待于获取承认。也就是说，新生的艺术史学科目前急需争取学术界的身份确证，从而获取自身的学术合法性。如此，文本想探讨的是，艺术学理论一级学科下的艺术史二级学科如何可能的问题，以及相应的它的路径选择问题。

二、学科体制中的艺术史生产空间

正像人们已看到或亲历的那样，在艺术学理论学科正式建立以来两年多时间里，一面是全国艺术学理论界专家在艺术史研究领域已经和正在做出一些开拓性工作，一面是内部和外部都发出了质疑声浪。这其中引发质疑的关键点集中在两方面：第一，既然其它四个一级学科（即音乐与舞蹈学、戏剧与影视学、美术学、设计学）都已有自己的具体的艺术类型史，例如音乐史、舞蹈史、戏剧史、电影史、电视艺术史、美术史和设计史，难道还需要涵盖全部艺术类型史的总体艺术史吗？第二，与此相连的一个伴生性问题同样尖锐：当今世界，有谁能同时通晓涵盖所有艺术类型或兼跨两种以上艺术类型的艺术史呢？这两方面的问题合起来，无疑对艺术学理论学科下面正在建设的艺术史学科以及艺术学理论学科本身的合法性都构成了严峻的挑战，需要认真应对。

平心而论，这样的尖锐质疑在艺术学理论学科建立之初就产生，十分及时，值得欢迎。因为，它有助于人们从一开始就冷静地反思该学科本身的学理逻辑及其可能的合法性危机，进而找到真正符合该学科的学理逻辑的学术发展道路。从目前材料看，作为答辩方的艺术学理论学科专家们的自我辩护理由主要集中在两点上：第一，假如没有普遍性的艺术史概念，何来具体性的艺术类型史概念？君不见，如果不存在总体的人，何来具体的人；同理，假如没有总的美的概念，怎么能有具体的美的现象？也就是说，假如没有总的艺术概念，怎么能有具体的艺术类型概念？第二，诚然过去没有真正意义上的艺术史专家，但这不等于在现在和将来也不可能有！也就是不等于在学理逻辑上不可能有啊！

这两点辩护理由诚然已比较充分，但我以为还应补充更具社会依托性的一点理由，这就是现代性学科体制所开拓的学术生产空间。对此，英国社会学家安东尼·吉登斯（Anthony Giddens，1938— ）有关现代性社会制度的建立会引发社会变革及转型的见解值得重视。他认为，世界的现代性或全球化过程的鲜明特征之一是社会制度层面的"抽离化机制"（disembedding merchanism）的建立及其生成可能性。抽离化机制是指"社会关系从地方性的场景中'挖出来'（lifting out）并使社会关系在无限的时空地带中'再联结'"的状况。这种抽离化机制的建立，标志着世界的社会基层组织越来越趋向于消减地方特异性而增强全球同质化因素的整合力，从而导致一种社会组织层面的普遍一体化结构的建立。吉登斯进一步指出，抽离化机制的标志就是"抽象系统"（abstract systems）的建立，它由"象征标志"（symbolic tokens）和"专家系统"（expert system）两种类型组成。"象征标志"是指具有一定"价值标准"的能在"多元场景"中相互交换的"交换媒介"（如货币），而"专家系统"是指那种"通过专业知识的调度对时空加以分类的"机制，这些被调度和分类的专业知识有食品、药物、住房、交通、科学、技术、工程、心理咨询或治疗等若干系统。这些被分类管理的"专家系统"往往"并不限于专门的技术知识领域。它们自身扩展至社会关系和自我的亲密关系上"。也就是说，作为现代性社会制度的基础层次，"象征标志"和"专家系统"都独立于使用它们的具体从业者和当事人之上，依靠这种机制中内生的"信任"（trust）关系而发挥其社会生产及整合作用。[①]例如，当我们有病上医院诊治时，不必靠熟人关系，只要"信任"医院这一"专家系统"就行了。这就是说，由于这一整套"抽象系统"的建立，一种社会分工和运行层面的空间或可能性会随之展示出来，促使人们在其中不断探索、建设、调整和反思，令其释放可能的能量来。在这个意义上说，社会体制的建立就大约相当于社会生产力的预设和释放。

一旦用这种"抽离化机制"、特别是其中的"抽象系统"概念来衡量我们当前面临的艺术史难题，可以看到，正像具体艺术类型史的存在是出于现代性艺术学科体制的后果一样，艺术史的存在也应当是当前我国艺术学科体制调整的必然的后果之一，也就是属于一种现代性体制化后果。这种学科体制调整有可能产生一种学术生产空间，导致艺术史学科可以随即拓展、开辟或释放出自己的学术生产潜能来。可以设想，在随后的时间里，当越来越多的专家、特别是年轻学子相继投身于艺术史学科，该学科的空间会不断地获得接力式的探索和拓展。如此，艺术史的可能性会一步步地获得确证。这就是说，由于艺术史学科体制的确立和持续运行，目前尚处被质疑这一尴尬地位的悬而未决的艺术史学科，有可能逐步开放其学术空间或可能性。随着艺术史学科体制的持续建设，为什么就不能产生真正意义上的艺术史著作及艺术史专家等"产品"呢？

三、跨越艺术史概念的中西之别

还需要看到，艺术史学科的西方来源与中国语境的涵义确实存在不同，从而本身就容易引发概念上的争议和缠绕。长期以来，在英语世界，history of art 这个概念一般地或更多地是指狭义的造型艺术类型史即美术史，而不是指跨越单一艺术类型意义的涵盖多种艺术类型的总体的艺术

[①] ［英］吉登斯：《现代性与自我认同》，赵旭东、方文译，三联书店1998年，第19—20页。

史。而后者在从汉语翻译成英语时容易同前者相混淆。因此，为了区别起见，中国艺术史学科专家们在把中国特色的艺术史概念翻译成英语时，倾向于在 art 一词后面加上 s，以示这是复数意义上的艺术而非单数意义上的美术，从而就可以有 history of arts 这一专门用来描述中国式艺术史概念的英文表述。

这样做的原因来自中西有别的传统。在现代中国，艺术一词同美术一词已有其各自的约定俗成的含义：前者是指涵盖所有艺术类型的普通的艺术，后者是专指作为视觉艺术或造型艺术的美术。这种中西艺术学语汇的差异，直接导致了一个后果：我国美术学界一些专家所喜欢使用的艺术史概念，往往就是在后一种意义上使用的，艺术史就是指美术史，美术史就等于艺术史。这个表述和理解在西方语汇中没有问题，但到中国后就出现了混淆，也就是张法教授所说的"概念纠缠"。"可以看到，在当前学人的论述里，美术史也被冠之以艺术史，仅以 2009 年的文章为例，《艺术学的建构与整合——近百年来的西方艺术学理论与方法及其与中国艺术史研究》《考古学与艺术史：两个共生的学科》《中国艺术史学的发展历程及基本特征》《留学背景与中国艺术史的现代转型》[①]……这些文章里的内容都只涉及美术史，里面的'艺术'一词，内涵都是'美术'或仅是'绘画'。这一学术用语之混乱，主要是由中国艺术学与西方艺术学的演进史的差异和当前中国艺术学学科体系与西方艺术学学科体系的差异造成的。"[②] 诚然，或许这些中国美术史专家使用汉语词汇艺术史的本意确实就是指狭义的美术史，不过，我以为同样或许的是，他们中的一些前卫人士已经开始确信并主张，自己所研究的美术史就足以具备代表整个艺术史的品质或资格了，也就是具有足以包括音乐史、舞蹈史、戏剧史、电影史、电视艺术史、美术史、设计史、文学史、建筑史等在内的艺术史的普遍性或代表性了。至少有一点是可以推测的，在他们的心目中或无意识中，如今持续活跃的善于实验、跨界或跨媒介的当代美术界，或许本身就已足以代表整个艺术界的前沿或前卫了，因为它们就常常预示着整个艺术界的发展与变革

---

① 以上四文的作者及所载刊物依次为：常宁生，《艺术百家》2009 年第 5 期；曹意强，《美术研究》2009 年第 1 期；陈池瑜，《艺术百家》2009 年第 5 期；谢建明、张昕，《东南大学学报》2009 年第 5 期。

② 张法：《艺术学：复杂演进和术语纠缠》，《文艺研究》2010 年第 3 期，第 5—12 页。

趋向。如此，或许正是基于对美术创作界及相应的美术学科的高度自信，美术史家们在援引来自西方的"美术"及"美术史"概念时，才可以高度自信地或无意识地分别改译为"艺术"和"艺术史"后加以引用，以致遗忘或忽略它们之间的中西之别。

这种对中西之别的有意识或无意识的忽略，是一种可以理解的、具备合理性的学术现象，既体现了艺术史学科的历史，也揭示了它的现状和趋势，特别是展示了美术史家对艺术及艺术史的开放眼光和开阔胸襟。如此可以说，艺术史概念如今已有时被用来指从美术史这个原点出发而面向普遍的艺术类型史现象拓展的艺术史形态了。这种趋势难道不正可以理解为美术史学科内在地通向艺术史学科的一种迹象吗？

我在这里想探讨的是，当我国一些美术史专家已自觉地面向艺术史开放和拓展时，也就是当美术史已伸展到艺术史领域或自以为可以扮演艺术史角色时，作为普通艺术学领域的艺术学理论学科下设的艺术史学科，应当如何运行呢？因为，按照中国艺术学升门后的现行学术格局来看，作为一级学科的美术学下面会设立二级学科美术史（当然，在艺术学门类里还会有更多：音乐学、舞蹈学、戏剧学和电影学等分别会有音乐史、舞蹈史、戏剧史、电影史）；同理，作为一级学科的艺术学理论学科下面也会设置二级学科艺术史。前者一般是专指美术学领域的单一的美术类型史，后者则是指跨越单一艺术类型的可以涵盖所有艺术类型的普通艺术类型史。如此，作为单一艺术类型史的美术史学科与作为普通艺术类型史的艺术史学科之间究竟有何关系？这实在是当前我国艺术学门遭遇的一个突出的前沿性问题。其实，不仅美术史领域，而且音乐史、舞蹈史、戏剧史、电影史、文学史等领域也已经和正在出现面向艺术史的拓展趋向。这时，艺术史本身何为？这个问题如果不能得到合理的解答，那么，艺术史学科的发展前景势必不明朗。我想说的是，所有这些来自具体艺术类型史领域的面向总体的艺术史学科拓展的迹象，有理由视为艺术史学科赖以勃兴的可能性的萌芽。

其实，还有一点也是应当重点关注的，这就是中国古代至现代有关各门"文"之间、各种"艺"之间、以及"文"与"艺"之间、乃至文史哲等人文学科之间由来已久的相互汇通传统。正是这种中国式古今学术汇通传统，有可能把艺术史学科指引到一种中国特色的艺术学科发展道路上，如此，将有可能通向一种全球化学术语境中的中国式艺术史学科的建立。这虽然可能只是一种未来的学术共同体远景，但当下的自觉意识和初步的路径探索工作是必要的。

四、探索中的中国式艺术史学科路径

诚然，从理论上讲，中国式艺术史学科的合理途径可能有若干条，但限于我自己的视野和能力，这里就暂且只能尝试谈论。

在探讨艺术史学科的可能路径时，首先应冷静地理解我们的人文学科今天所处的特定全球学术语境状况。第一，传统本质主义及形而上学思维早已解体，人们很难为宏大的、包罗万象的有机整体的学术研究找到统一的学术支点了。第二，跨学科已成为当前学术研究的一种常态现象。第三，跨界或跨媒体已成为当代艺术创作的通常景观。第四，基于国际互联网这一媒介网络的学术探讨已出现了一些新情况，例如双向互动、去时空化、个人化等。这些情况会对艺术史乃至整个艺术学科研究构成这样那样的深远影响。置身在这样的以碎片化、跨学科、跨媒介和基于互联网的学术圈等为鲜明特征的学术语境中，我们诚然无处可逃，别无选择，但也可以对各自学校、学科点及学者自己的具体的艺术史工作方式有所自觉和有所选择。我在这里想指出下面的几个方面或层面。

首先，是基于普通艺术学视野下的单一类型的艺术史研究。这可能就是一种属于最低限度或层次的艺术史概念。它要求从普通艺术学的跨类型视野出发去观照单一艺术类型的历史演变，也就是把具体的单一类型艺术史如中国美术史、中国电影史置放到艺术史的宽厚视野中去综合地审视，甚至做跨学科审视，尽力体现艺术史对于类型艺术史个案的宽厚渗透力。

同时，艺术史还意味着多种类型艺术史观念或思想之间的打通研究。这就是从跨类型艺术史现象中提炼出一种或多种共通的艺术史观念、范畴或主题，由此展开不同艺术类型历史的通串式研究。例如，浪漫主义、现实主义、现代主义或后现代主义艺术观念在不同的艺术类型及其历史中的演变。

再有就是两种或两种以上艺术类型的历史的比较研究，可称为比较艺术史。例如，把中国音乐史与中国戏曲史结合起来加以比较，或把某种宗教音乐史与其绘画史结合起来比较，或把当代电影史与当代文学史加以比较。这样的两种或两种以上类型的艺术史比较研究，或比较艺术史研究，应有可能成为艺术史学科的一种常态。

假如出现一种跨越多种艺术类型的艺术史整合研究，我们不应当奇怪或吃惊。从理论上讲，这样的容纳广泛的跨类型艺术史研究是合理的和可以期待的，尽管从现实角度看这样的可行性还比较小。因为，现有的道理似乎显而易见：一个艺术史学者一生的智力结构和精力都很难允许他完成两种以上艺术类型的历史的整合研究，尤其是在当今早已丧失掉黑格尔式宏大辩证法体系的情况下。不过，这样的艺术史著作，事实上早在作为艺术学理论一级学科下面的二级学科艺术史正式设立之前30年，便已赫然出现了：这就是李泽厚先生的《美的历程》（1981）。正如叶朗先生早就准确地评价的那样："通过对历史上各个时代的文学艺术作品的研究来概括各个时代的审美意识的特征和变化，这是艺术史的任务。艺术史（包括文学史）本来不能限于只是记录历史材料或者只是对古代艺术家、艺术作品进行品评，而应该研究各个时代艺术作品所表现的审美意识。只是我们过去的艺术史著作往往缺少这方面的内容。李泽厚的《美的历程》是填补这一空白的一部著作。"[①]如果说，李泽厚当年撰写此书时得益于其时残存的黑格尔式宏大叙事之功（当然不仅如此），那么，今日学者再来撰写此类著述，想必添加了颇大难度。我想展望的是，假如不久的将来真的出现这样的跨类型艺术史著作，即使是凤毛麟角，也应当是可以期许的。

于是，我们看到，艺术史可以同时呈现至少四个层面的可能性，也就是一种多层面艺术史研究构架有可能出现。这种多层面艺术史研究构架可以包含如下四个层面：一是普遍性视野中的单类型艺术史研究，二是多种类型艺术史观念比较研究，三是两种类型艺术史比较研究，四是跨类型艺术史整合研究。

与艺术史研究路径的多层面相应，不同艺术学科环境下的艺术史学科，可以走彼此不同的道路，形成彼此有所差异的学科特色，正像俗语所谓"一方水土养一方人"所表述的那样。从当前我国艺术学科建设的具体

[①] 叶朗：《关于中国美学史的几个问题——〈中国美学史大纲〉绪论》，《学术月刊》1985年第8期，第44页。

环境出发考察，艺术史的学科特色似乎可以有如下几种：第一，单科宽厚路径。这是指单科艺术院校艺术史学科的基于具体艺术类型史的宽厚研究路径，就是运用艺术史宏大视野去考察具体艺术类型史个案。第二，学科群内通路径。这是指音乐与舞蹈学科、戏剧与影视学科下面的艺术史学科内部的打通研究路径，主要是将具体艺术类型史与同一学科群中的相邻艺术类型史作比较研究。第三，全科综合路径。这是指全科艺术院校艺术史学科的基于全科艺术类型史的全科综合之路。这种路径在目前看难度颇大，需要有限度地尝试，逐步摸索和积累经验。第四，艺文综合路径。这主要是针对综合大学、师范院校或理工科大学等高等教育机构的艺术史学科来说的，是指基于艺术学科与人文学科及理工科的综合学科环境下的艺术通识及打通之路。这里的艺术史学子可以借助文理综合的通识性学科环境去拓展艺术史专题研究。

这四条路径同前述四个层面一样，各有其空间和潜力，不分高低优劣，需要尽力伸展各自的可能性及其特色。而具体的艺术史专家及学人，也完全可以根据自身条件和兴趣去自主地选择合适的研究路径。

五、北京大学艺术史学科路径选择

我所服务的北京大学艺术学理论学科下的艺术史学科何为？首先需要认真思考自身的特定学科土壤和传统，这就是北京大学校情及其对艺术史学科的涵濡作用。与单科艺术院校和全科艺术院校自有其艺术类型学科的丰厚土壤不同，北京大学拥有的学科优势集中表现为文史哲学科的百余年优厚传统以及文理综合的学科环境，这样的得天独厚的学科优势可以为艺术史学科注入宽厚人文视野及跨学科综合资源。这种宽厚人文视野及跨学科综合资源有助于运用文史哲贯通及跨学科综合手段去解决艺术类型史个案问题，从而产出艺术史研究产品。这样看，北京大学艺术史学科需要在同美术学、设计学、音乐与舞蹈学、戏剧与影视学领域下的艺术类型史专家展开持续的相互交流的同时，专心致志于锤炼自身的基于宽厚人文视野及跨学科综合视野下的艺术史研究特色及个性。

这种研究特色及个性集中表现在，要在北京大学特有的宽厚人文视野及跨学科综合视野下从事艺术史现象的个案分析或打通分析。在这里，可以注意到现有的下面四条路径。

一条路径属于实地调查与跨学科纵深分析之间的汇通。李凇（松）教授的《中国道教美术史》第一卷以历史发展为顺序，涵盖从前道教的战国时期到清代的道教发展历程。它以实地调查为主要方法，依据现存实物并结合历史文献展开研究，尤其注重第一手新材料的采集和分析，将材料描述与分析研究结合起来，既突出资料的完整性和新鲜性，也强调研究的深度。"就是以实物材料为中心，从考古学的角度出发寻找材料、鉴别材料、归纳材料，从宗教学、民俗学、思想史的角度理解材料，从美术史的角度建构和解读材料。"[1]这样的道教美术史研究本身就带有一种跨学科视野，涉及道教史、中国美术史和中国考古史三个学科的汇通，还牵涉到佛教史、民俗学、神话学、文献、文字和版本学等领域。如此，这种跨学科、宽厚视野中的美术史，就实际上应当具有艺术史特质、至少是通向艺术史了。它体现的是一种冷实而贯通的艺术史家品格，也就是冷峻而务实，深沉于具体个案中而又实现贯通。

另一条路径属于艺术观念思考与艺术品体验之间的汇通。这可从朱良志教授的《南画十六观》透出。该书共16章，先后聚焦于16位画家，依托他们的作品和艺术活动分别探讨关系文人画全局的一个核心问题，如从明代画家陈洪绶讨论"高古"，从倪云林讨论"幽绝"，从沈周讨论"平和"等。"沈周是在平和里，去寻觅'好生涯'，寻找自己的心灵安慰。平和，不是淡然无味的平淡，它包含着冲突，是一种将冲突化解后的心灵平衡。沈周平和的艺术风格，释放出的是一种人生态度，那种淡去历史风烟、重视当下体验的态度，脱略尘世烦恼惟求性灵平衡的态度。沈周艺术的淡淡风情，从生命的感伤中透出。"[2]进一步追究"平和"的来由，朱良志拈出"兴"字，强调沈周对中国诗学与美学中感兴传统的传承，而正是这一传统促使他创造了"语语都在目前"的画风。朱良志由此对沈周的地位和贡献做出新评价："将绘画变成实在情景的记录——不是记录具体生活经验，而是写当下生命体验，这是沈周对中国画的重要贡献。中国绘画

---

[1] 李凇：《中国道教美术史》第1卷，湖南美术出版社2012年版，第1页。
[2] 朱良志：《南画十六观》，北京大学出版社2013年版，第144页。

史上，在他之前还没有人像他那样，将具体的生活作为绘画的主要表现形式。"①当然，或许朱良志教授在此并非有意识地运用艺术史视野去透视，而更可能体现的是其美学眼光，但在我看来却已经实际上呈现出一条独特的艺术史路径了。如此品评下来，这16位画家就好比16个视点，可透视文人画的不同审美维度，叩探文人画中人的丰厚的内在精神气质及其传承轨迹。这透露出一种温润而通达的艺术史家品格。

还有一条路径是从专题史角度对艺术类型通史展开系统研究。这主要体现在李道新教授的《中国电影批评史（1897—2000）》《中国电影文化史（1905—2004）》与《中国电影史研究专题》《中国电影史研究专题2》《中国电影：国族论述及其历史景观》等著述中。《中国电影批评史（1897—2000）》在对批评和批评史的辨析中颇为自觉地表述了电影批评观及电影批评史观问题："中国电影批评是一个发展的、联系的整体，并在其共时性和历时性的层面上体现出可以把握的规律性。由于电影本身所固有的审美属性、娱乐属性和文化传播属性，我们还应该充分观照中国电影批评的艺术批评、观众批评和意识形态批评等批评范式，尤其应该找到并鼓励这些批评范式在同一语境中的共生。只有这样，我们才会在我们已经选定的历史观和电影观中，通过写作，抵达我们预设的电影批评史观。"②他据此提出了独特的中国电影批评史的分期方法，即九时期和三阶段之说。《中国电影文化史（1905—2004）》同样在对文化和文化史的辨析中更为自觉地讨论了电影文化观及电影文化史观，并在此基础上将两岸三地一个世纪以来的中国电影文化史整和在一起。《中国电影：国族论述及其历史景观》则选取国族论述的理论话语，从历时性角度对中国电影的传播制度、生产关系、类型特征、空间想象、叙事观念及其地域整合、族群记忆和国家构建等命题进行了专门的分析和论述。③对此电影史编撰思路及其效果，人们自可以见仁见智，但毕竟已可从中初见专题史与电影史贯通的立场和特色，从而可发现艺术史编撰的一条可行之道。

---

① 朱良志:《南画十六观》，北京大学出版社2013年版，第150页。
② 李道新据此提出了独特的中国电影批评史的分期方法，即九时期和三阶段之说（李道新1—14）。《中国电影文化史（1905—2004）》同样在对文化和文化史的辨析中更为自觉地讨论了电影文化观及电影文化史观，并在此基础上将两岸三地一个世纪以来的中国电影文化史整合在一起。李道新:《中国电影批评史（1897—2000）》，中国电影出版社2002年版，第1—11页。
③ 李道新:《中国电影批评史（1897—2000）》，中国电影出版社2002年版，第4页。

远近幽深
——艺术体验、修辞和公赏力

最后，还有一条路径属于中西艺术史比较研究。彭锋教授于2013年秋在美国美学年会上做了一个题为"通向真实：中国当代艺术的进程"的报告。他从丹托和贝尔廷关于当代艺术的定义出发，指出北美和西欧的当代艺术没有历史，因为它们没有历史所需要的起点和发展进程。根据丹托的观察，在北美和西欧或者后现代主义国家，当代艺术没有明确的起点，当代艺术与现代艺术的边界不清，现代艺术向当代艺术过渡时没有口号，也没有革命。同时，当代艺术没有历史发展所需要的进步。进入当代艺术之后，不断演进的艺术史终结了，艺术进入了它的后历史阶段。后历史阶段的艺术就是没有历史的艺术。东欧或者后社会主义国家的情况有所不同。东欧的当代艺术有明确的起点，有口号和革命。但是，东欧的当代艺术也没有历史，因为它们没有历史发展所需要的进步。由于东欧国家采取了激进的革命，它们的当代艺术在革命之后迅速融入后现代主义国家的洪流之中，成为后历史阶段的艺术。中国既不同于后现代主义国家，也不同于后社会主义国家。与后社会主义国家的当代艺术一样，中国当代艺术有明确的起点，在改革开放之后才有当代艺术。但是，中国的社会变革没有采取激进的革命形式，而是采取了渐进的改革形式，因此给当代艺术的发展或者进步提供了空间。中国当代艺术处于逐渐发展的历史进程之中，它没有像东欧的当代艺术那样在革命成功之后迅即融入北美和西欧的后历史阶段的艺术之中。中国当代社会的特有形态，使得中国当代艺术具有不断演进的历史。[1]这体现了他的一种跨国艺术史比较研究视野。

北京大学艺术史学科的可能路径当然不只这四条，它们只是举例而已；同时，它们也自有其不同的成熟度、学术特色及学术个性；更要紧的是，它们的研究者本人及其他同行未必都完全同意这些研究被我归入艺术史研究中。尽管如此，在我看来，这四种研究成果及其路径已经足以给艺术学理论学科下属的艺术史学科的开拓提供有益的启示了。在像北京大学这样的综合大学的艺术学理论学科下面从事艺术史研究，尤其需要注意的可能是处理专与通的关系。专，是指专注于单一艺术类型史个案的研究；通，是指运用通识视野去打通单一艺术类型史个案与其它相邻艺术类型史个案之间的联系，以及更加宽厚的艺术史个案同其它人文社会科学个案之

---

[1] Peng Feng, "Paths to the Real: The Processes of Contemporary Art in China," *Journal of Literature and Art Studies*(forthcoming).

间的联系，从而形成专与通之间的交融。

具体地看，综合大学艺术史学科可以自觉地追求与单科艺术院校、全科艺术院校等艺术机构有所不同的学科特色：其一，自觉的跨学科贯通，就是善于运用跨学科方法去解决具体艺术类型史个案问题；其二，多种类型艺术史的通串，就是在两种或两种以上艺术类型史之间展开比较或融通；其三，独到的史家见识，就是注重基于具体艺术类型史个案研究的独特的史家见地的表达；其四，独特的史家个性建树，就是最终确立艺术史研究者的独一无二的史家个性。

其实，到后两种情形出现时，艺术史研究究竟是出自哪种艺术学科机构、环境、层面、类型、乃至哪条路径，已不再是真正重要的了。真正重要的还是独特的史家见识和史家个性的建树本身。因为，它们对任何真正成熟的或杰出的艺术史研究来说，肯定都是不能少的。正像攀登珠穆朗玛峰可以分别选择北坡和南坡一样，杰出的艺术史研究成果之间完全可以跨越具体的路径差异而在学术顶峰上达到相互汇通。在未来某个时期，当中国式艺术史学科发展到一定时段时，出现若干能体现该学科的学理逻辑和学术空间的天才式人物，当是可以期许的。

不过，话说回来，对于当前中国式艺术史学科来说，真正重要的与其说是艺术史学科的宏大构想本身，不如说是艺术史的大胆而又谨慎的探索性实践。正是艺术史的探索性实践，才可能真正为艺术史学科发展前景提供具有可信度和示范性的实践案例。在这方面，不仅现有的艺术类型史诸学科，如美术史、音乐史、舞蹈史、戏剧史、电影史、电视艺术史和设计史可以提供，而且艺术类型理论学科，如美术理论、音乐理论、舞蹈理论、戏剧理论、电影理论、电视艺术理论、设计理论等也可以提供，甚至还有艺术学科门类之外的其它相关学科门类，例如文学门、历史学门、哲学门、经济学门、法学门、理学门、工学门等，也完全可以提供。

当然，我这样说，与其说是一种客观、冷静的艺术史学科论证，不如说更是、而且首先是面向自己及其他可能的同道（同辈或后辈）发出的对目前还需要证明的艺术史学科的一次实践性预约而已。若干年后，那些探索性实践案例想必会无言而肯定地讲述着中国式艺术史学科的故事。

（原载《文艺理论研究》2014年第4期）

破解当前中国艺术学的学科性争论[1]

在当前我国推进人文社会科学和哲学社会科学发展的特定背景下,讨论艺术学的学科发展问题,对艺术院校和艺术学科的发展是必要的,既具有理论上的意义、更具有实践价值。多年以来,我国高等艺术教育界或艺术学界存在着两支基本队伍:一支长于艺术创作与表演并传授其相关技能及理念,而很少涉足艺术史论(即艺术理论与艺术史的简称);另一支则长于艺术史论研究及教学,而基本不涉足艺术创作及表演。随着艺术学学科及专业的快速发展,艺术类人才培养规模及数量的迅速增长,这两支队伍也不断壮大,都成为中国艺术学界不可或缺的主导性力量。但也正是在此过程中,这两支队伍的相互关系却变得微妙起来:谁才是艺术学的学科发展的主导力量?例如,是艺术家还是艺术史论家?特别是随着艺术学于2011年成功升级为独立学科门类,有关其学科性的理解居然出现两种针锋相对的观点:一种认为艺术学的学科性主要体现在艺术理论与艺术史方面,也就是通常简称的史论方面,而艺术创作及表演不能叫作艺术学。据此推论,仅仅通过例如绘画创作而获得的"画博士"由于缺乏应有的学术含量,不能叫真正的博士。另一种观点则认为艺术学的学科性主要体现在艺术创作及表演上,所以不搞史论而只搞创作及表演也可以创造出学术来。或许是要为后一种观点提供理论依据,有专家甚至亮出"艺术创作本身就是学术"的新论。

近两年来甚至出现一种怪现象:有的一级艺术学科专家呼吁把史论从本学科请出去,合并到艺术学理论一级学科中去,而自身只留下创作与表演。这种做法理所当然地受到该一级学科内部史论专家的反对。这两种观

---

[1] 本文原为由教育部社会科学研究司主办、中国美术学院于2014年12月25日承办的首届"全国艺术院校哲学社会科学发展论坛"的主题发言,此次发表有修订和扩充。

点何去何从？面对这样的学科性争论，艺术学界确实需要应对，而应对的前提则是辨别艺术学的学科性特质。

问题就在于，当前中国艺术学的学科性及其评价标准至今没有得到来自学科体制的明确认知和规范化，从而上述争论不仅不能得到及时平息，而且日渐牵扯出一些深层次矛盾和问题，引发艺术院校及其学科专业内外的种种质疑和争论，也给其师生业绩评价及教师职务晋升等带来消极影响。因此，现在来探讨艺术学的学科性及其评价问题，对破解至今仍困扰艺术学学科的那些深层次矛盾和问题，是有积极意义的。不过，有鉴于这个问题本身的丰富性和复杂性，想必不应当谋求唯一正确或权威的解答，而是应当允许不同的眼光、不一样的阐释和开放的结论。①

一、艺术学的学科水平现状

探讨当前中国艺术学的学科性问题，本身就意味着一种理论与实践视点：艺术学已到从人文社会科学发展高度去衡量和发展自身的学科性的时候了。这个观点本身蕴含着艺术学的学科性的多重可能性。可能性之一：未获学科资格，需入学科之门；可能性之二：初具学科资格，但需提升；可能性之三：已具备学科资格、甚至拥有与文史哲专业相等的实力；可能性之四：少数已具备学科资格，但多数未具备；可能性之五：多数已具备学科资格，但少数未具备。就上述五种可能性而言，哪一种或哪几种符合艺术学的学科水平现状呢？我个人认为，除了一和三是可能性极小外，其余三种可能性，则应当是可能性最大及较大的。当然，判断是可以开放的或多元的，但无论如何，有一个问题是存在的，这就是如何从学理上并且在何种程度上确认艺术学属于人文社会科学的学科资格？换言之，如何确认艺术学究竟只是艺术创作与表演技巧的教育园地，还是人文社会科学学科场域的一部分？

通常说的艺术，也即艺术创作、艺术表演及其作品本身，是不直接具

---

① 本人来自综合性大学的艺术学院，而不是来自艺术院校，更不是毕业于艺术院校艺术学本科专业，从而缺乏艺术创作及艺术表演的一技之长，所以，我在这个问题上的发言，就可能有着难以克服的自身局限。这是需要首先申明的，并且愿意值此机会就教于各位行家。

备学科性或学术性的,至多只是内含一定的学科性潜质而已。总体看,这些由艺术创作、表演及其作品组成的艺术,本身是包含有一定的学科纹理的,宛若天然大理石本身就生长的那些纹理之美,有待于按照现代学术体制下运用专门知识体系去加以学理性概括或总结,形成真正的学科成果或学术成果。单就艺术创作、表演及其成果艺术品来说,艺术是不能被简单地称作学科或学术的。只有当艺术被加以学理性总结、概括或反思,并且以相对规范和系统的知识形态面向后代群体加以传承时,也就是成为可以代代传递的艺术教育经验学科及艺术史、艺术理论与艺术批评等知识学科形态时,它才凸显其应有的学科性品质来。

因此,艺术本身不等于艺术学,而只是具备一定的艺术学的学科纹理的艺术学研究对象。艺术学之所以被视为人文社会科学的一部分,应当是基于如下认知:与艺术活动是人文社会科学的研究对象不同,艺术学具备双重或多重特质:既在其艺术创作、表演及其成果艺术品等环节上可以成为人文社会科学的研究对象,同时又在其艺术教育、艺术理论批评及艺术史等环节上可以成为人文社会科学的研究主体或研究组成部分本身。

二、艺术的学科性潜质

上面所指出的艺术的学科性潜质即学科纹理,本身还需要加以论证。艺术创作、表演过程及其作品本身,也就是人们通常所说的艺术,怎么可能本身就具有学科性潜质即学科纹理呢?不妨还是按艺术创作、表演及艺术品的顺序做出简要分析。

艺术创作在中外历来被视为一种交织着某些特殊的精神属性的心理过程,例如灵感、天才、想象等。柏拉图早就对灵感提出了如下经典看法:"凡是高明的诗人,无论在史诗或抒情诗方面,都不是凭技艺来做成他们的优美的诗歌,而是因为他们得到灵感,有神力凭附着。科里班特巫师们在舞蹈时,心理都受一种迷狂支配;抒情诗人们在做诗时也是如此。他们一旦受到音乐和韵节力量的支配,就感到酒神的狂欢,由于这种灵感的影响,他们正如酒神的女信徒受酒神凭附,可以从河水中汲取乳蜜,这是她们在神智清醒时所不能做的事。抒情诗人的心灵也正像这样的,他们自己也说他们像酿蜜，飞到诗神的园里，从流蜜的泉源吸取精英，来酿成他们的诗歌。他们这番话是不错的，因为诗人是一种轻飘的长着羽翼的神明的东西，不得到灵感，不失去平常理智而陷入迷狂，就没有能力创造，就不能做诗或代神说话。"① 与这位古希腊哲人把诗歌创作归结为艺术灵感的神奇作用相近，中国的文论家刘勰标举"神思"之说："文之思也，其神远矣。故寂然凝虑，思接千载；悄焉动容，视通万里；吟咏之间，吐纳珠玉之声；眉睫之前，卷舒风云之色；其思理之致乎！故思理为妙，神与物游。"② 文学创作的"神思"过程不仅"思理为妙，神与物游"，而且"神用象通，情变所孕"，"登山则情满于山，观海则意溢于海"，③ 情感、形象或意象等都在灵感的瞬间充溢于内心。现代美学家朱光潜先生也承认艺术创作中灵感的作用，但对其尽力做合理的解释："灵感大半是由于在潜意识中所酝酿成的东西猛然涌现于意识。"④

艺术家的天才和想象力的作用同样不容否认。继康德在《判断力批判》里规定了艺术家的天才及其想象力的特殊的创造作用之后，黑格尔指出："最杰出的艺术本领就是想象。……想象是创造性的。"⑤ 法国哲学家狄德罗也指出："想象，这是一种素质，没有它，人既不能成为诗人，也不能成为哲学家、有思想的人、有理性的生物，甚至不能算是一个人。"⑥ 当然，对艺术创作心理过程不能神秘化，它们应当是艺术家长期生活体验和积累的结晶。正所谓"长期积累，偶然得之"。"这种偶然得之是建筑在长期的生活和修养基础上的。从司空见惯的东西中，唯独天才的艺术家才能够发现美、创造美。"⑦

如果上面对艺术创作过程中灵感、天才及想象力等精神要素的作用的阐释有一定的合理性，那么，不难理解，正是这些植根于人类生活体验并

---

① ［古希腊］柏拉图：《伊安篇》，《文艺对话集》，朱光潜译，人民文学出版社1963年版，第8页。
② 刘勰：《文心雕龙校注》，范文澜校注，人民文学出版社1958年版，第26页。
③ 刘勰：《文心雕龙校注》，范文澜校注，人民文学出版社1958年版，第78页。
④ 朱光潜：《文艺心理学》，《朱光潜全集》第1卷，安徽教育出版社1987年版，第397页。
⑤ ［德］黑格尔：《美学》，朱光潜译，《朱光潜全集》第13卷，安徽教育出版社1990年版，第343页。
⑥ ［法］狄德罗：《狄德罗美学论文选》，徐继曾译，人民文学出版社1984年版，第161页。
⑦ 周恩来：《在文艺工作座谈会和故事片创作会议上的讲话》，《周恩来选集》下卷，人民出版社1985年版，第337—338页。

远近幽深
——艺术体验、修辞和公赏力

伴随人类生活体验而加以演进的人类精神要素，本身就携带有人类对自身的现实社会生活的特定体验和理解，而后者正可以成为人类学术研究的对象。学术研究不外乎是人类对自身的社会生活进程加以学理性概括或理性化理解的过程及其集中成果。正是在艺术创作本身属于人类精神要素相伴随的过程这一意义上可以说，艺术创作蕴含着一定的学科纹理。

说到艺术表演，应当关注的是音乐、舞蹈、戏曲及戏剧等艺术类型在其艺术表演过程中所体现的学科纹理。这些通常被称为表演艺术的艺术类型，其艺术品质及其成就在很大程度上依赖于表演过程本身。特别是中国传统音乐、舞蹈和戏曲中演员的表演，本身就具有独特的艺术创造性和艺术品位，蕴含着独特、微妙而又丰厚的人类精神价值。现代美学家宗白华相信，舞蹈创作发源于舞蹈家内心的"感兴"冲动，而正是在这种冲动支配下，舞蹈家沉入自己的独创境地："尤其是'舞'……它不仅是一切艺术表现的究竟状态，且是宇宙创化过程的象征。艺术家在这时失落自己于造化的核心，沉冥入神，'穷元妙于意表，合神变乎天机'（唐代大批评家张彦远论画语）。'是有真宰，与之浮沉'（司空图《诗品》语），从深不可测的玄冥的体验中升化而出，行神如空，行气如虹。在这时只有'舞'，这最紧密的律法和最热烈的旋动，能使这深不可测的玄冥的境界具象化、肉身化。"[①] 中国传统戏曲更以演员的形体表演为媒介，把唱、念、做、打作为其塑造艺术形象的基本手段，从而其中演员的角色、行当、动作和唱腔等都有一些固定的程式，往往依靠演员的特定表演动作而暗示某种实物或情境的存在以构成其特有的虚拟性。正是由于这种演员表演的特殊性，即使是把同一脚本交由不同的演员去分别表演，都会产生不同的美学效果。因此，京剧、昆曲等传统戏曲里的名角如京剧四大名旦（梅兰芳、程砚秋、尚小云、荀慧生）及其艺术成就，就具有了某种带有鲜明而独特的中华民族特征的精神价值内涵。而现代话剧、电影、电视剧、歌剧、舞剧、流行音乐、音乐剧等艺术样式中的演员，也通过自己的表演而在不同程度上体现出某种独特或普遍的精神价值内涵。由此看来，艺术表演之所以被视为具有学科纹理的艺术过程，也是由于这一过程本身可能蕴含某种人类精神或民族精神价值，正像艺术创作过程一样。

---

① 宗白华：《美学散步》，上海人民出版社1981年版，第79页。

至于艺术品的学科纹理，则可供谈论的就更是千姿百态、丰富多样了。艺术品总是由具体的符号形式系统构成的，具有符号性。而这种符号性又总是可以让观众直觉到活生生的艺术形象，从而具有形象性。无论是符号性还是形象性，都是可以指向人类精神的表达的，具有精神性。艺术的精神性，是指艺术具有通过符号形式和形象系统而传达人类心灵的丰富性和深刻性的特性。黑格尔说："感性观照的形式是艺术的特征，因为艺术是用感性形象化的方式把真实呈现于意识。"① 艺术通过符号形式和形象系统去反映现实生活，激发观众的意识反应，这是对艺术的基本要求。"艺术的作品不是叙述，而是用形象、图画来描写现实。"②

当然，艺术品在其符号性、形象性和精神性三者之间，具有越来越不确定的特点。相对确定的是其符号性，这是指作为艺术创作或艺术表演的结晶的艺术品，本身已经具有了大致固定的符号形式状态，例如王羲之书法《兰亭序》、范宽绘画《溪山行旅图》、王实甫剧本《西厢记》、曹雪芹小说《红楼梦》等，其形式和意义都是大致成形的和不变的。而相对不确定的是，不同时代的观众或同一时代的不同观众都会从这些艺术品中产生各自不同的形象鉴赏体会，无法求得完全的确定一致，尽管其中难免会形成一些共同感受。不妨以贾宝玉眼中的林黛玉形象为例："宝玉早已看见多了一个姊妹，便料定是林姑妈之女，忙来作揖。厮见毕归坐，细看形容，与众各别：两弯似蹙非蹙胃烟眉，一双似喜非喜含情目。态生两靥之愁，娇袭一身之病。泪光点点，娇喘微微。闲静时如娇花照水，行动处似弱柳扶风。心较比干多一窍，病如西子胜三分。"③ 这段有关林黛玉形象的小说描写，虽然其语词及语句是相对确定的，但在读者头脑里激发的艺术形象中就包含太多的不确定因素了。诸如"似蹙非蹙胃烟眉"、"似喜非喜含情目"、"态生两靥之愁"、"娇袭一身之病"、"娇花照水"、"弱柳扶风"、"心较比干多一窍"及"病如西子胜三分"等究竟是什么样，不同的读者心里所生成的画面会是彼此不一样的，往往是"悠悠心会，妙处难与君说"（张孝祥《念奴娇·过洞庭湖》）。

---

① ［德］黑格尔：《美学》第1卷，朱光潜译，商务印书馆1979年版，第129—130页。
② ［俄］高尔基：《同进入文学界的青年突击队员谈话》（1931年），《文学论文选》，孟昌等译，人民文学出版社1958年版，第133页。
③ 曹雪芹、高鹗：《红楼梦》（上册），人民文学出版社1982年版，第50页。

但无论上述符号性和形象性如何确定或不确定，都必须承认，它们可以进而把观众指引到独特而又丰厚的人类精神性世界之中。按照黑格尔的美学体系，人类理念在其辩证运动过程中，先后通过在自然、社会和艺术中的不同显现，终于会在作为人类精神的完美表达的艺术品中达到其辉煌的顶点，产生人类精神的最丰富和最令人感动的成果。正是在艺术品中，人类理念完满地显现自身的本质。同时，艺术品的人类精神性呈现的一个结晶，正是艺术家"独创性"或"个性"的呈现："艺术家的独创性不仅见于他服从风格的规律，而且还要见于他在主体方面得到灵感，因而不只是听命于个人的特殊的作风，而是能掌握一种本身有理性的题材，受艺术家主体性的指导，把这题材表现出来，既符合所选艺术种类的本质和概念，又符合艺术理想的普遍概念。"[①]富有独创性的艺术品必然充溢着人类精神性品质。正如别林斯基说："在真正诗的作品里，思想不是以教条方式表现出来的抽象概念，而是构成充溢在作品里面的作品灵魂，像光充溢在水晶体一般。"[②]其实，不仅真正的诗歌作品，而且所有真正富于审美价值的艺术品都应当"充溢"人类精神性光芒。有鉴于艺术品透过其符号性、形象性和精神性而可能蕴含人类精神探索成果，因此可以被视为人类学术研究的当然对象，从而蕴含学科纹理。

由上所述，艺术创作、表演及其作品蕴含了人类精神要素及其成果，因而具备了学科性潜质或学科纹理，其形式和意义在不同时代的不同群体及不同个人中都会有不同的呈现，因而逐代更新、逐一传承，这又会产生或携带特定时代、特定个人的社会生活所可能赋予的新内涵，需要因时因地因事因人而论，从而具有不可回避的历史性和多样性。同样重要的是，由于特定的艺术才华和技能、特别是中国传统艺术的技能和程式等，总是依赖于教师对学生、长辈对晚辈的亲密的传承作用，因而艺术学的学科性潜质中就必然会包含有艺术教学性或艺术教育性这一特定内涵。而这一点则是其他人文学科如文史哲几乎不需要的。因此，艺术学必然展现出与文史哲诸学科相区别的独特特质来。

[①] ［德］黑格尔：《美学》第3卷（上册），朱光潜译，商务印书馆1981年版，第373页。
[②] ［俄］别林斯基：《别林斯基论文学》，别列金娜选辑，梁真译，新文艺出版社1958年版，第51页。

三、艺术学的学科性及其呈现

拥有艺术学的学科性潜质的艺术，在何种意义上可以成为作为一门学科的艺术学呢？学科，在英文中一般是discipline，通常是指相对独立的知识体系，也是指高校或科研机构的功能单位，进入现代性进程以来的高校或科研机构，总是按具体的功能单位去组织自身的教学或研究的，如果没有这种组织，现代高校或科研机构就无法正常地运行。

英国社会学家吉登斯（Anthony Giddens，1938—　）有关"现代性"（modernity）特征的研究，对理解这里的现代学科及其学科性是有借鉴意义的。吉登斯讨论了构成"现代性"的三个主要特征（"动力品质"或"因素"）：时空分离、抽离化机制和现代性的反思性。这里单就第二个特征而言，社会制度的抽离化机制（disembedding mechanism）恰恰涉及现代学科在现代社会体制中的基本角色及其作用。抽离化，是说让"社会关系从地方性的场景中'挖出来'（lifting out）并使社会关系在无限的时空地带中'再联结'"。而这种抽离化机制中的"专家系统"（expert system）是指那种"通过专业知识的调度对时空加以分类的"机制，这些专业知识包括食品、药物、住房、交通、科学、技术、工程、心理咨询或治疗等。现在看来，这些专家系统中当然应当包括艺术及艺术学。重要的是，这些现代"专家系统"往往"并不限于专门的技术知识领域，它们自身扩展至社会关系和自我的亲密关系上"。这些"专家系统"还可以独立于使用它们的具体从业者和当事人，而依靠"信任"（trust）关系而发挥其作用。[1]这就是说，这些现代"专家系统"或更大的"抽离化机制"不仅划分专门的知识体系，也同时划分人的社会身份、亲密关系以及具体社会言行等方面。在这个意义上，学科可以视为现代高校或科研机构的基本的细胞组织，其功能在于组织知识体系的生产与传承及相关事务，使其具有合理性或理性化。

作为现代学科体制中人文社会科学领域的组成部分之一，艺术学的设立显然是为了有关艺术的知识体系的生产与传承得以实现专门的调度和

---

[1] ［英］吉登斯：《现代性与自我认同》，赵旭东、方文译，三联书店1998年版，第19—20页。

分类管理。设立现代艺术学,目的在于按现代性学术体制去规范艺术知识体系的生产与传承。具有艺术学的学科性潜质的艺术,要想被顺利纳入现代高校及科研机构中而成为真正意义上的艺术学,就必然需要按照现代普遍性学术体制或学科体制去加以规范、组织和运转。但中国的具体国情在于,现代艺术学的创立并没有简单地按照普遍的"现代性工程"对学术体制的要求而进行,而是具有自身的特殊历史性和独特性,这主要地表现在,现代艺术学在中国发生,是为了适应梁启超、王国维和蔡元培等现代知识分子有关"新民"、"改造国民性"或"美感教育"等特定需要。

倡导"美学"和"美育"的王国维,在1906年就明确认识到将中国固有学术纳入现代"世界学术"体系中的急迫需要:"异日发明光大我国之学术者,必在兼通世界学术之人,而不在一孔之陋儒固可决也。"又说:"夫尊孔孟之道,莫若发明光大之。而发明光大之之道,又莫若兼究外国之学说。"[①]这里明确地表述了让中国学术与"世界学术"实现"兼通"或"兼究"的学科化主张。而早在发表于1903年的《论教育之宗旨》中,王国维明确提出仿照欧洲现代学科体制而建立中国现代"美育学"学科的主张:"德育与智育之必要,人人知之,至于美育有不得不一言者。盖人心之动,无不束缚于一己之利害,独美之为物,使人忘一己之利害,而入高尚纯洁之域。此最纯粹之快乐也。孔子言志独与曾点,又谓兴于诗,成于乐。希腊古代之以音乐为普通学之一科,及近世希痕林、敬尔列尔等之重美育学,实非偶然也。要之,美育者,一面使人之感情发达,以美完美之域,一面又为德育与知育之手段,此又教育者所不可不留意也。"[②]值得注意的是,他在这里并没有停留在仅仅模仿以"世界学术"为特征的欧洲现代学科体制上,而是强调中外学术"兼通"及"兼究",特别是强调把孔子开创而延续至今的儒家从游式教育传统在现代"世界学术"体制下传承和光大。不过,这种学科理想直到先后担任中华民国教育总长和北京大学校长的蔡元培,才可以真正付诸实施。蔡元培在北大创立现代艺术学及艺术教育体系,目的正是在现代学科体制中具体落实他自己早年倡导的"美感教育"及后来的"美育代宗教"等系列主张。

[①] 王国维:《奏定经学科大学文学科大学章程书后》,《王国维文集》第3卷,中国文史出版社1997年版,第71—72页。

[②] 王国维:《教育之宗旨》,《王国维文集》第3卷,中国文史出版社1997年版,第58页。

尽管如此，中国现代艺术学一旦建立，就会按自身的现代性学术逻辑去生长和壮大，既会遵循全球化时代的现代性普遍性逻辑，同时也会满足中国自身独特的文化传统在现代传承的特殊需要。艺术学在中国现代之发生，既是来自欧洲的现代性学术体制的东扩的结果，也是出于中国自身文化传统的现代性转化的需要，是这两方面相互涵濡的产物。

因此，中国现代艺术学的设立逻辑本身就必然地同时包含有多方面要素：一是现代普遍性学科体制要素，正像文史哲等人文学科具有的那些要素一样；二是中国文化传统自身的独特传承需要，这是任何一门现代中国人文学科都需要携带的民族印记；除以上两种人文学科必有的普遍性要素外，艺术学还需要加上自己的特殊要素——这就是前面论及的艺术本身携带的学科性潜质或学科纹理。正是当这至少三方面要素综合到一起时，作为现代学科之一的艺术学才得以在中国诞生和发展。

那么，艺术学就其学科性而言到底具有哪些特征呢？可以简捷地说，艺术学的学科性一般地是由其艺术性、教学性和研究性及其相互作用构成的。这里的艺术性、教学性和研究性都是相对而言的。如果说，艺术性（或者审美性）更多地是指艺术学对艺术创作或表演及其作品效果的自觉追求程度，那么，教学性主要是指艺术学在其艺术创作和表演环节中对人才培养成效的自觉追求程度；研究性（或学理性）则更多地是指艺术学对以艺术史、艺术理论和艺术批评代表的艺术知识系统的自觉追求程度。艺术性的衡量标准重在创作艺术品，教学性的衡量标准重在人才产品（通过创作艺术品而培育青年艺术人才），研究性的衡量标准重在创造艺术史、艺术理论及艺术批评等成果及相应的人才产品（同样既育艺术史论成果又育青年艺术史论人才）。

作为艺术学学科性的集中呈现，艺术学的艺术性、教学性和研究性之间并非相互分离或割裂的关系，而是始终无法分离的同一个过程的不同环节、方面或侧重点。任何一门艺术学学科及其专业的建设，一般总是包含如下基本环节：(1)艺术技能系统，(2)艺术作品创新系统，(3)艺术教学经验编撰系统，(4)艺术管理学系统，(5)艺术理论与批评系统，(6)艺术史系统。艺术学及其专业的上述六个系统当然只是简化的列举。艺术技能系统，是指艺术学在艺术类人才培养上所体现的艺术创作和艺术表演的基训水平，例如基本的身体训练、技巧训练的质量，它们多是指一系列可以在不同班级中重复进行的身体素质训练与艺术技能训练。艺术作品创新系统，是指艺术学学科及其专业所体现的艺术创新素养及其作品。它不仅要求该学科专业师生具备艺术创新素养，而且要求他们在教学中创作出足以体现这种创新素养的艺术作品。艺术教学经验编撰系统具体涉及教师的教学经验谈、教学方法谈、教材编撰等形态，是艺术教育学的组成部分。艺术管理学系统具体包括艺术管理学知识及其实践、艺术政策学知识及其实践等。艺术史系统涉及艺术史实调研、艺术史料收集与整理、艺术史编撰等。艺术理论与批评系统包括艺术理论原创、艺术理论史、艺术批评史、艺术批评等。

值得注意的是，从系统一到系统六，艺术学学科及其专业存在着艺术性递减和研究性递增、教学性贯穿全部并在系统三尤其突出的显著特点。如果说，艺术学学科及其专业的艺术性更多地体现为系统一、二及其组合形态，那么可以说，其教学性更多地体现为系统三，其研究性则更多地体现为系统四、五、六及其组合形态。艺术学学科及其专业的学科性的理想状态在于，一名教师或学生可以通晓全部六个系统而不偏废。这样的富于理想状态的艺术通才或艺术全才在全国艺术院校师生中当然存在，人数也不算少，但远未到普及或常态的地步。而现实的普及或常态的情况却是，一些人更多地通晓前三个系统即学科性中的艺术性特质，而另一些人则更多地通晓后三个系统即学科性中的研究性特质。这是由于，基本的艺术学学科专业分工以及更基本的幼年基训和先天专长等诸多要素，逐渐养成了这种专长的分离或偏重，这是不以个人意志为转移的。

艺术学学科及其专业的艺术性、教学性和研究性特征，它们之间并非天然分离的或水火不容的，但也并非可以轻易平衡或合乎理想地交融的。这个学科整体内部却是始终存在难以轻易平息的矛盾冲突和调节性努力的。但假如没有这些矛盾冲突和调节性努力，就似乎不再是艺术学了。

四、与文史哲比较中的艺术学学科性

要了解艺术学学科的上述特征及其固有矛盾，最简便的办法之一，就是把艺术学学科及其专业同文史哲等学科及其专业加以比较。这里的文史哲学科及其专业，在本科专业层次上，按教育部于2012年公布的本科专业目录，具体是指文学门类下的中国语言文学类专业（含五个专业：汉语言文学、汉语言、汉语国际教育、中国少数民族语言文学、古典文献学）、外国语言文学类专业（英语、俄语、德语、法语、西班牙语、阿拉伯语、日语等62个专业）、历史学门类下的历史学类专业（含四个专业：历史学、世界史、考古学、文物与博物馆学）和哲学门类下的哲学类专业（含三个专业：哲学、逻辑学、宗教学）。这三个门类本科专业在通常的学科归属上都被纳入哲学社会科学或人文学科，在这点上是同艺术学门类本科专业的学科归属相一致的。[①]

与艺术学本科专业不同的是，上述文史哲类本科专业在专业建设上都基本不存在艺术学学科通常有的体现艺术性的三个系统以及艺术管理学系统，即，中国语言文学类专业不设文学技能系统、文学作品创新系统、文学教学经验编撰系统；外国语言文学类专业虽然会涉及外国文学，但也会像中国语言文学类专业一样基本不专门教文学技能、作品创新等方面；历史学类专业更是没有也不会设历史技能系统、历史作品创新系统、历史教学经验编撰系统，哲学类专业同样不会设哲学技能系统、哲学作品创新系统、哲学教学经验编撰系统之类。取而代之，它们拥有并着力建设的却是大约相当于艺术学本科专业的最后两个系统的系统，也就是致力于专业的研究性建设。例如，中外语言文学专业的中心环节是文学史系统、语言学系统、文学理论批评系统等，历史学专业的中心环节是通史系统、专门史系统、历史学原理系统等，哲学专业的中心环节是中国哲学史系统、外国哲学史系统、哲学原理系统等。

这样一来，显而易见的是，与文史哲等学科可以集中全部资源和精力于本学科的研究性建设不同，艺术学学科则一般地需要至少双倍付出：不仅要从事与文史哲等学科相同的自身的人文社会科学学科身份所规训的研究性建设，而且还要从事与文史哲等学科不同的自身的特殊的艺术创作和表演身份所规训的艺术性建设，以及相应的艺术教育经验总结等教学性建

[①] 不过，文学门类下新闻传播学类专业（含5个本科专业：新闻学、广播电视学、广告学、传播学、编辑出版学）情况比较特殊：它其实与社会学、心理学、法学、经济学等专业更加接近，带有显著的社会科学专业特征。但由于历史的原因，目前仍留在文学门类下面。故这里暂不予讨论。

设。与文史哲等学科的几乎全部属性都集中于研究性不同，艺术学学科的属性则是三者兼顾，即需要同时兼有艺术性、教学性和研究性。与中外语言文学学科可以不教学生文学创作课、不搞文学创作技能训练不同，音乐学、舞蹈学、戏曲学、美术学和设计学等学科则是不仅必须教、而且更要花费很大的教学资源如教师、教材、小班课教室及教学、实验教学设备等去培训艺术技能。当艺术学学科必须把艺术技能系统、艺术作品创新系统和艺术教学经验编撰系统建设置于自身的中心环节时，其研究性建设又如何开展和保障呢？

这已经清楚地表明，如今实在不能简单地用衡量文史哲等学科一样的学科评价标准及其指标体系去衡量和评价艺术学了。如果非要如此，则无异于削足适履般地牺牲艺术学自身的学科性特征而强行实现人文学科的同一性。

五、艺术学的学科性认知及分类

显然，艺术学学科建设面临一种无法回避的两难困境：一方面，假如它们不得不同文史哲等学科一样去集中发展自身的研究性而完全舍弃本有的艺术性建设；但另一方面，假如它们索性与文史哲等学科背道而驰地完全放弃其研究性建设，我行我素地沉迷于艺术创作、表演及相应的教育经验的传授等自恋之中，完全放弃研究性建树，也是一种不负责任的自暴自弃。那么，艺术学如何才能走出上述两难困境而走上一条健康、健全而又良性循环的学科发展轨道呢？

一点建议是，首先从分类上把握艺术学的学科特质和规律，然后制订相应的规范化评价系统。这就需要达成两点前提性认知：第一，艺术学具有不同于文史哲的学科特质，应当有所区别地对待；第二，艺术学内部还应当有更具体而细致的分类，也应当区别对待。这样，考察艺术学的学科性，最简便的办法就是作进一步的学科分类处理。简便的办法，是按照艺术学中艺术性、教学性和研究性的关系组合程度去分类。下面不妨按照教育部2012年版本科专业目录去作简要描述：

（1）艺术学理论类专业中的唯一的艺术史论专业，与文史哲专业的研究性程度相近，偏重于专业的研究性建设，可以归属于以研究性为主导的艺术学本科专业，简称研究型专业。

（2）音乐与舞蹈学类专业中的四个专业，即音乐表演、作曲与作曲技术理论、舞蹈表演、舞蹈编导，属于艺术型兼教学型的艺术学本科专业，突出的是艺术性和教学性。但同时，其中的音乐学和舞蹈学两个专业需单独拎出来，纳入研究型专业中，因为它们已具备与艺术史论专业大体相同的研究性水平。

（3）戏剧与影视学类专业中的八个专业，即表演、戏剧影视文学、广播电视编导、戏剧影视导演、戏剧影视美术设计、录音艺术、播音与主持艺术、动画专业，一般属于艺术型兼教学型的艺术学本科专业，因为其偏重的是艺术和教学性。但是，其中的戏剧学、电影学两专业其实也可拎出来，因为它们属偏于研究型的专业。当然，也可把戏剧影视文学和广播电视编导两专业也划入研究型专业中。

（4）美术学类专业中的三个专业，即绘画、雕塑、摄影，属于偏于艺术型和教学型的艺术学本科专业，偏重的是艺术性和教学性。但其中的美术学专业也具有偏于研究型的艺术学专业性质。

（5）设计学类专业中的七个专业，即视觉传达设计、环境设计、产品设计、服装与服饰设计、公共艺术、工艺美术、数字媒体艺术，一般属于偏于艺术性和教学性的艺术学本科专业，偏重于艺术型和教学型。但其中的艺术设计学专业则具有研究型专业特质。

（6）其它跨门类跨学科的艺术学本科专业有：教育学门类下的艺术教育专业，工学门类下的风景园林专业，管理学门类下的文化产业管理专业。此外，还有尚未得到承认但却存在多年的艺术管理专业（一般授予公共事业管理专业学位）。它们大约都介于偏于艺术性和教学性的艺术学专业与偏于研究性的艺术学专业之间，带有艺术型、教学型与研究型兼通的专业特质。

（7）还有一些特设专业，例如戏剧与影视学类专业下的影视摄影与制作专业、美术学类专业下的书法学专业和中国画专业、设计学类专业下的艺术与科技专业，它们无疑都属于偏于艺术型和教学型的艺术学本科专业。

这样，艺术学（以本科专业为例）的学科性可以按照艺术性、教学性和研究性之间的关联度的差异，简略地划分为三大类别：

第一类为由艺通学型学科，有如下专业：音乐与舞蹈学类中的音乐表演、作曲与作曲技术理论、舞蹈表演、舞蹈编导；戏剧与影视学类专业中的表演、戏剧影视导演、戏剧影视美术设计、录音艺术、播音与主持艺术、动画，美术学类专业中的绘画、雕塑、摄影，设计学类专业中的视觉传达设计、环境设计、产品设计、服装与服饰设计、公共艺术、工艺美术、数字媒体艺术。

第二类为由学通艺型学科，有如下专业：艺术学理论类专业中的艺术史论专业，音乐与舞蹈学类专业中的音乐学和舞蹈学，戏剧与影视学类专业中的戏剧学、电影学、戏剧影视文学、广播电视编导，设计学类专业中的艺术设计学。

第三类为艺学兼通型学科，有如下专业：教育学门类专业下的艺术教育、工学门类专业下的风景园林，管理学门类专业下的文化产业管理，以及尚未有正式专业名称而暂时栖身管理学门类专业下的公共事业管理专业的艺术管理专业方向。

上述三类学科类型在艺术学学科作为人文社会科学的学科构成上讲，其内部还应当存在区别。如果说，第一、二类学科类型更多地属于人文社会科学中的人文学科，与文史哲等学科相近，多运用理论分析、史实追踪与阐发等定性分析手段；那么，第三类学科类型则更多地属于人文社会科学中的社会科学，与新闻传播学、教育学、公共管理学、社会学、政治学等社会科学相近，多运用实证分析、实地调查等定量分析手段。

这里的艺术学之学科性特点还表现在，它本身可以具体区分出两个虽相互交融而实并行不悖的学科分支：一个是作为艺术知识学科系统的艺术学分支，另一个是作为艺术教育学科系统的艺术学分支。前者以艺术史论为标志，更多地具有知识的学科系统特质，即探讨如何把艺术知识纳入整个人类知识系统中并力求揭示其普遍性和特殊性；后者以艺术创演及其教育经验编撰为代表，更多地具有艺术传承的教育系统特质，即考虑如何把艺术创演才华及技能传授给后代并形成艺术教育规律系统。

六、艺术学学科性评价指标

如何在实际运行中应对艺术学学科的学科性问题？关键是要妥善协调处理艺术学学科内部的艺术性、教学性和研究性之间的矛盾。之所以出现文本开头提及的那两种针锋相对的观点，就是由于没有全面衡量和妥善协调上述三种特性的相互关系。不要创作及表演而只要史论，是由于只看到艺术学的研究性而忽视其艺术性和教学性；而不要史论而只要创作及表演，则是由于只看到艺术学的艺术性和教学性而忽视其研究性。完全否认艺术学学科的研究性而只承认其艺术性和教学性，同只承认其研究性而否认其艺术性和教学性一样，都是狭隘或偏颇的态度。既然是艺术学学科，既然有"学"字在，并且要授予"学位"，那无疑就需要一定的研究性。没有研究性而只有艺术性和教学性的艺术学学位，同没有艺术性和教学性而只有研究性的艺术学学位一样，在现代学科体制中都是不可想象的。当今高等艺术教育培育艺术类高级专门人才，越来越注重艺术性、教学性和研究性三者的综合，就是不仅要培育艺术创作和表演才能，而且还要尽力提升其艺术理论、艺术史、艺术批评及艺术管理等综合素养，尽管这样做有其固有的难度。

但确实，上述三种特性在不同的艺术院校或艺术学机构有着不同的侧重或倾斜，需要尊重这种学科传统及特色的差异。不妨采取分类定标的办法，分三类学科而寻求制定艺术学的学科性评价指标：第一类为由艺通研型学科：以艺术性和教学性为主导而以研究性为支持；第二类为由研通艺型学科：以研究性为主导而以艺术性和教学性为支持；第三类为艺研兼通型学科：艺术性、教学性和研究性大体平衡。相应地，在师生学科业绩评价中，艺术性和教学性主导学科的师生应更突出前三个系统的学科业绩，研究性主导学科的师生应更突出后三个系统的业绩，而中间性学科的师生则可两者兼备或均衡。同时，对教师的学历学位及职务晋升要求，艺术性和教学性主导的教师岗位需学士或硕士学位即可，研究性主导的一般应为博士，中间性的则硕士或博士均可。在教师职务晋升中，艺术创作、表演、展览或作品奖可适度折算研究性业绩。

当然，无论是师生的艺术创作、表演或作品奖，还是师生的学术论文、著作、科研项目、教材或编著业绩等的评价指标系统的建立，都必须而且只能建立在科学的调研数据及测评基础上。这需要在高等教育主管部门的协调下，由相关专家、艺术院校或艺术学科去协同努力。建立一个符合艺术学学科发展规律的学科评价系统，应当既有利于全国艺术院校和艺术学科的健康发展，更有利于全国艺术专门人才的源源不断的培育和优化。

以上只是个人有关艺术学的学科性问题的初步思考，诚望各位同行专家批评指正。其实，就迅速发展的艺术学学科而言，当今世界艺术学正越来越呈现出打破固有学科壁垒而向其他学科开放的趋势，这就是呈现出越来越显著的跨学科特征，例如艺术管理学、艺术经济学和艺术社会学等的兴盛。在此意义上，艺术学的开放性或跨学科性其实正是其学科性构成在当前呈现出来的时代品格。当成长中的中国艺术学正努力建构和认知自身的学科性时，世界艺术学却已经和正在不可阻挡地走向开放性或跨学科性，正像其他人文社会学科已经和正在做的那样。因此，这里的学科性探讨仅仅只是艺术学学科性应当追究的诸多问题的一个方面。鉴于艺术学的跨学科性等开放性特征当更为复杂，这里就只能暂且打住了。

（原载《中国社会科学评价》2015 年第 3 期）

艺术"心赏"与艺术公赏力

人们长期以来所习以为常的美的艺术，在如今这个艺术公共性问题获得高度关注的年代，还能继续给人以纯美享受吗？也就是还能令人万众一心地产生"雅俗共赏"般的认同效应吗？相应地，面对急速演变的当今艺术公共性状况，人们所惯用的传统艺术理论或艺术美学原则还能继续发挥其在艺术创作、艺术品、艺术鉴赏、艺术批评及相关艺术研究上的导引作用吗？越是想追究这类普通艺术理论问题，就越是需要认真思考当今艺术面临的新情况和新问题，从而无法不尽力寻求新的提问及解答方式。艺术公赏力，正是笔者拟探讨的一个新概念及新问题。① 这一探讨有赖于多方的和持久的努力，这次仍然只是个人尝试而已。

一、艺术即"心赏"之说

艺术公赏力这一新概念及新问题的提出本身，来自笔者基于几年来的艺术理论思考而对当今艺术状况的一种新观察。假如可以回溯于北京大学艺术理论学统的话，那么，这种新思考及新观察的缘由早已植根于冯友兰和宗白华等在 20 世纪 30—40 年代期间持有的艺术即"心赏"之说了。他们那时虽然还没进入北京大学执教，但其思想毕竟后来汇入其中，成为今日可追溯的北大艺术理论传统的一部分。他们分别从各自立场看到，艺术

---

① 文本为笔者即将交付北京大学出版社出版的《艺术公赏力——艺术公共性导论》的导论部分，其初稿为 6 年前的论文《论艺术公赏力——艺术学与美学的一个新关键词》（载《当代文坛》2009 年第 4 期），此次又作了较大幅度的修改和扩充，特别是增加了有关艺术即"心赏"及艺术分赏等新思考。

远近幽深
——艺术体验、修辞和公赏力

是一种心灵的鉴赏，具有"心赏"或"赏玩"性质，属于人生中的"心赏心玩"方式。这一学说多年来较少受到艺术理论界及美学界关注，现在已到返身正视的时刻了。因为，在当前重溯这一学说传统，有可能使我们找到破解艺术分赏难题而实现艺术公赏的合理化途径。

冯友兰基于其现代新儒家视角指出："……哲学底活动，是对于事物之心观。……艺术底活动，是对于事物之心赏或心玩。心观只是观，所以纯是理智底；心赏或心玩则带有情感。哲学家将心观之所得，以言语说出，以文字写出，使别人亦可知之，其所说所写即是哲学。艺术家将其所心赏心玩者，以声音，颜色，或言语文字之工具，用一种方法表示出来，使别人见之，亦可赏之玩之，其所表示即是艺术作品。"[①] 与哲学是对事物之"心观"不同，艺术是对事物之"心赏"、"心玩"或"赏玩"。当哲学家运用心灵去理智地观照事物时，艺术家则是运用心灵去富于情感地鉴赏和玩味事物。进一步看，艺术家虽与哲学家一样对事物采取"旁观"或"超然"态度，但哲学家要超然地知并使他人也知，而艺术家则是超然地赏玩并使他人也能如此地赏玩："哲学家与艺术家，对于事物之态度，俱是旁观底，超然底。哲学家对于事物，以超然底态度分析；艺术家对于事物，以超然底态度赏玩。哲学家对于事物，无他要求，惟欲知之。艺术家对于事物，亦无他要求，惟欲赏之玩之。哲学家讲哲学，乃欲将其自己所知者，使他人亦可知之。艺术家作艺术作品，乃欲将其自己所赏所玩者，使他人亦可赏之玩之。"[②] 这样，冯友兰就明确地提出了艺术即"心赏"或"心玩"之说。

值得注意的是，与冯友兰的"心赏"或"赏玩"说相近，宗白华在论述艺术意境的特质时，指出它是对"宇宙人生"的"色相、秩序、节奏、和谐"等美的形式的一种"赏玩"，而这种"赏玩"的目的在于"借以窥见自我的最深心灵的反映"[③]。可见他的"赏玩"实质上也出于"心灵"，而且是"自我的最深心灵"，从而就也具有"心赏"的特质了，尽管他在具

---

① 冯友兰:《新理学》(1939),《三松堂全集》第4卷，河南人民出版社2001年版，第151页。
② 冯友兰:《新理学》(1939),《三松堂全集》第4卷，河南人民出版社2001年版，第151—152页。
③ 宗白华:《中国艺术意境之诞生》(增订稿,1944),《宗白华全集》第2卷，安徽教育出版社1996年版，第326页。

体的艺术理论思考上与冯友兰有明显区别。

需要看到，这里的作为艺术的基本性质的"心赏"概念是不同于通常所说的没有任何社会责任感的物品玩弄或游戏的，而是指康德意义上的对事物的"无功利"的、想象的和带有情感的品鉴，这种品鉴中渗透着一定的社会思想蕴藉。同时，作为一种"心赏"，艺术意味着一种出于心灵或精神的鉴赏活动，具有基本的精神性而非物质性，从而与"玩物丧志"之耽于物品的"赏玩"区别开来。

这样一来，艺术即"心赏"之说，其"心"是指心灵的、心性的或精神的；其"赏"是指出于好尚或爱好的观看。这样，这种出于心灵好尚的观看必然会与两个参照系或对立面区别开来。第一，艺术不是一种"身赏"，也就是不同于仅仅出于身体感官好尚的观看。那些仅仅能够感动人的身体感官的作品，诚然可以被视为艺术品，但无疑不能被称为好作品或优秀作品，后者应当通过"动身"而"动心"；第二，相应地，艺术也不是一种"物赏"，也就是不同于仅仅出于物质占有欲的观看，而是通过但又跨越物质占有欲的出于心灵好尚的观看。

如果说，把艺术视为"身赏"或"物赏"，是要让艺术仅仅成为人的身体感官享受或物质占有欲的满足的手段本身，那么，把艺术视为"心赏"，则是要让艺术通过人的身体感官的"兴发感动"而把人提升到心灵享受的层次。艺术不仅并不轻易排斥身体感官兴起，而且相反恰恰是要首先唤起人的身体感官，并通过身体感官的兴起而通向心灵享受，因为任何艺术要想对人的心灵产生作用都必须首先通过人的身体感官的唤醒，并且始终不离人的身体感官的享受感。假如离开这一"动身"途径，就不可能有最终的"动心"目的的实现。如此说来，艺术总是要通过"动身"而达成"动心"的。因此，说艺术即"心赏"，意味着说，艺术是通过身体感官的兴起而实现的出于心灵好尚的观看。

这种艺术即"心赏"的主张在同时代人中具有某种共识。朱自清在1947年就从陶渊明的"奇文共欣赏，疑义相与析"谈起，对"雅俗共赏"观的缘起做了历史辨析，认为"那是一些'素心人'的乐事，'素心人'当然是雅人，也就是士大夫。这两句诗后来凝结成'赏奇析疑'一个成语，'赏奇析疑'是一种雅事，俗人的小市民和农家子弟是没有份儿的。然而又出现了'雅俗共赏'这一个成语，'共赏'显然是'共欣赏'的简化,可是这是雅人和俗人或俗人跟雅人一同在欣赏,那欣赏的大概不会还是'奇文'罢。"① 至少就这里的论述来看,他大抵也是从"心赏"角度去看待艺术的,认识到文学最初只是"素心人"、"雅人"或"士大夫"中的"雅事",带有雅人的孤芳自赏或无言独赏的特点,后来才出现了"雅人和俗人或俗人跟雅人一同在欣赏"的"雅俗共赏"格局。他的明确主张在于,对20世纪的现代中国人来说,文学和艺术需要超越通常的"雅俗共赏"目标,通过"大众化"途径而向往更高的无雅俗之分的新目标:"'通俗化'还分别雅俗,还是'雅俗共赏'的路,大众化却更进一步要达到那没有雅俗之分,只有'共赏'的局面。这大概也会是所谓由量变到质变罢。"② 朱自清展望,在未来新时代,文艺应让包括"知识阶级"和"农工大众"在内的全体国民都能超越雅俗地实现"共赏"。这样,他认定"通俗化"运动还不够,因为它还"分别雅俗,还是'雅俗共赏'的路"。而只有通过"大众化"运动,即是朝向"那没有雅俗之分,只有'共赏'的局面",才能抵达超越雅俗之分的"共赏"格局。在这里,他从理论上明确区分"通俗化"与"大众化"、有雅俗之分的"共赏"与无雅俗之分的"共赏"的界限,鲜明地提出跨越前者而朝向后者的未来目标。这一未来目标,即无雅俗的共赏,正如论者解说的那样,意在"要求今后的作者能照顾到广大的读者层面。也就是说,文学作品不能只供文化程度高的读者阅读,而应该争取多数人(亦即一般文化水平的人)都能欣赏,这样的作品才能传之永久。"③

关于艺术即"心赏"之说,还可从钱穆的"欣赏"及"心赏"概念中得到回应。他认为中国人对待艺术好比品茶,不像西方人喝咖啡那样寻求短暂"刺激",而是注重舒缓而悠长的"欣赏"或"心赏"。"使人能晨晚随时饮,随时欣赏,……使茶味淡,乃觉味长,并有余味,留在口舌,而又不伤肠胃。"④ 这种品茶式"欣赏",其实也正是一种发自心灵的欣赏即"心赏":"中国人道重赏不重罚,又贵无形迹。赏以物,斯受者若居下。赏以心,则自尽各心而已。两千五百年来,中国人无不知心赏孔子,乃

---

① 朱自清:《论雅俗共赏》,北京出版社2005年版,第1页。
② 朱自清:《论雅俗共赏》,北京出版社2005年版,第9—10页。
③ 吴小如:《论雅俗共赏·前言》,朱自清:《论雅俗共赏》,北京出版社2005年版,第4页。
④ 钱穆:《欣赏与刺激》,《中国文学论丛》,三联书店2005年版,第221页。

无如耶稣十字架之刺激。"① 这种"心赏"的实质在于"赏以心"而非"赏以物",也就是"自尽各心"而非执持于实物的刺激。这正是从现代新儒家角度而对艺术即"心赏"的观念的一种根本性的界说。这种对"心"的非同一般的重视,来自他对中国文学艺术的"根源"的独特理解。"中国文学根源,必出自作者个人之内心深处。故亦能深入读者之心,得其深厚之共鸣。"② 他把这种艺术即"心赏"的观察,推而论及中西艺术精神的差异。"西方文学艺术又都重刺激,中国文学艺术则重欣赏,在欣赏中又富人生教训。惟其在欣赏中寓教训,所以其教训能格外深切。"③ 这里有关西方艺术精神的评价是否合理暂不论,但对中国艺术精神特征的观察却具合理性:中国艺术如京剧往往运用"抽离"手法而非西方式"具象"手法,注重抓取事物的"共相"而非西方式"个相",以便在简约的共相世界中蕴含"特别深趣",满足"欣赏"即"心赏"的需要。"这正是人生之大共相,不仅有甚深诗意,亦复有甚深哲理,使人沉浸其中,有此感而无此觉,忘乎其所宜忘,而得乎其所愿得。"④

应当看到,从早年的冯友兰、宗白华到当代的叶朗,艺术即"心赏"已成为北京大学艺术理论学统的组成部分之一。过去三十多年来叶朗有关"审美意象"及"美在意象"的研究中对"意"的重视,以及近期有关"美感的神圣性"及艺术的"精神"性的强调,实际上也正是在传承和发扬这种艺术即"心赏"的北大艺术理论学统。叶朗指出:"一个有着高远的精神追求的人必然相信世界上有一种神圣的、绝对的价值存在。他们追求人生的这种神圣的价值,并且在自己的灵魂深处分享这种神圣性。"⑤ 他不仅传承了注重"精神性"的北大学统,而且还力图面对当下状况而进一步突出其"神圣性"内涵。

简要地比较,冯友兰、宗白华、朱自清、钱穆等的艺术即"心赏"之说,主要还是从文化人(雅人、素心人或知识阶级等)的立场去立论的,追求的还是一种知识分子的品位高雅的个赏(雅赏、自赏或独赏)。而其

---

① 钱穆:《欣赏与刺激》,《中国文学论丛》,三联书店2005年版,第226页。
② 钱穆:《略论中国文学中之音乐》,《中国文学论丛》,三联书店2005年版,第193页。
③ 钱穆:《中国京剧中之文学意味》,《中国文学论丛》,三联书店2005年版,第177页。
④ 钱穆:《中国京剧中之文学意味》,《中国文学论丛》,三联书店2005年版,第177页。
⑤ 叶朗:《把美指向人生》,《光明日报》2014年12月17日第5版。

中，朱自清的无雅俗之分的艺术"共赏"之说，标举的则是化解了文化人与普通"农工大众"之间的雅俗界限的"一般文化水平的人"的群体共赏即群赏。个赏指向个人化或个性化的高雅旨趣的满足，群赏则要走出或超越人为的雅俗界限而达到全体"共赏"的目标。如果说，个赏更能代表文化人或知识分子的独立雅趣，那么，群赏则显然是一种富于理想主义精神的跨越雅俗界限的群体共赏即群赏。

这里就出现了艺术即"心赏"的两种不同模式。第一种模式是把艺术视为文化人内部的个赏过程，正如冯友兰和宗白华主张的那样；第二种模式是把艺术视为文化人与普通大众共同的"没有雅俗之分"的"共赏"，可称为群赏模式，正如朱自清所指出的那样。第一种模式比较容易辨别，因为它主要代表少数人的美学趣味。而第二种模式表面看似乎实现了消灭雅俗界限的全民共赏，但实际上主要还是让"雅"去将就或从属于"俗"，结果还是一种以"俗"导"雅"、以多数人趣味代表或取代少数人趣味的群体共赏即群赏。至于朱自清所向往的真正意义上的"没有雅俗之分"的"共赏"，恐怕至今都还只是一种遥远的未来愿景而已。

以上所回顾的艺术即"心赏"的观点，至今仍有其合理性，应当予以发掘和传承。艺术即心赏，意味着说，艺术带有心灵的鉴赏的特质。具体地说，艺术是出于艺术家心灵而又诉诸公众心灵的鉴赏。首先，这里的鉴赏之赏，本来是指因爱好而观看或在观看中满足爱好，表明艺术总是一种由符号形式系统的审美吸引力而激发的鉴赏活动，属于对感性的符号形式系统的一种赏玩。其次，这里的心赏之心，应当是两方面学术资源的融汇的结晶：一是吸纳西方苏格拉底以来、特别是康德以来的审美无功利传统，突出艺术的非物质、非身体的纯粹精神魅力；二是更主要地是传承中国自己的儒道佛融汇的"心学"道统，强调艺术发自并诉诸个体的心性或心灵，旨在个体的德性修养如"修身"或"成己"等。合起来看，艺术即心赏，是指艺术是发自心灵并诉诸心灵的对符号形式的爱好中的观看。这样的命题是兼顾了心性修养与形式赏玩两方面，养心而又不失养眼，养眼服务于养心，可谓两者兼得，不失为当前中国艺术理论回应传统与外来挑战的一种合理方略。

然而，同时需要看到的是，当今的中国艺术显然已经和正在发生更加丰富多样的变化，并且与无论是冯友兰和宗白华曾主张的艺术个赏境界还是朱自清曾展望的艺术群赏格局,都正呈现出颇不相同的状况,也就是不得不陷入一些新的复杂的缠绕之中。这些新的复杂的缠绕之一在于,一种既不同于个赏也不同于群赏的艺术分众合赏即艺术分赏现象,正风行于世,也就是出现了不同公众群体选择相互不同的艺术媒介而分别鉴赏的新习惯。这种新的审美与艺术习惯正在有力地挑战以个赏或群赏为依据的传统艺术理论或美学格局。这无疑正是当今艺术面临的一个新问题。

二、"分众化"、艺术分赏与艺术公赏力

上面已谈到,艺术即"心赏"中的群赏与个赏并存的格局,目前正受到艺术分众合赏即艺术分赏现象所冲击,而对此的理解应当回溯到美国未来学者托夫勒(Alvin Toffler)在《第三次浪潮》(1980)中有关"分众化"(de-massfication, the de-massified media, the de-massified society)的预言式论述。

在他看来,与此前第二次浪潮时由报纸、杂志、广播和电影等塑造的"群体化"(massfication)的鉴赏效应相反,以新兴的电视业为代表的多样化传播手段的兴起和普及,将使得一种新的"分众化"传播浪潮席卷全世界。"它们把电视观众分散为很多小部分,每分散一次都增加了文化的多样性,同时又大大削弱了至今仍完全统治着我们形象的新闻传播网的力量。"① 这正是他所说的"第三次浪潮"在传播领域的一部分表征。"这个浪潮席卷了上自报纸、电台,下至刊物,电视的整个传播工具领域。群体化的传播工具正在经受冲击。新的,非群体化的传播工具在发展,在挑战,甚至要取它而代之。"② 而重要的是,这种传播媒介的"分众化"进程势必进而导致思想乃至文化的"分众化"或"非群体化"。"第三次浪潮就这样开始了一个真正的新时代——非群体化传播工具的时代。一个新的信息领域与新的技术领域一起出现了。而且这将对所有领域中最重要的领域——

---

① [美]托夫勒:《第三次浪潮》,朱志焱、潘琪、张焱译,三联书店1984年版,第239—240页。
② [美]托夫勒:《第三次浪潮》,朱志焱、潘琪、张焱译,三联书店1984年版,第240页。注意,这一中译本里的"非群体化"其实是"分众化"(demassfication)的另一种译法。

远近幽深
——艺术体验、修辞和公赏力

人类的思想，发生非常深刻的影响。总之，所有这一切变化变革了我们对世界的看法，也改变了我们了解世界的能力。"[1]他清晰地预见到，传播工具的"分众化"变革将导致思想的"分众化"变革："传播工具的非群体化，也使我们的思想非群体化了。第二次浪潮时代，由于传播工具不断向人们的头脑输入统一的形象，结果是产生了批评家称之为'群体化的思想'。今天，广大群众接受到的，已不是同一的信息。比较小的，分散的集团彼此互相接收并发出大量他们自己的形象信息。随着整个社会向多样化转变，新的传播工具反映并加速了这一过程。"[2]如果说，三十多年前的托夫勒所预言的还只是电视时代的媒介景观，那么，在如今电脑、国际互联网及相应的移动网络、微博、微信等已经深入日常生活的时代，分众就不再是预言，而是我们当下的日常生活、当然包括文化艺术生活的基本构成了。

分众，对艺术而言，导致的是以往群赏与个赏的共存格局的打破。依托机械印刷媒介和电子媒介而形成的国民全体共赏即群赏的局面，以及与之有所疏离或游离的知识分子个赏境界，都由于当今以国际互联网为主干的传媒分众化进程而被搅乱了。十多年前还可以围在电视机前而实现趣味同一的家庭，以及由类似的无数家庭所合成的几乎是万众一心的审美同一格局，也就是群赏格局，由于这种分众化而瞬间崩解了。特别是长期以来形成的家庭、单位、地方等的万众一心的群赏，如今被分裂成孤零零的分赏格局。艺术分赏是与艺术个赏不同的审美鉴赏状况。艺术分赏与艺术个赏在表面上有相似性，即都是以个体形态出现，各自为政，各欣赏各的。但是，与艺术个赏是真正有主见的个性化趣味满足不同，艺术分赏是无主见的盲目追逐，是共性化的随机的趣味飘移。

艺术分赏，作为一个看起来新的问题，在中国其实已有着多年的演变历程了，而眼下只不过是到了非正视不可的时候了。这是因为，它已经和正在给艺术家和普通公众的艺术活动制造出诸多烦人的障碍。例如，人们深感好奇而又焦虑的是，为什么一个家庭的不同成员之间，今天却已各自因习惯于接触不同的艺术媒介而欣赏不同的艺术作品，如有的看电视，有

---

[1] [美]托夫勒:《第三次浪潮》，朱志焱、潘琪、张焱译，三联书店1984年版，第240页。
[2] [美]托夫勒:《第三次浪潮》，朱志焱、潘琪、张焱译，三联书店1984年版，第240页。

的读书，有的上电影院，有的上网，有的用其它视频？不仅如此，在更宽阔的范围内，即在不同的个人、家庭、社群、地域等之间，也都程度不同地呈现出这类艺术分赏现象，而且蔓延速度极快，越来越趋于普遍化。问题就在于，这些个人、家庭、社群和地域之间，还能有共同的审美与艺术情趣吗？如今还能在艺术名义下重新寻求共同的艺术公正或艺术公平及艺术自由吗？面对这类新问题，应该用怎样的艺术学理论框架去分析呢？问题就提出来了。

而事实上，正是在艺术分赏问题凸显的过程中，一个新问题已经如影随形地和难以分离地产生出来了，这就是艺术公赏力问题。这里提出艺术公赏力问题，正是要着眼于当前令人焦虑的艺术分赏问题的理解以及解决。

艺术公赏力问题，既来自对往昔的艺术鉴赏问题及其根源的追溯，更是来自对当今艺术状况的解决策略的新探索，希望由此而对困扰人们的当今以艺术分赏为焦点的诸多艺术难题做出一种特定的梳理和探索。不过，探讨艺术公赏力问题，确实将涉及诸多理论上的难题，需要逐步展开和应对。首先，一提出艺术公赏力问题，本身就需要从理论上加以追根溯源，返回到中国现代美学与艺术理论的源头上去刨根究底。对此，拟聚焦于北京大学三代艺术理论家的思考，由此为艺术公赏力问题的探索提供一条理论线索。其次，艺术公赏力问题并非突如其来地发生的，而是有其漫长的历史演变及其动力机制，对此的探究意味着重新考察中国现代艺术鉴赏问题及其深层缘由，并且涉及对康德美学及其有关中国现代美学的影响问题的重新梳理。再次，艺术公赏力应当属于一个多样而综合的问题域，牵涉到艺术活动领域及相关领域的诸多方面。例如，中国当今艺术的媒介状况如何？同时，中国当今艺术公共领域对艺术公赏力有何意义？最后，特别要紧的是，当前应当如何看待艺术自由问题？今天在这里谈论艺术公赏力，还能提艺术自由吗？艺术公赏力问题域中的艺术自由其实是第三种艺术自由，这就是艺术公共自由。而就中国当今艺术公共自由做出论述，正是探讨艺术公赏力问题的一个攻坚重点和难点之所在。

三、艺术理论范式及其演变

我们知道,艺术在当代生活中已经和正在发生一系列深刻而又重要的变化,这些变化不断地向现成的艺术学理论或普通艺术学发起挑战,迫使它们及时跨越自身已有的研究范式,尝试探索建立适应于当前艺术新角色及新问题的新范式,也就是适应于当今时代艺术新角色和新问题的新的艺术学理论研究范式。这里的艺术理论范式,同人们长期以来习惯于说的美学范式或普通艺术学研究范式之间,并无严格的分界线,而是泛指处于哲学美学中的审美问题与艺术学中的艺术表现问题之间的相互交融领域的研究路径及其相关方面。由于如此,需要特别说明的是,这里的美学范式与普通艺术学范式或艺术理论范式之间,往往是在相互交叉的宽泛意义上使用或换用的。

范式,原是指"一个科学集体所共有的全部规定"或"一个科学共同体成员所共有的东西"[①],在这里则借用来指特定美学与艺术学共同体成员所共有的审美与艺术知识系统,正是这种审美与艺术知识系统构成特定的艺术品赖以创作、生产、鉴赏、消费及批评等的主体基础。这里想特别提出来加以探讨和运用的一个新概念或新关键词,就是艺术公赏力[②]。这个新关键词不过是个人的一种初步提议而已,如此,它所据以提出的缘由、意义及其内涵等问题,确实需要作出初步阐明。

这里提出艺术公赏力概念,是经过了几年来的艰苦摸索的。这样做首先来自一种迫切的需要:艺术理论范式如何顺应当前我国艺术的新的存在方式及其必然要求而做出改变。一般地说,特定的艺术理论或普通艺术学范式的选择和建构,是服从于特定的艺术存在方式的需要的。这里的艺术存在方式,是指艺术作为一种人类活动在特定社会生活中的地位和功能。简要归纳,在改革开放时代至今的三十多年时间里,我们陆续经历过艺术存在方式的复杂而又多样的变迁。简要地看,其中的如下嬗变是需要加以认真关注的:在艺术的性质上,从个人的独特创造到文化产业的批量产

[①] [美]库恩:《必要的张力》,纪树立、范岱年、罗慧生等译,福建人民出版社1981年版,第290—291页。

[②] 如果要冒昧地给艺术公赏力一词找到对应的英文译法,那就似乎应是 art power of public appreciation。

品,也即从审美性到商品性;在艺术的主体方面,从艺术家个人创造性到公众创造性;在艺术的客体方面,从艺术作品的精神性到物质性;在艺术的价值取向上,从艺术的高雅性到通俗性。面对这些变化,有大约五种艺术理论范式曾经在中国发生过持续的和交叉的影响(当然不限于这五种,而是更多,这里只是列举而已)。

第一种范式可称为艺术传记论范式。它强调艺术的价值归根结底来自艺术家的天才、想象力及其高贵的心灵,因而艺术理论的关键在于追溯艺术家的生平、情感、想象力、天才、理想等心灵状况及其在艺术品中的投射。中国古代司马迁的"发愤"说是这方面的一个代表。在他眼中,包括《诗经》和《离骚》在内的艺术品都出自"圣贤发愤之所为作"①,从而要了解这些作品的内涵,就需要研究艺术家本人的传记材料。西方以法国批评家圣伯夫(Charles A. Sainte-Beuve,1804—1869)为开端,通过其《文学肖像》《当代肖像》等著作,集中发展了一种从艺术家生平及其体验去寻找艺术品奥秘的研究路径,这就是传记批评。第二种是艺术社会论范式。它认为艺术的力量来自于艺术品对社会现实生活的再现以及评价,突出艺术品对社会现实生活的依赖性,从而把艺术理论的重心对准由艺术品所反映的社会现实生活状况。这种范式的一个基本假定在于,有什么样的社会生活,就必然会有什么样的艺术去对它做出美学反映。德国的赫尔德尔(Johann Gottfried Herder 1744—1803)关于文学作品的意义依赖于其历史背景的观点,法国的斯达尔夫人(Madame de Stael,1766—1817)的专文《从社会制度与文学的关系论文学》(1800),法国的艺术史家丹纳(James Dwight Dana,1828—1893)的《艺术哲学》和《英国文学史》的著述,都是该领域的重要代表。第三种是艺术符号论范式。这又可称为语言论范式。它认为艺术品归根到底是语言符号系统,依赖于语言学或符号学手段去探究。法国象征主义者率先向浪漫主义的情感表现论等美学原则发起挑战,主张把焦点集聚到诗歌语言的暗示特性上。心理分析学把文艺视为个体的被压抑的无意识的升华的产物,从而大力运用语言分析手段去"释梦",试图从梦的显层意义中追寻其隐层意义,从而形成了心理分析文

---

① 司马迁:《报任安书》,班固撰:《司马迁传第32》,《汉书》第62卷,第9册,中华书局1962年版,第2735页。

艺批评。俄国形式主义者标举"文学性"、"陌生化"等概念，强调语言对文学的第一重要性。英美"新批评"致力于文学作品的文本细读，分析其中的"悖论"、"含混"等语言特质。结构主义者相信艺术品的表层符号系统中蕴藏着更深隐的深层意义系统。这样一来，艺术品的语言系统或符号系统就成为艺术理论研究的中心。第四种是艺术接受论范式。它倡导艺术研究的重心应转移到公众（读者或观众）的接受上，深入到公众接受的效果历史中。20世纪中后期相继崛起的阐释学、接受美学、读者反应理论等成为这方面的突出代表。第五种是艺术文化论范式。它注重艺术过程与特定个人、社群、民族、国家等的文化语境的复杂关联。有多重各自不同的艺术思潮、方法或路径如后结构主义或解构主义、新历史主义、后现代主义、后殖民主义、女性主义等在这领域体现其所长。

这些研究范式诚然各有其学理背景及特质，并且也都曾在艺术理论中起过特定的作用，但是，当新的艺术现象起来发起有力的挑战时，它们还能稳如泰山吗？

四、纯泛互渗及其挑战

对现有艺术理论范式的新挑战，来自当前新兴的艺术存在方式这一现实。这里的艺术存在方式，是指由艺术品的创作、生产、营销、传播、消费、鉴赏及批评等环节所组成的综合过程，这样的综合过程必然还涉及艺术家、公众以及与艺术相关的种种观念等方面。谈到当前新兴的艺术存在方式，人们难免不深深地感慨其变化之巨大和激烈。这不禁令我想到此前读到过的这么一段话："存在一种广泛的共识，即西方的观看、认识和表现方式近来都发生了不可逆转的变化。但是，对于这种变化究竟意味着什么或西方文化正在走向何方，则几乎没有达成任何共识。现代性确实已经走向了终点呢，还是只发生了一种表面的变化？信息系统技术的全球扩张，大众传播无所不在的影响，西方经济的去工业化（deindustrialization）意味着文化和社会进程的持续性转变呢，还是可以把它们解释为现代性自身逻辑的一部分？倘若我们承认，我们正处于现代性终结的历史的某一点上，就可坦然地认为，困扰现代性的难题可以因为某种未知的原因而弃之不顾吗？争论中的许多问题依然悬而未决，而且争论的结果也必将对未来产生深远的影响。"① 这段话虽然写于将近三十年前，而且是特别地针对当时西方社会的热门话题"后现代"现象说的，但其中所触及的转型中的艺术、文化及社会状况，与当今中国艺术状况的相似点是如此之多，以致即使是清醒地承认两者的情况颇为不同，也仍然能够引发一些共鸣：伴随着当今时代信息技术、大众传播、经济、社会的深刻变化，我们的艺术难道不正在发生一系列持续而又深刻的变化吗？更进一步说，与此相应，我们的"观看、认识和表现方式"难道不正是已经和正在发生"不可逆转的变化"吗？而对于这些变化，我们难道不同样地陷于种种激烈"争论"中而难于达成"共识"吗？

按我的初步观察，历经三十多年改革开放风雨冲刷的当前我国艺术，并不简单地和线性地表现为新的东西必然起来取代旧的东西的过程，而是更特殊地呈现为新旧要素之间的复杂多样的相互并存、交融、渗透状况。对于这种复杂状况，如果硬要用一个极具概括性从而省事的术语来表述，那可以说就是纯泛审美互渗，简称纯泛互渗。

纯泛互渗，是说艺术中纯审美与泛审美相互渗透而难以分离的状况，具体地是指艺术的审美性与商品性、个人创造性与公众创造性、精神性与物质性、高雅性与通俗性等共时呈现并相互渗透的情形。

首先，在艺术的性质上，作为艺术活动的基本依托物品的艺术品，既是个人的独特创造物，包含某种特殊的天才性、想象力及自由感；同时，又是文化产业的批量产品，带有与金钱、物质及财富等紧密相连的商品属性，从而兼具纯粹的审美性与世俗的商品性。这意味着，过去被视为高贵、典雅、超绝的纯审美之物的艺术品，如今早已走下神坛，同被视为它所天然隔绝或排斥的普通商品混为一谈了。当许多人还沉浸在康德以来古典美学家所倡导的艺术纯审美及个性化理想的时候，殊不知许多看来纯审美和个性化的当今艺术作品，恰恰来自文化产业的批量生产和包装，这种批量生产和包装往往把纯审美和个性化仅仅作为商业营销的制胜手段去运用。

---

① 引自［意］瓦蒂莫：《现代性的终结》一书《英译者导论》，作者斯奈德（John R. Snyder），李建盛译，商务印书馆2013年版，第1—2页。

其次，在艺术的主体上，一方面，聚焦于艺术家，其因特殊的天才、创造力及理想人格等无疑继续充当艺术理论研究的重心，而即使是被视为神奇创造物的艺术品本身，也只是由于它被灌注进艺术家的远比其它人类文化创造者更高和更纯粹的理想品质而已；另一方面，又逐渐地面向普通公众的心理满足，越来越重视其在艺术活动中的地位和作用，特别是与艺术家之间以及与其他公众之间展开的双向互动作用。数字媒体研究家尼古拉·尼葛洛庞帝曾预言，由于数字技术的广泛应用，与电脑结合的未来数字电视将会是体现"本质性互动"的有力的多媒体装置[①]。"本质性互动"是一个值得重视的独特概念，它揭示了这样一种新的艺术趋势：在数字技术等新技术装置的强大作用下，公众与艺术品生产者（含艺术家）之间及与其他公众之间的相互作用会变得那样具有实质性意义，以致会影响到艺术品的品质以及对公众和艺术家等的作用。"交互意味着每个人既是传播者又是接受者，交互意味着信息源和信息接收者之间的双向交流，更进一步，是指任意信息源和信息接收者之间的多向交流。"[②] 在这样的"本质性互动"中，艺术就被视为兼有艺术家的个人创造性与公众的群体创造性的东西了。过去把艺术美的秘密归结为艺术家的独特人格和神秘的创造力，而今则越来越看重普通公众日常心理期待的满足和无意识欲望的投射，以及与艺术家及其他公众之间发生的双向互动作用。尽管这两方面谁胜谁负的问题一时难以最终解决，但显而易见的是，这两方面的重心变换及其相互冲突本身，已然显示了艺术在社会生活中的角色的重要转变轨迹。

再次，在艺术的客体上，艺术品以其特有的含蕴丰厚的艺术符号及形式系统，既充满不确定性地蕴藉着人的精神生活的丰富内涵，又可以曲折多变地唤起人的物质生活欲望的想象性满足，从而事实上导致了艺术品的精神性与艺术品的物质性之间的复杂的对峙或交融局面的出现。当德国古典美学所代表的心灵美学传统竭力贬低和压抑艺术的身体美学或物质美学内涵时，当今后现代美学则发现"填平鸿沟"已经成为艺术的必然趋势了。正如杰姆逊所指出的那样："十九世纪，文化还被理解为只是听高雅的

---

① 参见［美］尼葛洛庞帝：《数字化生存》，胡泳、范海燕译，海南出版社1997年版，第51—65页。
② ［美］帕夫利克：《新媒体技术：文化和商业前景》，周勇等译，清华大学出版社2005年版，第128页。

音乐，欣赏绘画或者看歌剧，文化仍然是逃避现实的一种方法。而到了后现代主义阶段，文化已经完全大众化了，高雅文化与通俗文化，纯文学与通俗文学的距离正在消失。商品化进入文化意味着艺术作品正成为商品，甚至理论也成了商品……。总之，后现代主义的文化已经从过去那种特定的'文化圈层'中扩张出来，进入了人们的日常生活，成为消费品。"[1] 杰姆逊所指出的上述情形，在当前中国艺术界早已成为见惯不怪的日常现实了。当然，严格说来，中国的情况可能更加复杂些。

最后，从艺术的价值取向看，艺术既突出"百看不厌"的经典性，又顾及诸如"过把瘾就死"的日常快餐式趣味满足，兼及高雅性与通俗性。重要的是，在当前文化产业的生产与消费体制中，高雅性往往成了赢得公众的原料或佐料，例如古代经典作品《红楼梦》《三国演义》《西游记》《水浒传》等相继被予以图像化、影视化以及其他样式的通俗阐释。即使不再继续演绎和论证也可知，当前艺术已经呈现出与往昔艺术不同的新方式——我们已悄然间同以往的纯审美艺术年代诀别，置身在纯泛审美互渗的特殊年代。

面对这种纯泛互渗的艺术新方式，现有艺术理论范式表现出其固有局限（尽管它们都还有着各自特定的存在理由）。首先应看到，艺术传记论范式在看重艺术家及其心灵的作用时，容易忽略其现实人格与艺术人格的分离以及文化产业体制对艺术家的制约作用；其次，艺术社会论范式在承认艺术对社会现实的依赖关系时，无法充分认识社会现实已被泛审美潮流予以"艺术化"的状况；再有，艺术符号论范式诚然具有洞悉艺术文本双重性的超强眼力，但不懂得需要把这种超强眼力普及到普通公众中；同理，艺术接受论范式虽然正确地发现了普通公众在艺术中的主体地位和作用，不过未能进一步揭示公众素养在认识艺术的新方式中的作用；最后，艺术文化论范式在追究艺术的复杂的生产与消费机制方面成效卓著，但面对公众的艺术素养时缺少有效的措施。当这些现有艺术理论范式不能满足新的艺术方式的研究需要时，做出及时的调整或转变就势在必行了。

当然，进一步看，这种纯泛互渗的艺术新方式，其实是植根于更基本

---

[1] ［美］杰姆逊：《后现代主义与文化理论》，唐小兵译，陕西师范大学出版社1986年版，第147—148页。

的媒介社会及其变化的。这里的媒介社会，是指我们置身在一种大众传播媒介在其中扮演重要角色的社会关联域里。传播学家施拉姆早就指出，大众传媒对西方社会来说是"改变我们的生活方式"的力量；而对发展中地区来说，则使得整个社会革命的过程大大缩短："信息媒介促进了一场雄心勃勃的革命，而信息媒介自身也在这些雄心勃勃的目标之中。"① 这正有力地证明了大众传播的强大的变革力量："信息状况的重大变化，传播的重大牵连，总是伴随着任何一次重大社会变革的。"②

在当前世界，媒介与社会的互动是这样经常和有效，以致我们仿佛就生活在一个媒介社会里。而正是在这种媒介社会中，艺术符号的生产和消费受制于经济利益的驱动和主导，审美与艺术已经被置于整个生活世界进程的标志或主角的地位，乃至出现"日常生活审美化"③或"全球审美化"等现象。关于"全球审美化"，德国当代美学家韦尔施指出："我们生活在一个前所未闻的被美化的真实世界里，装饰与时尚随处可见。它们从个人的外表延伸到城市和公共场所，从经济延伸到生态学。"④ 全球审美化意味着全球趋同地把审美或非审美的各种事物都制造或理解成审美之物。这种所谓全球审美化或全球艺术化，当是全球经济、媒介、文化和社会等的互动发展所导致的必然结果。问题在于，当日常生活中一切所有物都以艺术或审美的名义呈现、我们不得不成天面对纯泛互渗的生活现实时，它们还能如以往体验美学或浪漫美学所追求的那样，随处唤起我们期待的人生意义的瞬间生成吗？

---

① ［美］施拉姆和波特合著:《传播学概论》，陈亮等译，新华出版社1984年版，第18页。

② ［美］施拉姆和波特合著:《传播学概论》，陈亮等译，新华出版社1984年版，第18—19页。

③ ［英］费瑟斯通认为"日常生活审美化"（the aestheticization of everyday life）概念有三层内涵：第一是指"那些艺术的亚文化"，如达达主义、超现实主义等艺术运动，"他们追求的就是消解艺术和生活之间的界限"，而以日常生活中的"现成物"取代艺术；第二是指"将生活转化为艺术作品的谋划"，"这种既关注审美消费的生活、又关注如何把生活融入到（以及把生活塑造为）艺术与知识反文化的审美愉悦之整体中的双重性"；第三是指"充斥于当代社会日常生活之经纬的迅捷的符号与影像之流"，这属于"消费文化发展的中心"。参见［英］迈克·费瑟斯通:《消费文化与后现代主义》，刘精明译，译林出版社2000年版，第95—99页。

④ ［德］韦尔施:《重构美学》，陆扬、张岩冰译，上海译文出版社2002年版，第109页。

五、通向艺术素养论范式及艺术公共性建构

为了回应当代纯泛互渗的艺术新方式的挑战，需要开拓新的艺术理论范式。面对纯泛审美互渗艺术方式，艺术理论的重心转变是必然的：艺术对人来说首要的东西，不再是过去时代所设定的它如何提升公众的审美精神品质，尽管这一点并非不重要；而变成了公众如何具备识别和享受艺术的素养。也就是说，对于当今艺术理论来说最要紧的事情，不再是重复以往的公众审美精神如何提升和普及等旧思路，而是洞悉公众的艺术素养在艺术活动中的新的主导地位和新的主导功能。

由于如此，我们需要开拓和建构新的艺术素养论研究范式。这种艺术理论新范式把研究的焦点对准公民或国民的艺术素养，认为正是这种艺术素养有助于公众识别和享受越来越纷纭繁复的艺术的纯泛审美互渗状况。如果说，以往的五种艺术理论范式都不约而同地把焦点投寄到艺术家身上，而如今正在强势崛起的以国际互联网双向传播平台为中心的全媒体时代已经和正在建构新的公众自由传播中心，那么，正是艺术素养论才得以把研究焦点真正置放到跨越艺术家中心和公众中心而又能同时包含这两者的公民艺术素养上，而这种素养得以让包括艺术家和公众在内的公民识别什么是纯泛审美互渗，并且在此基础上对它产生自身的体验和估价。作为一种新的艺术理论范式，艺术素养论首要地关注的是公民所具备的感知艺术的素养，特别是如下两方面的艺术素养：一是在剩余信息的狂轰滥炸中清醒地辨识真假优劣的素养，二是在辨识基础上合理吸纳真善美价值的素养。

艺术素养论范式的确立，势必催生艺术公赏力问题，而对此的理性把握则需要依托新的知识论框架，从而首先探讨新知识论假定是必要的。

既然艺术素养论首要地关注的是公民所具备的在剩余信息的狂轰滥炸中清醒地辨识真假优劣的素养，以及在辨识基础上合理吸纳真善美价值的素养，那么，对于艺术在社会生活中的地位和功能就有了一个与过去判然有别的新的知识论假定：艺术的符号表意世界诚然可以激发个体想象与幻想，但毕竟同样或者更加需要履行公共伦理责任。这一点，应当属于公共社会中一种美学与伦理学结合的新型知识论假定，具体地体现为一种新型艺术公共性的形成。

这种新型艺术公共性，是指公共社会中以艺术为中介或示范的公民之间相互共存责任的自明状况。在这种公共社会条件下，审美与艺术已经不再只是一种由低级到高级的审美启蒙的途径，而是成为公民共同体中个体与个体、个体与整体之间实现平等协调和相互共享的文化机制。艺术鉴赏在这里不仅只是一个真假或信疑的问题，而更是一种公共责任问题。也就是说，当下艺术学与美学中最为重要的问题，与其说是理性意义上的真假或信疑问题，不如说是公共伦理学意义上的可赏与否问题。可赏，是说艺术不能只是求美，还需要求善，要美且善，就是既美又有用，即美的东西要有利于共同体公共伦理的建立。这样，颇为关键的问题就在于，我们这个时代的审美与艺术，通过其富有感染力的象征符号系统，还能提供什么样的公共责任或担当？

六、艺术公赏力问题的提出及论述框架

这样，根据上述新的知识论假定，不再是艺术的审美品质而是艺术的公赏力，成为新的艺术素养论范式的研究重心或关键概念。艺术公赏力，是基于北京大学艺术理论学统中的"共享"论（蔡元培）、"心赏"论（冯友兰和宗白华）、"意象"论（朱光潜、叶朗和胡经之）等历代研究成果[1]，参酌当代社会科学的一些范畴及相关概念，特别是为着进一步把握当今艺术新现象和新问题的特定需要，而提出的艺术理论、普通艺术学或艺术学理论的新命题。一方面，从北京大学艺术理论的"共享"、"心赏"及"意象"等构成的学统，可获得艺术是一种公共心赏而非简单的私人心赏或政治权力话语的学术传承。另一方面，与当代社会科学中有关政治学、伦理学和新闻传播学相比较，还可获得有关艺术的公共社会影响力的理性认知。

当代人文社会科学中持续多年的有关公共社会的公正、公平或公理等问题的跨学科对话，其实已为艺术公赏力问题的艺术理论建构提供了可

---

[1] 王一川：《通向艺术公赏力之路——以北大艺术理论学者视角为中心》（上、下），《当代文坛》2014年第5—6期。

供比较的宽阔平台。罗尔斯在《正义论》中指出："正义是社会制度的首要价值，正像真理是思想的首要价值一样。一种理论，无论它多么精致和简洁，只要它不真实，就必须加以拒绝或修正；同样，某些法律制度，不管它们如何有效率和有条理，只要它们不正义，就必须加以改造或者废除。……作为人类活动的首要价值，真理和正义是决不妥协的。"[①] 考虑到这里的"正义"（justice）一词也可译为"公正"或"公平"，假如政治学应标举国家社会制度的公正性，哲学应追求思想的公共真理或公理性，以及再扩展开来，社会伦理学应推崇公共善，新闻传播应具备媒介公信力，那么，就可以据此对艺术公赏力概念所指向的公共心赏内涵及其在艺术学理论中的地位和作用做出较为清楚的比较和界说。

特别要看到，新闻传播学中的"媒介公信力"（public trust of media）或"媒介公信度"（media credibility）概念[②]，是进入21世纪以来在我国社会生活、特别是学术界越来越引人注目的公共概念。它不仅关注媒介的可信度，而且把这种可信度提高到社会公共性或公民社会的新高度去认识和研究。这对艺术学理论有关公共鉴赏的公民素养视野也是一种有益的比较或参照。与新闻传播学把媒介是否具备公信力作为优先的价值标准从而提出媒介公信力不同，艺术学理论视野中的艺术诚然需要呈现公信度，但更根本的还是建立基于公信度的可达成公共心赏的审美品质，或简称公赏质。

把艺术公赏力概念与当前公共社会语境中有关政治学之于社会制度、哲学之于思想、伦理学之于善及新闻传播学之于媒介等的描述相联系，不难看到艺术公赏力的特定指向及其重心之所在。如果说，政治学注重社会制度的公正力，哲学倡导思想的公理性、伦理学追求社会伦理的公善力，新闻传播学标举媒介的公信力，那么可以说，艺术学理论则探究艺术的公共心赏品质及相应的主体素养即艺术公赏力。

可以说，公正力、公理性、公善力和公信力基础上的公赏质，才是当今艺术的至关重要的品质。但这种公正力、公理性、公善力和公信力基础上的公赏质靠谁去判定和估价呢？显然不能再仅仅依靠以往艺术学所崇尚

---

① ［美］罗尔斯：《正义论》，何怀宏、何包钢、廖申白译，中国社会科学出版社1988年版，第1—2页。

② 见张洪忠：《大众媒介公信力理论研究》，人民出版社2006年版。

的艺术家、理论家或批评家单方面,而是主要依靠那些具备特定的艺术素养的独立自主的公民(当然也包括艺术家、理论家及批评家在内),正是他们的总体的艺术识别力和品鉴力在今天这个公民国度才更具代表性和影响力。由于如此,当今艺术学理论需首先考虑的正是艺术的满足社会公众的公共心赏需求的品质和相应的主体素养,这就是艺术公赏力。

艺术公赏力,在这里的初步界定中,是指艺术的可供公众心赏的公共品质和相应的公众主体素养,包括可感、可思、可玩、可信、可悲、可想象、可幻想、可同情、可实行等在内的可供公众心赏的综合品质以及相应的公众素养。

提出艺术公赏力问题,其实质在于如何通过富于感染力的象征符号系统去建立一种共同体内部个体与个体、个体与整体之间以及不同共同体之间的公共关系得以趋向相互和谐的机制。在今天这个充满风险和冲突而和谐诉求越来越强烈的世界上,艺术的公共性问题显得更加重要。艺术公赏力概念的目标,应该是帮助公众在若信若疑的艺术观赏中实现自身的文化认同、建构公民在其中平等共生的和谐社会。正像《孟子》倡导的"老吾老以及人之老,幼吾幼以及人之幼"所指向的那样,艺术公赏力的目标假如仿照上述《孟子》的主张,则应是"美吾美以及人之美",这就是不仅要以个人或本族群之美为美,而且更要以他人或其他族群之美为美,达成"美吾美"与"美人美"相协调的艺术境界。人类学家费孝通先生晚年提出有关审美理想的十六字箴言:"各美其美,美人之美,美美与共,天下大同。"[①]这其实正精辟地诠释了这一理念。这十六字方针恰是对艺术公赏力概念所追求的公共社会审美与艺术理想的一种绝妙阐释,在当前有着特殊的意义。

不过,在今天这个价值观多元并存的年代,无论是就国内还是国际来说,"各美其美"容易,"美人之美"难;"美人之美"容易,"美美与共"就难上加难了。连费孝通自己也认识到:"要想实现这几句话,还要走很长

[①] 据了解,这由费孝通于大约 1990 年 12 月间提出,后来在一系列著述中加以阐发或发挥。费孝通:《对"美好社会"的思考》,《费孝通文集》第 12 卷,群言出版社 1999 年版;费孝通:《东方文明和21世纪和平》,《费孝通文集》第 14 卷,群言出版社 1999 年版;费孝通:《关于"文化自觉"的一些自白》,《费孝通九十新语》,重庆出版社 2005 年版;费孝通:《"美美与共"和人类文明》,《费孝通九十新语》,重庆出版社 2005 年版。

的路，甚至要付出沉重的代价。比如要做到'各美其美、美人之美'，也就是各种文明教化的人，不仅欣赏本民族的文化，还要发自内心地欣赏异民族的文化；做到不以本民族文化的标准，去评判异民族文化的'优劣'，断定什么是'糟粕'，什么是'精华'。"①其实，进入21世纪以来15年的全球状况表明，这已不再是"还要走很长的路"的问题，而已变成在目前能看到的视野内无法实现的问题了。不过，他当时重点加以批评的是"两种截然相反的倾向：一种是妄自菲薄，盲目崇拜西方；一种是闭关排外，甚至极端仇视西方"。②针对这两种极端倾向，他清醒地指出了"和而不同"的必要性和重要性。"为了人类能够生活在一个'和而不同'的世界上，从现在起就必须提倡在审美的、人文的层次上，在人们的社会生活中树立起一个'美美与共'的文化心态，这是人们思想观念上的一场深刻的大变革，它可能与当前世界上很多人习惯的思维模式和行为方式相抵触。"③他在这里是把"美美与共"当作实现"和而不同"目标的基本途径去加以论述的。

事实上，在我看来，"美美与共"与"和而不同"之间的关系，或许并非费孝通所认为的手段或途径与目的或目标的关系，而应当是无限目标与有限目标、或高远目标与现实目标的关系。与其继续坚持单纯的"美美与共"理想，不如更加务实地和平和地探讨"和而不同"的现实可能性，尽管"美美与共"仍然不失为一种令人倾心向往的美好理想。考察艺术公赏力问题，正是由于清醒地看到"美美与共"的艰难性而希望追求审美异质性及多样性基础上的相互对话或协调的可能性，也即"和而不同"。

这样，艺术公赏力所希望达成的目标，就不应再是单纯的"美美与共"境界，而应是与"美吾美以及人之美"或"各美其美，美人之美"相关联的"和而不同"境界，这是一种尊重审美多样性基础上的和谐之美。可以说，"和而不同"正包蕴和凝聚了艺术公赏力概念的思考方向：社会共同体内外固然存在多种不同的美，但它们之间毕竟可以在相互尊重差

---

① 费孝通:《费孝通在2003——世纪学人遗稿》，中国社会科学出版社2005年版，第193—194页。

② 费孝通:《费孝通在2003——世纪学人遗稿》，中国社会科学出版社2005年版，第194页。

③ 费孝通:《费孝通在2003——世纪学人遗稿》，中国社会科学出版社2005年版，第197—198页。

异性的前提下求得平等共存、共生和共通。①说到底，艺术公赏力的可以依托的更基本的社会公共性境界，则应是北宋张载的"民胞物与"所指向的世界，即"民吾同胞，物吾与也"②的目标。这在今天，也就是指向公民国度中爱一切人如同爱同胞手足、爱一切事物如同爱自己同类的公共性境界。

艺术公赏力作为一个有关艺术的可供公众鉴赏的公共性品质和相应的公众素养或能力的概念，有何具体内涵？这里的考虑是，与其求得其形而上意义的性质或属性界定，不如参照"语言论转向"以来的通常做法，在梳理其历时要素基础上寻找其共时要素，并在要素分析基础上梳理出一些基本原则，而这些历时要素、共时要素及其基本原则本身也都是需要随时加以反思或自反的。就其历时要素而言，可以看到三方面：一是中国现代艺术理论家有关艺术公赏力问题的相关思想演变线索；二是艺术公赏力的重心位移，这是指艺术公赏力问题在中国现代经历几个演变时段；三是艺术公赏力的动力要素或动力机制。同时，就目前对艺术公赏力问题的共时性要素的理解而言，艺术公赏力至少可以包括如下共时性要素：当今艺术媒介状况、文化产业中的艺术、艺术公共领域、艺术辨识力、艺术公信度、艺术品鉴力、艺术公赏质、艺术公共自由和中国艺术公心。而由这些要素可以引申出艺术公赏力的若干个方面及其基本原则。这里的基本原则，不应从形而上学的绝对性、确定性或体系性上去理解，而不过是有关艺术基本状况的普遍特征的一种带有初步条理性的描述而已。

当然，由于这是当前美学与艺术学的一个新问题，相关的许多方面还有待于进一步深入研究。尽管如此，艺术公赏力作为美学与艺术学的一个新问题，将有助于对当前新的美学与艺术问题的探究，也有助于对相关的其它问题的深入思考。至少有一点是明确的，这就是，置身在当前艺术被竞相分赏或身赏的年代，我们特别需要重新回溯艺术即"心赏"的传统，伸张艺术公赏力。

（原载《中国文艺评论》2015 年第 1 期）

---

① 对此，笔者稍后将以"美美异和"概念去加以论述。
② 张载:《张载集》，中华书局 1978 年版，第 62 页。

后 记

收集在这里的18篇论文,从最初发表的时间看,有远的也有近的,但无不远不近的。

最远的第一辑6篇论文,原载于20世纪80年代后期,从1985到1989年,那时我深深地沉醉于"体验美学"中,它带领我跨越庸俗唯物论美学而走向以个体感性为核心的体验之路。那个遥远的纯真年代的美学记忆。

次远的第二辑6篇论文,发于20世纪90年代前期,准确点讲为1993、1994和1995这三年时间,其时我结束了牛津时的"语言论震惊"而正投身于自倡的"修辞论美学"的开垦中。

最近的即第三辑6篇论文,发表于2009至2015年间,可反映我由"文"到"艺"以来对"艺术公赏力"、国民艺术素养、艺术史、艺术学的学科性和艺术"心赏"等问题的新近研讨兴趣。

至于介乎上述远近时光之间的那些既不远又不近的时间里,即1996年至2008年之间的十多年里,我所写下的有关中国形象诗学、中国现代性体验、现代性诗学等方面的论文,鉴于它们应当多归属于文艺学或文艺美学也就是"文"的范畴,所以这次就都没收入,计划另作考虑。

由于这些论文可以多少能映现自己在远近时光里曾经留下的脚印,所以曾想简单取名"远近集"。又想到《易·系辞》里有"无有远近幽深"之语,正可以用来反映自己在远近光阴里有关艺术之幽深处的持续追寻,就索性借用来作为这本集子的主标题吧。

本书所收论文都已先行发表过,文末已逐一注明。特向当年约稿并惠允发表的编辑前辈及同辈友人致谢。鉴于第一辑全部和第二辑中大部分论文因年代过早而无存稿,此次都或通过扫描或用PDF文档转换过来。这种文档转换的工作强度和难度远超我的预料,要归功于小女臻真的悉心协助和高效操作。

对这些少作、旧作，现在回顾难免多有抱憾，但为尊重史实，一仍其少、其旧。这次只对部分注释、以及当时刊物要求只注明中文而删掉的部分外文注释，做必要的恢复和核对。正在华盛顿大学访学的博士生李宁有协助。

重新翻检这些文字，内心涌动着对那时引领我前行的本科生时代王世德先生、龚翰熊先生和张清源先生、硕士生导师胡经之先生和业师叶朗先生、博士生导师黄药眠先生和童庆炳先生等师长的感恩，以及对妻子金英的陪伴和支撑的感激。

北京大学艺术学院学术委员会慨允本书纳入教授自选集。

值此机会，谨向所有给过我帮助的师友、同道，表达我的诚挚感谢！

2016 年劳动节记于北京